U0156658

跨越中产三部曲

房子、股票和基金

许玉道◎著

清華大学出版社
北　京

内 容 简 介

在全球高通胀、财富高杠杆化的时代，中产家庭这个流动的社会阶层如逆水行舟，不进则退。根据家庭资产配置的三原则，即流动性、成长性和安全性，中产家庭在未来相当长的时期，重要的家庭资产将是房子、股票和基金。

本书将从逻辑、实证和操作多个角度，告诉亿万中产家庭如何逆水行舟，后来居上。相信读者阅读本书会是一次愉快、刺激的思想旅程。

本书封面贴有清华大学出版社防伪标签，无标签者不得销售。
版权所有，侵权必究。举报：010-62782989，beiqinquan@tup.tsinghua.edu.cn。

图书在版编目(CIP)数据

跨越中产三部曲：房子、股票和基金 / 许玉道著. —北京：清华大学出版社，2023.1
ISBN 978-7-302-62385-4

Ⅰ. ①跨…　Ⅱ. ①许…　Ⅲ. ①家庭财产—家庭管理—研究—中国　Ⅳ. ①TS976.15

中国版本图书馆 CIP 数据核字(2022) 第 253145 号

责任编辑：王　定
封面设计：周晓亮
版式设计：孔祥峰
责任校对：马遥遥
责任印制：朱雨萌

出版发行：清华大学出版社
网　　址：http://www.tup.com.cn，http://www.wqbook.com
地　　址：北京清华大学学研大厦 A 座　　**邮　　编**：100084
社 总 机：010-83470000　　**邮　　购**：010-62786544
投稿与读者服务：010-62776969，c-service@tup.tsinghua.edu.cn
质 量 反 馈：010-62772015，zhiliang@tup.tsinghua.edu.cn
印 装 者：北京博海升彩色印刷有限公司
经　　销：全国新华书店
开　　本：170mm×240mm　　**印　　张**：16.75　　**字　　数**：318 千字
版　　次：2023 年 1 月第 1 版　　**印　　次**：2023 年 1 月第 1 次印刷
定　　价：99.80 元

产品编号：097017-01

AUTHOR BIOS 作者简介

许玉道，青年学者，《财经》杂志特约专家，“道哥道金融”创始人，长期从事经济研究、金融分析和大众投资者教育工作。

曾于2005-2010年，连续6年担任国务院发展研究中心金融所主办的“中国金融改革高层论坛”“中国金融市场分析年会”和“国际金融市场分析年会”的秘书长。2005-2017年负责国务院发展研究中心金融所领导的“中国注册金融分析师培养计划”，为各类主流金融机构培养金融分析师中高端专业人才万余名。

2017年至今，主要从事大众投资者教育工作，在网络平台开设的财经专栏影响较大，如“家庭买房必修课”(2018年5月)，“房产大变局：势、道、术”(2019年11月)，“房产真相：还能买房吗？怎么买？”(2020年6月)；“大数据真相，2019抄底A股”(2019年1月)，“中国股市逻辑思维：势、道、术”(2020年1月)，“抄底碳中和核心资产，静待花开”(2021年3月21日)，“否极泰来，抄底2022”(2022年4月28日)；“选最好的资产，做时间的朋友”(2020年2月)，“赢在基金，家庭理财的最终归宿”(2020年5月)，“中产三部曲：房子、股票和基金”(2021年8月)，“选最好的资产，跑赢通货膨胀”(2022年5月)，等等。

2021年、2020年蝉联百度平台付费专栏年度“状元作者”；2019年被评为今日头条财经栏目“最具人气创作者”，2018年被评为今日头条“最具影响力财经创作者”；在百度、今日头条、微信、喜马拉雅、蜻蜓FM、企鹅号等平台的原创财经作品，累计获得超过2亿人次阅读/播放，超过200万人次点赞。

出版著作有《股市逻辑思维：势、道、术》《跨越中产三部曲：房子、股票和基金》。

所有资产的价格都是波动的，任何投资都有潜在的风险。每一位读者，都需要认真阅读以下的声明：

1. 本书目的在于为读者提供思想启发，但不构成任何具体投资建议。

2. 本书涉及到的数据、案例、研究方法和样本可能会有一定的时效性和局限性，据此得出的观点和结论仅供读者学习参考。

3. “投资有风险，入市需谨慎”。在任何情况下，每一位读者都需要对自己的投资决策承担100%的风险和责任，作者不会因为读者阅读本书而对读者的任何潜在投资损失承担连带责任。

PREFACE 前 言

逆水行舟，蹚过中产这条河

人们对于“中产”的定义差异很大，有的关注生活方式，有的强调教育背景，有的着重工作环境，有的则更简单，直接用收入水平来区分。但无论如何定义，我们谈到“中产家庭”时，指的都是“有产者”，是一个稍微宽泛的群体。

资产的价格具有明显的波动性和周期性，财富普遍具有流动性。在“百年未有之大变局”的时代背景下，步入中产、守住中产、跨越中产皆如逆水行舟，蹚过中产这条河并不是一件容易的事情。

“有恒产者有恒心”，在中国，房产是大多数中产家庭安身立命的基础性资产。在房地产市场化改革之前，中国的城市里还没有严格意义上的“中产家庭”。近20多年快速的城镇化和房地产的市场化既创造了亿万中产家庭，也带来了财富的严重分化。随着房价的快速上涨，中产群体的“护城河”也无形中加宽了。

世界上唯一不变的事情是变化，房子这种不动产也不例外，准确地说，房地产的大变局正在发生。中产群体整体上受益于20多年来房价的上涨，拥有房产的家庭依靠过去20多年的经验都普遍对未来的房价充满信心，但事情预计要复杂得多。一方面，房地产仍是中国经济重要的支柱性产业，是地方政府财政收入的重要来源，是金融机构最重要的抵押品，是城镇居民家庭70%的财富蛋糕。另一方面，中国人口总量开始触顶回落，人口流动极不均衡，越来越多城市的人口数量开始减少；城镇居民家庭房屋自有率在全球处于领先水平，城镇人均居住面积已经突破40平方米；中国GDP的增速和人均可支配收入的增速都在逐渐回落，房地产刚性需求和投资需求在逐渐减少。综上，不少中产家庭需要未雨绸缪，考虑调整自己的房产组合。

截至2022年一季度，中国已经有超过2亿人口开设了股票账号，这在一定程度上表明中国的股票市场正在发生深刻的变化。

2019—2021年，创业板指数累计涨幅165.7%，深证成指涨幅104.7%，中证500指数涨幅76%，沪深300指数涨幅64%，中国股票市场的财富效应远远跑赢了法国、德国、英国、日本等全球主要资本市场，创业板指数甚至跑赢了美国纳斯达克指数的涨幅(140%)，深证成指甚至跑赢了标普500指数的涨幅(92%)，这在过去20多年时间里是难以想象的。

2019年科创板成立，历经“四年四读”，全国人大常委会通过《中华人民共和国证券法》修订案；2020年修改的证券法实施，创业板实行注册制改革，更严厉的退市制度逐渐发挥威力；2021年北京证券交易所(北交所)成立，注册制逐步落地，一个更加成熟的中国资本市场正在形成。截至2022年6月1日，北上资金累计净流入超过11 500亿元，A股正成为全球投资者新的热土。无论您以前是否关注中国股市，也无论您以前对中国股市持什么样的判断，从今以后，您都需要以全新的眼光阅读中国股市、走近中国股市。

一方面，资本市场所代表的权益投资即将成为未来新的财富主赛道；另一方面，股票的高波动性对大众投资者的人性构成了巨大的挑战。统计数据告诉我们，能够在股票市场赚钱的人最终只是少数，也许大多数中产家庭最终的权益投资选择将更多地转向基金市场。

面对成千上万的基金选项，中产家庭首先要做到的是知己知彼，认清入市资金的性质、明白自己能够承受的风险、合理确定未来的潜在回报目标，以此来选择对应的基金产品。

投资如同长跑，投资者不要有一夜暴富的心态，要有科学合理的投资规划，无论购买股票还是基金，都需要遵守止损止盈的投资纪律，否则，大多数投资最终都可能是坐过山车。

在一个不确定性的环境中，“中产”并非一个稳定的状态，其如逆水行舟，不进则退。中产家庭要想稳定地站在中产这个流动的社会阶层，或者再跃升一步，跨越中产，实现财富自由，都需要在未来数年娴熟地驾驭房产、股票和基金这些越来越普及的家庭核心资产。

学习改变命运，知识创造财富，思想启迪智慧！谨以此书献给正在逆水行舟、不懈攀登的亿万中产家庭！

2022年6月于北京

CONTENTS 目录

第一部分 与时俱进，读懂财富密码

01 这是一个财富杠杆化的时代……2

一、家庭财富杠杆化……2

二、企业财富杠杆化……11

三、国民经济杠杆化……14

四、结论……17

02 迎接通胀时代……18

一、全球货币超发现象……18

二、全球高通胀时代……22

三、资产价格盛宴……26

03 中产家庭财富管理：原则与方法……32

一、家庭财富管理："三性"原则……32

二、标普家庭资产配置象限图：怀疑和启发……39

第二部分 优中选优，调整您的家庭房产

04 影响房价的根本因素是什么……44

一、房地产市场化……45

二、快速城镇化……47

三、经济快速发展……48

四、住宅土地制度……50

五、货币超发……51

六、过度投资和投机……53
七、独特的文化背景影响房价……55

05 房子仍将是多数家庭压箱底儿的资产……56

一、持续的城镇化进程……56
二、经济增长的相关性……59
三、特殊的土地制度因素……61
四、财富增长和资本项目管制……63
五、改善性的需求支撑……64

06 租房，还是买房……66

一、租房和买房的区别……66
二、售租比和租金收益率……70
三、房租收入比……77
四、其他因素……79

07 公寓、商铺和写字楼，洼地还是陷阱……80

一、价格走势的差异……80
二、租金回报率的差异……88
三、流动性陷阱……94

08 哪些城市的房子是未来的优质资产……96

一、城市的差异……96
二、哪些城市的房产更出色……100

09 选房要领：位置和流动性……103

一、买房选位置……103
二、房产的流动性风险……106

10 房子是长期抗通胀的优质资产……110

一、中国的通胀和房价……110
二、全球的通胀和房价……111

11 房产投资的10个建议和忠告……123

一、位置最重要……123
二、杠杆是奥妙……124

三、注意流动性风险……125
四、能租出去的房子才是好房子……126
五、限购越严的城市，越可能是好的资产……126
六、到大城市、中心城市去……127
七、慎重投资资源型和重化工业城市房产……128
八、不要忽视交易成本……128
九、不要过高估计房价的眼前波动……129
十、调整优化家庭房产结构……130

第三部分

顺势而为，走近股票市场

12 买五粮液股票，还是买一线城市房产……132
一、一线城市的房产……132
二、五粮液股票……133
三、对比分析……137

13 感知股市生态：高收益、高风险……139
一、寻找高回报的沃土……139
二、寻找低风险的路线……142
三、高收益、高风险……144

14 顺势而为：行业精选……149
一、十年长跑，哪些行业最具财富效应……149
二、行业景气周期在转变……151

15 股市民营企业财富效应更明显……154
一、民营企业的战略重要性……154
二、股市民营企业的财富效应……158

16 价值投资的核心：成长性……162
一、利润增长攸关股价表现……162
二、成长性选股策略……168

17 便宜没好货，警惕低市盈率的陷阱……170
一、实证研究说明……170

二、“低市盈率”策略……171
三、实证研究结论……174
四、更有趣的进一步发现……175

18 价值投资的误区：机械性长期持有……177
一、大部分公司缺乏长期成长性……177
二、大部分股票缺乏长期投资价值……180
三、短期股价波动太大……183

19 不会止损止盈，股票最终是一场空……187
一、为什么必须止损止盈……188
二、怎么止损止盈……191

第四部分

基金精选，多数家庭的最终归宿

20 多数家庭的最终归宿：基金……196
一、散户买股票为什么难赚钱……196
二、散户跑不赢大盘指数……199
三、基金整体上跑赢大盘……205

21 知己知彼，总有一款基金适合您……211
一、基金市场概况……211
二、低风险、流动性强的货币型基金……213
三、流动性好、收益稳健的债券型基金……216
四、灵活多变的混合型基金……220
五、走近股票型基金……224

22 优化指数基金，跑赢股票和基金……228
一、A股市场基准指数……228
二、沪深300指数和创业板指数……230
三、优化指数基金，跑赢股票业绩……235
四、基金名录……247

后记 珍惜比钱财更重要的东西……254

PART 1 第一部分

与时俱进，读懂财富密码

在全面建成小康社会的背景下，当下中国绝大多数家庭在满足吃饭、穿衣之外，第一次开始拥有越来越多的存量财富。对一部分先富起来的中产家庭来说，其存量财富每年的增长甚至已经开始超过每年的薪酬收入，因此，管理存量财富越来越重要。

在小康社会之前，绝大多数城镇家庭的收入完全是工薪收入，而且不同岗位的收入差别很小，所以整体上个人和家庭的财富分配比较平均。20世纪90年代初，民营经济开始大发展，城镇化的加速和1998年开始的房地产市场化，逐渐放大了城市和农村、大城市和小城市、有房家庭和无房家庭财富的分化，财富增长的逻辑发生了变化。

当下的中国和其他国家一样，都正在发生新的变化。一方面，无论国家、企业还是家庭，都呈现出财富杠杆化、虚拟化越来越严重的迹象。另一方面，在去全球化和无节制的货币宽松的背景下，通货膨胀成为全球面临的普遍的长期挑战。

中产家庭的财富来之不易，为了跑赢未来，需要与时俱进。让我们一起阅读新时代的财富密码，了解家庭财富管理的基本原则和选项。

内容聚焦

01 这是一个财富杠杆化的时代
02 迎接通胀时代
03 中产家庭财富管理：原则与方法

01 这是一个财富杠杆化的时代

“君子生非异也，善假于物也”，战国时期的著名思想家、教育家荀子在《劝学》中曾有这样大道至简的论述。同一时期，古希腊哲学家、物理学家阿基米德曾经讲过一句名言：“给我一个支点，我就能撬起整个地球。”这些思想告诉我们，人类早已经认识到“杠杆”在科学和生产、生活中的神奇作用。

金融的本质也是杠杆，从家庭财富、企业价值到国民经济，我们正面临一个财富杠杆化的时代。

每一个中产家庭都要认识到“财富杠杆”的奥妙，它是一把双刃剑，既包括机会，也包括风险。您需要在财富杠杆化的趋势中找到平衡，既不必谈杠杆色变，也不要过度痴迷杠杆。

一、家庭财富杠杆化

(一) 财富均衡的温饱时代

今天绝大多数中产家庭都是中国历史上第一代实现小康和富裕生活的城镇居民家庭。20年时间，3～4亿人口进入中产阶层，这也是人类历史上第一次如此大规模的“中产化”运动。我们有必要简单回顾一下20世纪末温饱时代的家庭财富格局。

1. 城镇人均收入差别小

在实现温饱之前的20世纪，无论是在大城市还是小城市，每个家庭每年的收入差别不大，基本上都用来满足吃饭、穿衣的需求，除此之外，所剩无几。1998年中国城镇居民家庭基本收支情况，如图1-1所示。

项目	全国	特大城市	大城市	中等城市	小城市	县城	最低收入户	困难户	低收入户	中等偏下户	中等收入户	中等偏上户	高收入户	最高收入户
	按城市规模分						按收入等级分							
调查户数（户）	39080	8000	5350	6750	2850	7770	3908	1954	3908	7816	7816	7816	3908	3908
比重（%）	100.00	20.47	13.68	17.27	7.29	19.88	10.00	5.00	10.00	20.00	20.00	20.00	20.00	10.00
平均每户家庭人口（人）	3.16	3.11	3.1	3.14	3.17	3.2	3.51	3.55	3.42	3.29	3.19	3.02	2.9	2.75
平均每户就业人口（人）	1.8	1.77	1.73	1.83	1.84	1.82	1.7	1.67	1.8	1.81	1.86	1.82	1.77	1.73
平均每户就业面（%）	56.98	56.98	55.7	58.25	58.14	56.99	48.41	46.9	52.79	55.09	58.24	60.29	61.28	62.92
平均每一就业者负担人数(包括就业者本人)(人)	1.75	1.76	1.8	1.72	1.72	1.75	2.07	2.13	1.89	1.82	1.72	1.66	1.63	1.59
平均每人全部年收入(元)	5458.34	6994.69	5544.98	5093.17	5811.07	4620.95	2505.02	2228.78	3329.13	4134.93	5148.81	6404.89	7918.46	11021.49
平均每人可支配收入(元)	5425.05	6956.37	5511.25	5060.87	5768.76	4590.74	2476.75	2198.88	3303.17	4107.26	5118.99	6370.59	7877.69	10962.16
平均每人消费性支出(元)	4331.61	5795.31	4386.17	4030.15	4710.25	3532.56	2397.6	2214.47	2979.27	3503.24	4179.64	4980.88	6003.21	7593.95

图1-1　1998年中国城镇居民家庭基本收支情况

数据来源：国家统计局

从图1-1可以看到，1998年在“特大城市”“大城市”“中等城市”和“小城市”，平均每人每年的“消费性支出”占“可支配收入”的比例分别达到83.3%、78.6%、79.6%和81.64%，意味着除了满足温饱之外，家庭剩余的财富已经很少；另外，“平均每人全部年收入”基本等同于每年的“可支配收入”，说明那时候还没有个人所得税这些调节收入二次分配的工具。

1998年，在“特大城市”平均每人可支配收入6956.37元，在“大城市”平均每人可支配收入5511.25元，在“中等城市”平均每人可支配收入5060.87元，在“小城市”平均每人可支配收入5768.76元。如果以上城市分别对应今天大家习惯的“一线”“二线”“三线”“四线”城市，您会发现除了北京、上海、天津这样的“特大城市”人均可支配收入略微高一点以外，在二、三、四线城市人均可支配收入基本没有差别，更有趣的是“小城市”所对应的四线城市人均可支配收入竟然高于二、三线城市。

城市居民人均收入差别不大，而且主要用来满足吃饭、穿衣等基本生活需求，是这个阶段家庭财富的一个典型特征。

2. 缺乏财产性收入

在温饱阶段，城市家庭财富的第二个特征就是人们的收入几乎全部来自“薪酬收入”，缺乏“财产性收入”。1998年中国各地区城镇居民家庭收入来源，如图1-2所示。

地区	可支配收入	实际收入	国有单位职工收入（元）	集体单位职工收入（元）	其他经济类型单位职工全部收入(元)	财产性收入(元)	转移收入(元)
全国	5425.05	5458.34	3288.71	363.34	154.15	132.87	1083.04
北京	8471.98	8520.61	4613.32	356.57	552.40	108.56	2319.76
天津	7110.54	7126.23	3764.64	162.09	275.99	110.42	2119.11
河北	5084.64	5116.12	3340.51	231.10	40.75	203.26	949.98
山西	4098.73	4117.79	2584.08	145.51	32.83	101.66	1000.23
内蒙古	4353.02	4389.44	2706.12	160.81	25.83	97.81	833.50
辽宁	4617.24	4646.41	2500.89	493.72	116.76	45.93	990.60
吉林	4206.64	4223.91	2555.79	290.22	15.47	27.55	901.10
黑龙江	4268.50	4291.76	2486.02	189.44	23.78	44.05	1023.17
上海	8773.10	8825.26	4028.57	373.10	798.45	56.60	2645.48
江苏	6017.85	6064.45	3081.54	718.51	167.90	150.55	1609.05
浙江	7836.76	7883.77	4288.99	894.37	305.27	230.08	1415.17
安徽	4770.47	4798.76	2911.57	503.24	108.33	76.17	829.74
福建	6485.63	6544.81	3515.01	520.28	214.61	229.16	1206.10
江西	4251.42	4274.32	2984.19	193.12	2.49	140.52	738.20
山东	5380.08	5414.17	3994.87	497.26	132.20	118.46	541.76
河南	4219.42	4238.49	2783.51	187.37	28.35	196.68	853.29
湖北	4826.36	4849.43	3250.71	297.00	73.74	132.89	789.20
湖南	5434.26	5474.55	4011.08	342.50	38.61	142.58	779.12
广东	8839.68	8904.83	4861.56	830.21	673.24	383.27	1262.01
广西	5412.24	5440.55	3596.44	194.88	37.40	330.74	783.24
海南	4852.87	4895.39	3398.58	130.14	36.25	74.55	753.58
重庆	5466.57	5487.49	4020.30	349.66	141.58	55.64	657.92
四川	5127.08	5159.97	3424.37	329.43	120.43	165.16	766.56
贵州	4565.39	4580.48	2870.58	183.74	18.92	53.62	1090.38
云南	6042.78	6100.26	4226.91	431.19	61.62	126.91	921.21
西藏							
陕西	4220.24	4243.76	2581.85	118.15	26.30	213.97	1087.34
甘肃	4009.61	4034.26	2664.06	184.52	5.35	24.95	981.00
青海	4240.13	4257.50	2708.90	154.16	1.16	34.46	1003.33
宁夏	4112.41	4146.37	2506.89	174.08	24.56	48.92	948.26
新疆	5000.79	5041.67	3798.19	84.11	11.42	44.42	877.43

图1-2 1998年中国各地区城镇居民家庭收入来源

数据来源：国家统计局

从图1-2可以看到，1998年全国城镇人均可支配收入5425.05元，基本上都是工资薪酬收入，人均“财产性收入”只有132.87元，占比2.45%。即使在北京、天津、上海这三座“特大城市”，人均“财产性收入”占比也只有1.28%、1.55%和0.65%。

3. 基本没有私有房产

1998年房地产市场化之前，绝大多数城镇居民家庭并没有“私有产权”意义上的房屋资产，所住的房子基本上都是单位或者国家的，而且人均居住面积常年保持在一个很低的水平。这个阶段，中国每个家庭的物质财富都非常少，社会贫富差距也非常小。1998年之前中国城乡人均居住面积，如图1-3所示。

从图1-3可以看到，1998年中国城镇居民人均居住面积9.3平方米，1988年城镇居民人均居住面积6.3平方米，10年时间人均居住面积增长了3平方米。需要说明的是，这里的“人均居住面积”只是“居住”的概念，绝大多数家庭并不实际拥有这些住宅。

年份	城镇新建住宅面积（亿平方米）	# 城镇个人	农村新建房屋面积（亿平方米）	城市人均使用面积（平方米）	城市人均居住面积（平方米）	农村人均居住面积（平方米）
1978	0.38		1.00		3.6	8.1
1980	0.92		5.00		3.9	9.4
1985	1.88	0.63	7.22		5.2	14.7
1986	1.93	0.72	9.84	8.8	6.0	15.3
1987	1.93	0.83	8.84	9.0	6.1	16.0
1988	2.03	0.94	8.45	9.3	6.3	16.6
1989	1.56	0.78	6.76	9.7	6.6	17.2
1990	1.73	0.65	6.91	9.9	6.7	17.8
1991	1.93	0.68	7.54	10.3	6.9	18.5
1992	2.40	0.86	6.19	10.7	7.1	18.9
1993	3.07	0.98	4.81	11.0	7.5	20.7
1994	3.57	1.23	6.18	11.4	7.8	20.2
1995	3.75	1.33	6.99	11.8	8.1	21.0
1996	3.94	1.46	8.28	12.3	8.5	21.7
1997	4.05	1.53	8.06	13.0	8.8	22.4
1998	4.77	1.82	7.99	13.6	9.3	23.7

图1-3　1998年之前中国城乡人均居住面积

数据来源：国家统计局

这个时期，人们的家庭财富基本上由储蓄和耐用消费品构成，并没有严格意义上能够带来财产性收入的投资性资产。当然，这时候汽车、手机、空调都还远没有大规模进入城镇家庭，耐用消费品也只是手表、彩电、冰箱、洗衣机和自行车等。

(二) 财富杠杆化的小康时代

2020年之前的20年，是中国从温饱到实现全面小康的20年，也是城镇居民家庭人均财富差距显著拉大的20年。财富差距拉大，既包括收入差距的拉大，也包括由持有的资产不同带来的财富分化，后者的作用更大。

1. 财产性、经营性收入大幅提高

在城镇居民的“人均可支配收入”中，“经营净收入”和“财产净收入”占比越来越大，这也成为中产群体迅速崛起的财富基础。城镇居民“人均消费支出”在收入中的占比明显缩小，意味着城镇居民每年拥有越来越多的增量收入用于投资性的“财产性支出”。2019年中国城镇居民人均收支情况，如图1-4所示。

从图1-4可以看到，2019年城镇居民人均可支配收入42 358.8元，其中“经营净收入”和“财产净收入”分别达到4840.4元和4390.6元，在全部收入中的占比分别达到11.43%和10.37%。也就是说，平均每个城镇居民都有近22%的收入来自“投资”和“经营”，“工资性收入”的占比只有60%。

单位：元

指标	2013	2014	2015	2016	2017	2018	2019
城镇居民人均收入							
可支配收入	26467.0	28843.9	31194.8	33616.2	36396.2	39250.8	42358.8
1.工资性收入	16617.4	17936.8	19337.1	20665.0	22200.9	23792.2	25564.8
2.经营净收入	2975.3	3279.0	3476.1	3770.1	4064.7	4442.6	4840.4
3.财产净收入	2551.5	2812.1	3041.9	3271.3	3606.9	4027.7	4390.6
4.转移净收入	4322.8	4815.9	5339.7	5909.8	6523.6	6988.3	7563.0
现金可支配收入	24799.0	26860.2	29042.0	31270.0	33757.3	36316.2	39147.6
1.工资性收入	16509.9	17821.3	19214.8	20541.7	22072.7	23670.9	25439.1
2.经营净收入	3332.3	3528.0	3714.0	4032.3	4321.9	4808.0	5180.9
3.财产净收入	831.8	977.8	1072.8	1139.6	1234.1	1311.6	1494.7
4.转移净收入	4125.0	4533.1	5040.4	5556.4	6128.5	6525.7	7032.9
城镇居民人均支出							
消费支出	18487.5	19968.1	21392.4	23078.9	24445.0	26112.3	28063.4

图1-4　2019年中国城镇居民人均收支情况

数据来源：国家统计局

2019年城镇居民的人均消费支出28 063.4元，占人均可支配收入的66.25%，说明家庭收入中用于投资性增量支出的比例为34%左右，且随着人们收入水平的提高，这个占比越来越大。今天，越来越多的城镇家庭的存量资产每年带来的财富增量开始超过薪酬收入的比重。

2. 收入差距拉大

2019年城镇20%高收入家庭的人均可支配收入是91 682.6元，20%低收入家庭的人均可支配收入是15 549.4元，前者是后者的5.9倍。1998年，城镇居民收入按照六个等次划分，最高收入群体是最低收入群体人均收入的3.31倍。今天，不同城镇居民家庭人均收入差距已经明显拉大。2019年中国城镇居民五等次分组的人均可支配收入，如图1-5所示。

单位：元

组别	2013	2014	2015	2016	2017	2018	2019
20%低收入组家庭人均可支配收入	9895.9	11219.3	12230.9	13004.1	13723.1	14386.9	15549.4
20%中间偏下收入组家庭人均可支配收入	17628.1	19650.5	21446.2	23054.9	24550.1	24856.5	26783.7
20%中间收入组家庭人均可支配收入	24172.9	26650.6	29105.2	31521.8	33781.3	35196.1	37875.8
20%中间偏上收入组家庭人均可支配收入	32613.8	35631.2	38572.4	41805.6	45163.4	49173.5	52907.3
20%高收入组家庭人均可支配收入	57762.1	61615.0	65082.2	70347.8	77097.2	84907.1	91682.6

图1-5　2019年中国城镇居民五等次分组的人均可支配收入

数据来源：国家统计局

3. 房子成为最重要的资产

根据国家统计局公布的数据，2019年中国城镇居民人均居住面积39.8平方米，比1998年多了30平方米左右，有了大幅改善。2015年以来，城镇居民人均居住面积每年大约增加1平方米，2022年达到人均41平方米。随着最近20年全国房价的整体大幅上涨以及不同城市房价差异化的增大，城市拥有房产的家庭，尤其是拥有多套投资性房产的家庭在财富方面成为赢家。国家统计局的“人均可支配收入”并没有包括家庭房产的价值增加值，否则财富的差异化将会更大。2000—2020年全国城镇新建商品住宅平均价格走势，如图1-6所示。

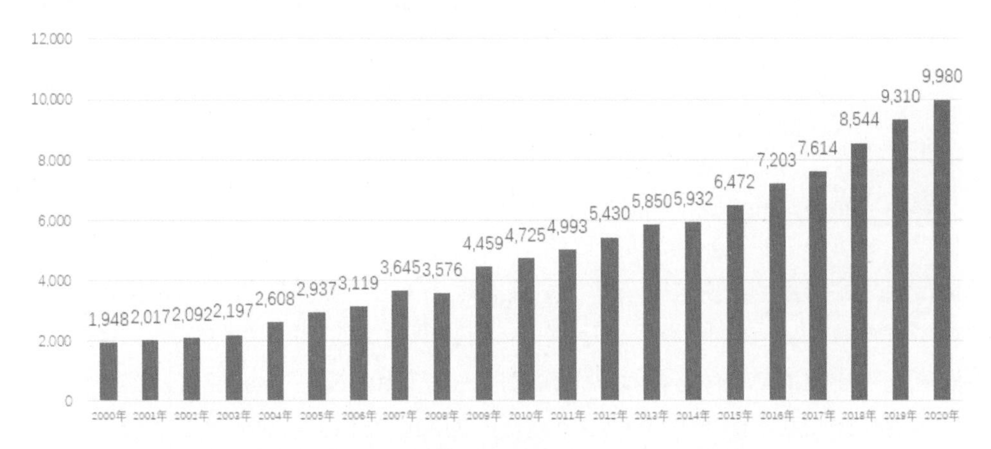

图1-6 2000—2020年全国城镇新建商品住宅平均价格走势(元/平方米)

数据来源：国家统计局

根据国家统计局发布的《全国房地产市场开发投资和销售情况》的全口径数据，2000年全国城镇新建商品住宅平均价格1948元/平方米，2010年达到4725元/平方米，2020年达到9980元/平方米。2000—2020年这20年时间房价上涨了412%，2010—2020年这10年时间上涨了112%。很显然，这20年购买房子的人都成了财富赢家。

中国人民银行调查统计司城镇居民家庭资产负债调查课题组2020年3月在《中国金融》发表了《2019年中国城镇居民家庭资产负债情况调查报告》。该调查于2019年10月中下旬在全国30个省(自治区、直辖市)对3万余户城镇居民家庭开展。这是目前为止国内关于城镇居民资产负债情况比较完整、专业、翔实的调查报告。其中用量化数据揭示了城镇居民家庭的资产情况，非常有启发性。2019中国城镇居民家庭资产结构，如图1-7所示。

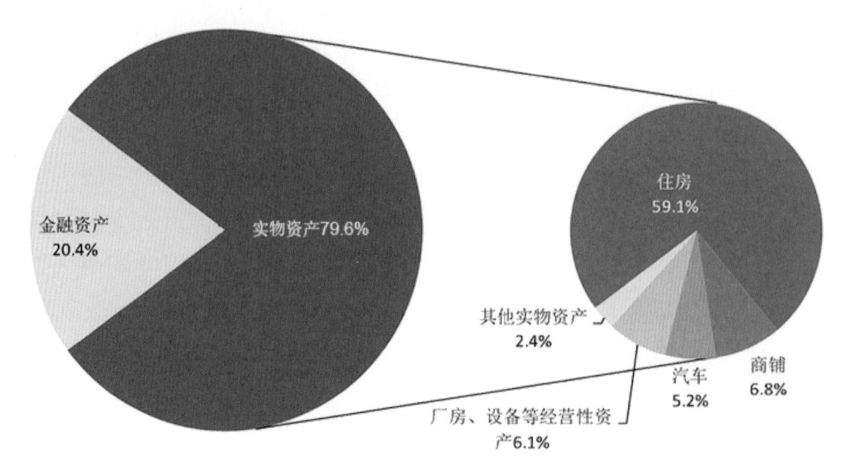

图1-7　2019年中国城镇居民家庭资产结构

数据来源：《中国金融》

根据中国人民银行调查统计司城镇居民家庭资产负债调查的调查报告，截至2019年，城镇居民家庭户均总资产317.9万元，实物资产占比近80%；金融资产占比较低，仅为20.4%。城镇居民家庭住房拥有率为96%，收入最低的20%家庭的住房拥有率也有89.1%。在拥有住房的家庭中，有一套住房的家庭占比58.4%，有两套住房的家庭占比31.0%，有三套及以上住房的占比为10.5%，户均拥有住房1.5套。户均住房资产187.8万元，住房资产占家庭资产的比重为59.1%，房产(住宅+商铺)占家庭总资产的66%左右，房产成为家庭财富的最主要构成。

4. 财富越多，越喜欢债务杠杆

中国有多少家庭拥有负债呢？债务和家庭资产之间有什么样的关系？到底中国哪些类型的人在借钱？2019年中国城镇居民家庭不同资产负债率的比例，如图1-8所示。

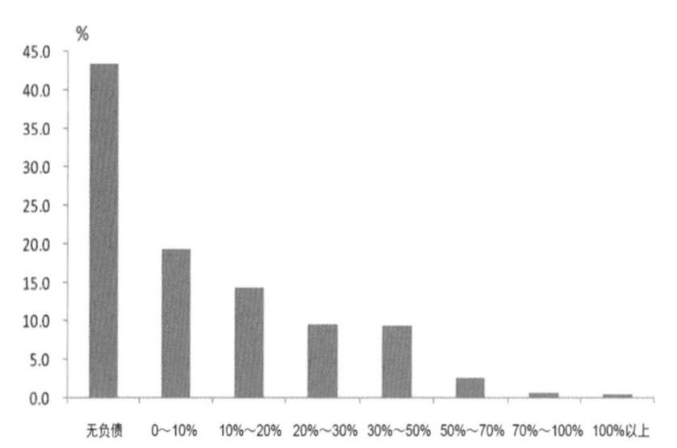

图1-8　2019年中国城镇居民家庭不同资产负债率的比例

数据来源：《中国金融》

根据中国人民银行调查统计司城镇居民家庭资产负债调查课题组的调查报告，截至2019年，调查样本中，43.5%的城镇居民家庭没有负债，56.5%的城镇居民家庭有负债，说明超过一半的城镇居民家庭利用了债务杠杆。不过整体来看，负债家庭的资产负债率并不算很高，绝大部分都在30%以下，其中资产负债率处于(0%，10%]的家庭占全部家庭的19.4%，占有负债家庭的34.4%。

到底哪些家庭更喜欢使用债务杠杆呢？中国人民银行调查统计司城镇居民家庭资产负债调查课题组也对此进行了调查和分析，结论出乎预料。2019年中国不同资产规模城镇居民家庭资产负债率分布，如图1-9所示。

资产规模	家庭占比（%）	有负债家庭占比（%）	平均资产负债率（%）	有负债家庭的平均资产负债率（%）
0～10万元	2.5	29.0	30.7	111.0
10万～50万元	8.8	32.9	8.9	26.2
50万～100万元	19.0	51.8	13.1	25.0
100万～200万元	27.8	59.8	12.8	21.3
200万～500万元	27.5	63.3	10.8	17.0
500万～1000万元	9.2	63.6	9.0	14.2
1000万元以上	5.2	62.1	6.1	9.9

图1-9　2019年中国不同资产规模城镇居民家庭资产负债率分布

数据来源：《中国金融》

从图1-9可以看到，截至2019年底，家庭资产规模在1000万元以上的家庭，有62.1%的家庭有负债；家庭资产规模在200万～1000万元的家庭中，有63%以上的家庭利用了债务杠杆；家庭资产规模在50万～100万元的家庭，有51.8%的家庭拥有负债。家庭资产规模在10万～50万元的家庭，有32.9%的家庭拥有负债；家庭资产规模在10万元以下的家庭，只有29%的家庭有负债；这些数据揭示了一个有趣的现象：越是富有的家庭，负债的占比越高，当然这里是指借债的家庭占比。

实际上，进一步观察，您会发现，家庭资产规模1000万元以上的家庭，资产负债率只有9.9%；拥有500万～1000万元资产的家庭，资产负债率只有14.2%；拥有200万～500万元资产的家庭，资产负债率17%。资产越多的家庭，资产负债率反而明显越低；家庭资产比较少的家庭，虽然使用债务杠杆的比例更低一些，但是家庭资产负债率反而明显高了一些。尤其是只有0～10万元资产的家庭，负债甚至已经大约是拥有的资产了，这部分人的债务风险最大。

6. 家庭财富杠杆化时代

通常，经济学领域和统计部门会使用一个部门的债务规模和当年GDP的规模进行比较，这就叫“债务杠杆率”。反映居民家庭负债水平的数据就是“居民家庭债务杠杆率”。2000年以来，一方面，我们看到房价快速上涨，越来越多的城镇居民家庭拥有房产，家庭的财富快速增长，中产群体崛起；另一方面，我们看到中国居民家庭债务杠杆率快速攀升。2006/03—2021/09中国居民家庭债务杠杆率水平快速攀升，如图1-10所示。

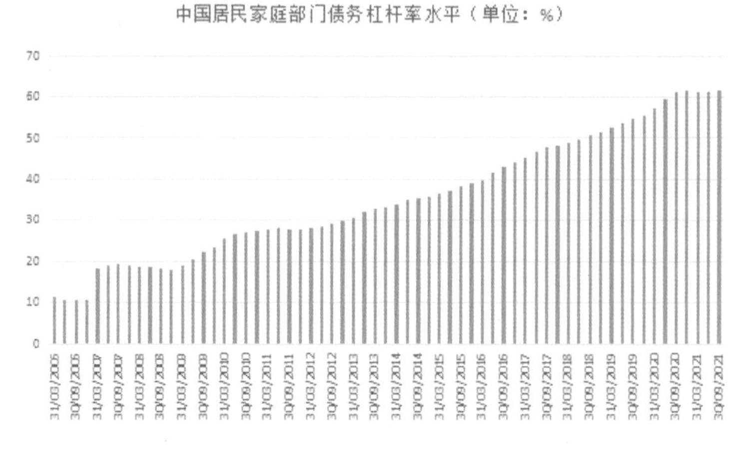

图1-10　2006/03—2021/09中国居民家庭债务杠杆率水平

数据来源：国际清算银行(BIS)

根据国际清算银行的数据，2006年一季度末，中国居民家庭债务杠杆率只有11.5%；到2010年一季度末，居民家庭债务杠杆率已经攀升到25.6%；2015年一季度末进一步上升到35.4%；2021年三季度末，居民家庭债务杠杆率已经达到61.6%。从2006年一季度到2021年三季度，居民家庭债务杠杆率从11.5%上升到61.6%，15年时间约上升了50个百分点，这个上升速度在全球的主要经济体中是最快的！

通过以上数据对比分析，我们可以看到，2000年以来，中国实现了从温饱到全面小康，城镇居民的人均可支配收入大幅上涨，90%以上城镇居民家庭已经拥有自有住房，房产在家庭资产中的比重将近70%，成为城镇居民家庭最重要的资产。

由于2000—2020年城镇居民人均收入和房价的快速上涨，家庭财富迅速膨胀。截至2019年底，中国城镇居民家庭可支配收入的22%以上来自财产性收入和经营性收入，工资薪酬收入已经降到了60%。城镇居民家庭拥有100万元以上资产的占比达到69.7%，拥有200万元以上资产的占比达到41.9%，中产群体快速崛起。

随着人们收入和财富的增长，不同城市、不同行业、不同工作、不同教育背景家庭的收入和财富分化也越来越大。但整体来看，越是富足的家庭，越喜欢使用债务杠杆。最近20年，在中国城镇居民家庭财富增长的背后，是家庭债务杠杆率的快速提高。中国最近20年的经济发展速度在全球主要经济体中几乎是最快的，中国居民家庭的可支配收入和财富增长也是最快的，但同时，中国家庭债务杠杆率的上升也是最快的。中国城镇家庭正在迎来一个财富杠杆化的时代。

二、企业财富杠杆化

(一) 企业债务杠杆率越来越高

1. 中国企业债务杠杆率快速攀升

2022年1月27日，财政部公布了《2021年1—12月全国国有及国有控股企业经济运行情况》报告，数据显示，截至2021年12月末，国有企业资产负债率63.7%，上升0.3%。其中，中央企业负债率67.0%，上升0.5%；地方国有企业负债率61.8%，上升0.3%。如果追溯到2008年，当时财政部的数据显示，国有企业的资产负债率只有58%左右，美国次贷危机以来，企业部门的债务水平整体大幅上升。

根据国际清算银行的数据，2021年三季度末中国非金融企业部门的债务杠杆率达到155.5%，比2020年四季度末的160.6%略有回落。2008年美国次贷危机后，中国非金融企业部门的债务增长规律和家庭部门非常类似：一是增速快，从2008年三季度到2021年三季度，13年时间非金融企业的债务杠杆率从93.9%增长到155.5%，提高了近62%；二是每当经济增速下滑的时候，企业债务杠杆率都会有一轮新的增长。2006/03—2021/09中国非金融企业债务杠杆率持续攀升，如图1-11所示。

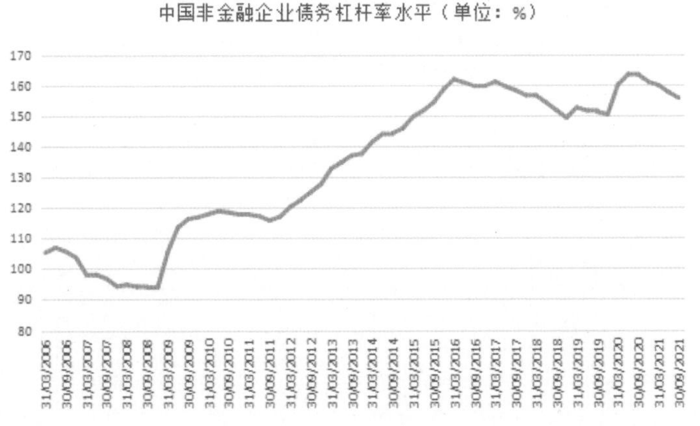

图1-11　2006/03—2021/09中国非金融企业债务杠杆率水平

数据来源：国际清算银行

2. 全球企业债务杠杆率普遍上升

根据国际清算银行的数据，2020年底全球所有提供数据报告的经济体非金融企业部门的债务杠杆率平均水平是110%。其中，新兴经济体的债务杠杆率平均水平是119.9%，发达经济体的债务杠杆率平均水平是103.8%，世界上最大的20个经济体(G20)非金融企业债务杠杆率平均水平是109.2%。虽然中国非金融企业部门的债务杠杆率水平远远超过全球的平均水平，但有一个共同点是全球的水平也在普遍上升。2006/03—2021/09全球非金融企业债务杠杆率持续攀升，如图1-12所示。

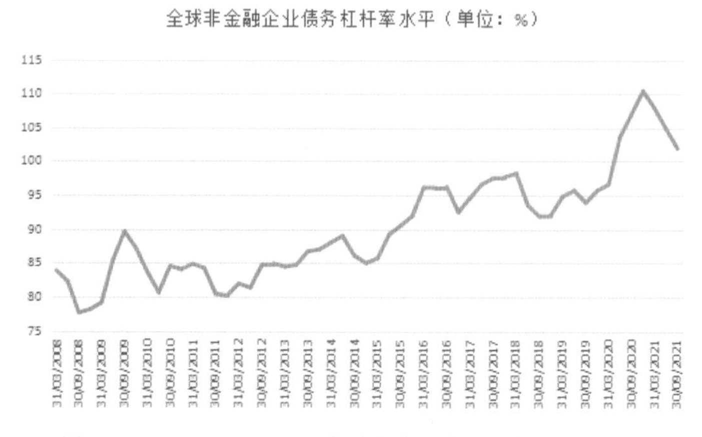

图1-12　2006/03—2021/09全球非金融企业债务杠杆率水平

数据来源：国际清算银行

参考图1-12，根据国际清算银行的数据，在2008年三季度末，全球非金融企业的债务杠杆率水平是77.6%，到2021年三季度末，全球非金融企业的债务杠杆率水平是101.9%，上升了24.3%。整体来说，经历了2008年的次贷危机、2020年的新冠肺炎疫情危机，全球企业的发展更加依赖增加债务杠杆。

(二) 资本市场的财富杠杆

传统上认为企业增加债务是放大杠杆，企业经营的债务杠杆达到3～5倍就已经很高了。从财富的角度观察，当企业进入资本市场定价后，常常意味着更大的财富杠杆，因为每当有1块钱的利润，通常在资本市场就会被放大十几倍、几十倍，甚至上百倍的估值。最近几十年，全球的亿万富翁几乎都是通过拥有上市公司股份(或者私募市场发行股票)登顶的。我们看一下2021年最新的胡润百富榜，会发现这些财富人物几乎无一例外都是通过资本市场极大地放大了自己的财富价值。2021年胡润百富榜中国富豪TOP50，如表1-1所示。

表1-1　2021年胡润百富榜中国富豪TOP50

排行	姓名	财富(亿元)	涨幅	公司	居住地	主业	年龄
1	钟睒睒	3900	7%	养生堂	浙江杭州	饮料、医疗保健	67
2	张一鸣	3400	209%	字节跳动	北京	社交媒体	38
3	曾毓群	3200	167%	宁德时代	福建宁德	锂电池	53
4	马化腾	3170	−19%	腾讯	广东深圳	互联网服务	50
5	马云家族	2550	−36%	阿里系	浙江杭州	电子商务、金融科技	57
6	黄峥	2290	4%	拼多多	上海	购物网站	41
7	魏建军、韩雪娟夫妇	2180	384%	长城	河北保定	汽车制造	57,55
8	李嘉诚家族	2150	New	长江实业	香港	投资	93
9	何享健家族	2130	−5%	美的	广东佛山	家电制造房地产	79
10	王卫	1930	−20%	顺丰	香港	快递	51
11	杨惠妍家族	1850	−18%	碧桂园	广东佛山	房地产 教育	40
12	陈建华、范红卫夫妇	1790	33%	恒力	江苏苏州	化纤、石化、房地产	50,54
13	李书福家族	1750	46%	吉利	浙江杭州	汽车制造	58
14	丁磊	1710	−22%	网易	浙江杭州	互联网技术	50
15	李兆基	1700	New	恒基兆业	香港	房地产	93
15	秦英林、钱瑛夫妇	1700	−15%	牧原	河南南阳	畜牧	56,55
17	庞康	1580	−19%	海天味业	广东佛山	调味品	65
18	郑家纯家族	1550	New	周大福	香港	房地产	73
19	王兴	1460	−14%	美团	北京	生活服务	42
20	王传福	1420	178%	比亚迪	深圳	汽车、从点电池	55
21	蒋仁生家族	1400	4%	智飞生物	重庆	疫苗	68
21	雷军	1400	−18%	小米	北京	智能硬件与技术、投资	52
21	罗立国家族	1400	551%	合盛	浙江宁波	硅材料	65
24	黄世霖	1380	151%	宁德时代	福建宁德	锂电池	54
25	吕向阳、张长虹夫妇	1360	172%	融捷	广东广州	投资	59,60
26	烧陈邦	1350	35%	爱尔眼科	湖南长沙	医疗服务	56
27	刘强东、章泽天夫妇	1350	-16%	京东	北京	电子商务、金融	48,29
28	刘永行、刘相宇父子	1300	18%	东方希望	上海	氧化铝、重化工、饲料	73,46
29	张志东	1270	−25%	腾讯	广东深圳	互联网服务	49

（续表）

排行	姓名	财富（亿元）	涨幅	公司	居住地	主业	年龄
30	李小冬	1250	108%	冬海集团	新加坡	网络游戏、电商	43
30	刘汉元、管亚梅夫妇	1250	98%	通威	四川成都	新能源、农业	57,57
30	严昊	1250	-14%	太平洋建设	江苏南京	基础建设	35
33	李蔡美灵家族	1200	New	李锦记	香港	食品加工	—
33	宗庆后家族	1200	14%	娃哈哈	浙江杭州	饮料	76
35	徐航	1180	-2%	迈瑞、鹏瑞	广东深圳	医疗器械、房地产	59
36	王文银家族	1160	10%	正威	广东深圳	有色金属	53
37	李西廷	1150	0%	迈瑞	广东深圳	医疗器械	70
37	严彬	1150	5%	华彬	北京	饮料、地产	67
39	吴光正	1100	New	会德丰	香港	房地产	75
40	许荣茂家族	1080	-17%	世茂	香港	房地产	71
41	刘永好家族	1050	-34%	新希望	四川成都	农业、化工、金融	70
41	王健林家族	1050	-5%	万达	北京	房地产、文化	67
43	李水荣	1030	58%	荣盛控股	浙江杭州	化纤	65
43	郑淑良家族	1030	61%	宝丰	宁夏银川	煤化工	75
45	党彦宝	1000	43%	魏桥创业	山东滨州	铝业、纺织	75
46	陈东升家族	950	51%	泰康	北京	保险	64
46	吴亚军家族	950	-14%	龙湖	北京	房地产	57
46	张勇、舒萍夫妇	950	-51%	海底捞	新加坡	餐饮	50,51
49	裴振华、容建芬夫妇	920	192%	天华超净	江苏苏州	超净产品	62,58
50	袁征家族	905	-18%	zoom	美国旧金山	视频软件	51

资料来源：胡润百富榜

三、国民经济杠杆化

（一）中国经济的杠杆化

关于“去杠杆”的呼声最近几年不时响起，但实际上中国的全社会债务杠杆率是不断上升的。这意味着整个社会每年创造的GDP财富蛋糕被持有资本的“债权人”分走的比例越来越大，而劳动者获得的分成比例在相对减少。伴随着经济杠杆率的提高，国民经济的虚拟化和金融化也日益加深。1995—2021年中国全社会债务杠杆率水平，如图1-13所示。

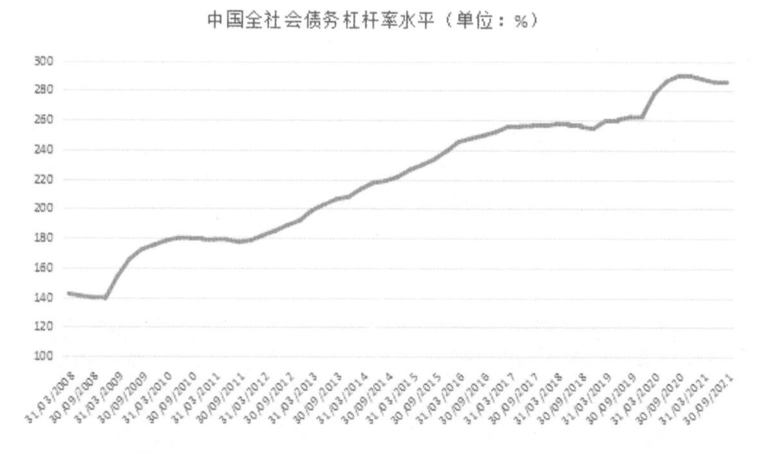

图1-13　1995—2021年中国全社会债务杠杆率水平

数据来源：国际清算银行

根据国际清算银行的最新数据，截至2021年三季度末，中国的全社会债务杠杆率已经从2008年四季度的139%迅速提高到284.7%，实现了翻番的增长。这意味着全社会每年新创造1个单位的GDP，需要2.85个单位的债务来推动实现。如果资金的成本按每年4.5%计算，则意味着每年需要用13%左右的GDP来偿还存量债务的利息成本。

(二) 全球经济的杠杆化

其实，经济的杠杆化程度日益加深，并非中国一个国家如此，全球的发展中国家、发达国家大都呈现了国民经济杠杆化不断攀升的趋势，尤其是经历了2020年的新冠肺炎疫情危机之后，国民经济的杠杆率短时间大幅度提高。这是一个国民经济杠杆化的时代。

下面我们分别看一下全球新兴经济体(发展中国家)、全球发达经济体(发达国家)和全球所有经济体全社会债务杠杆率水平走势，您会发现虽然水平也许有差别，但趋势却惊人的一致，都在快速增加。

截至2021年三季度末，全球新兴经济体全社会的债务杠杆率达到226.9%，主要是从2008年(110.9%)美国次贷危机之后开始快速增加的，大约13年时间，全球新兴经济体全社会的债务杠杆率提高了一倍。2008—2021年全球新兴经济体全社会债务杠杆率水平，如图1-14所示。

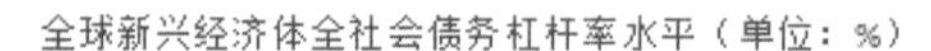

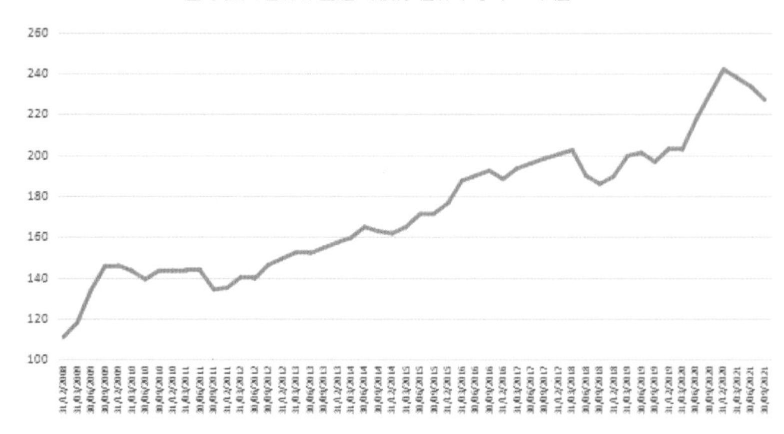

图1-14　全球新兴经济体全社会债务杠杆率水平

数据来源：国际清算银行

截至2021年三季度末，全球发达经济体的平均债务杠杆率达到291.8%，在2020年底曾一度达到320.6%的水平。整体来看，从2000年至2021年三季度末，全球发达经济体的债务杠杆率水平也是持续提高的，今天的杠杆率水平几乎是历史上最高的水平。2000—2021年全球发达经济体全社会债务杠杆率水平，如图1-15所示。

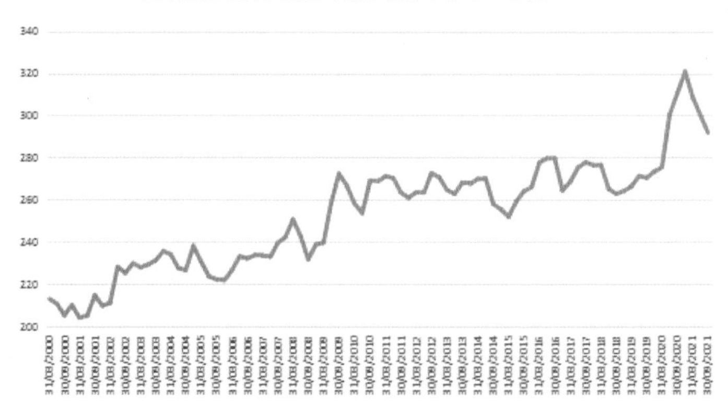

图1-15　2000—2021年全球发达经济体全社会债务杠杆率水平

数据来源：国际清算银行

国民经济的杠杆化程度日益加深是一个全球现象，中国只是我们感受到的一个具体场景而已。截至2021年三季度末，全世界经济体的平均债务杠杆率达到265.9%，曾经在2020年底一度达到290.1%，在2008年三季度时只有189.3%。整体来看，发展中国家、发达国家的全社会债务杠杆率走势和全球的平均走势非常一致。2000—2021年全球所有经济体全社会债务杠杆率水平，如图1-16所示。

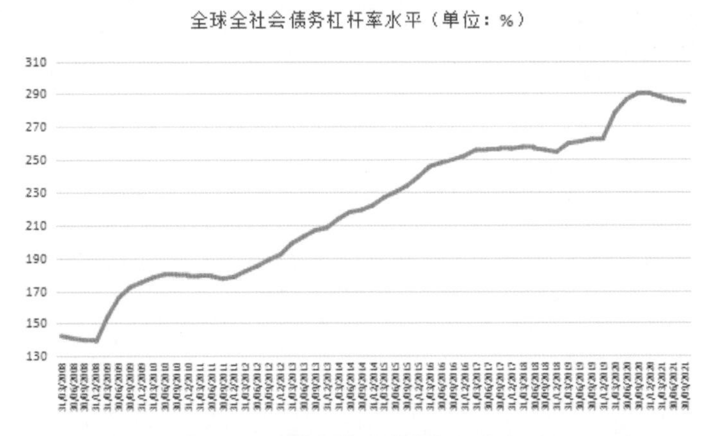

图1-16　全球全社会债务杠杆率水平

数据来源：国际清算银行(BIS)

从以上专业机构提供的长期跟踪数据，我们可以清晰地看到世界上主要的经济体都呈现出国民经济发展杠杆化加深的趋势，毫无疑问我们处于国民经济的杠杆化时代。

四、结论

金融的本质是杠杆，最初娴熟利用金融杠杆这个工具的主要是专业的金融市场。随着全面小康时代的到来，越来越多的中产家庭除了满足温饱消费之外，有更多的增量资金需要保值增值，加上金融市场越来越发达，住房自有率快速提高，投资性资产的池子也越来越丰富，金融杠杆作为标准化的金融工具开始进入千家万户。随着存量资产的管理越来越重要，中产家庭都要学会杠杆思维，撬动家庭财富事半功倍地增长。

随着资本市场的日益发达，融资渠道多样化、便利化，尤其是注册制的推行，使企业上市融资变得越来越容易。在传统的信贷、债券融资杠杆之外，资本市场成为企业和企业家财富爆发性增长的新支点。

放眼全球，无论是发展中国家还是发达国家，国民财富的创造对杠杆的依赖都越来越深。这是一个全球杠杆化的时代。特别需要提醒的是：杠杆是一把双刃剑，“十次危机九次债”。每一轮牛市调整，都有场外配资的投资者血本无归；每一轮行业周期兴替，都有高杠杆野蛮生长、跑马圈地的行业巨轮触礁沉没；每一轮经济危机，都有高杠杆的家庭现金流枯竭，被逼到资不抵债的破产边缘。

02 迎接通胀时代

通货膨胀的基本含义是由于货币大量发行，用货币度量的物价出现上涨。这里的“物价上涨”在现实生活中常常特指消费品和服务价格的上涨，也就是我们经常听到的“消费者价格指数”，通常用CPI表示，英文全称为Consumer Price Index。一个健康的经济体一般都伴随着温和的通胀，这是正常的经济现象，并不值得过度担忧。

在2020年之前的几十年时间，由于全球化的发展，尤其是中国加入WTO(世界贸易组织)为全球提供大量质优价廉的商品后，世界主要经济体的消费者都享受在温和的通胀环境里。受全球地缘政治博弈和保护主义上升的影响，贸易全球化、生产全球化、金融全球化、劳动力全球化开始出现趋势性的倒退，通货膨胀发生了新的变化。

我们正身处一个新通胀时代，这既是全球中产家庭正在或者即将面临的一个长期共同挑战，也是一个崭新的机遇。

一、全球货币超发现象

通货膨胀表面上是物价上涨现象，实际上是货币发行问题。由于货币发行量超过了经济增长所需要的数量，多余的货币就会造成通货膨胀和资产价格泡沫，大家习惯把这称为“货币超发”。

在全球化的今天，完全独立的货币政策已经越来越不现实。一个国家货币政策的制定既要考虑国内经济的实际需要，又不得不对全球地缘政治、国际贸易和金融竞争做出反应，所以货币政策和货币发行最终是以“我”为中心、全球博弈的结果。下面我们追根溯源，来看一下全球主要经济体的货币发行。

(一) 中国的货币超发

最近20年，中国是世界主要经济体中GDP增速最快的国家。2000年的时候，中国的GDP大约10万亿，占全球的4%左右；2010年GDP达到41万亿，占全球的比重达到9.3%；2020年GDP更是突破100万亿，占全球的比重达到17%；2021年GDP超过114万亿，占全球的比重超过18%。从2000年到2021年，中国GDP增长了10.4倍，占全球的比重增加了14%。2000—2021年中国GDP的增长趋势，如图2-1所示。

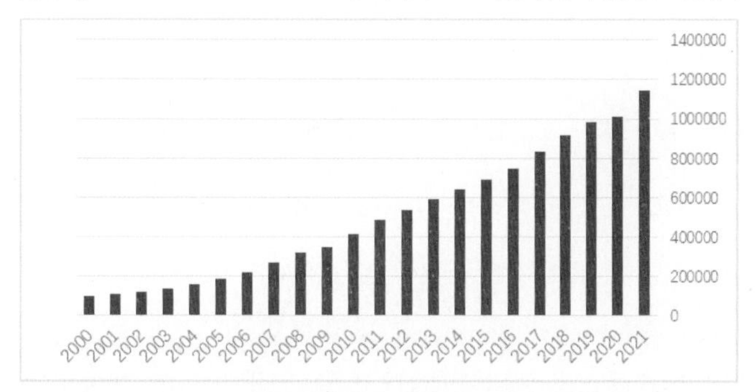

图2-1　2000—2021年中国GDP的增长趋势(单位：亿元)

数据来源：国家统计局

货币发行量首先要满足GDP的增长需要，但与GDP的增速相比，这些年中国货币(广义货币)发行量增速明显更快。2000年，中国的广义货币发行量大约13.46万亿，2010年广义货币发行量达到72.6万亿，2020年广义货币发行量218万亿，2021年广义货币发行量更是超过238万亿。从2000年到2021年，中国广义货币发行量增长了16.7倍。2000—2021年中国广义货币的发行量趋势，如图2-2所示。

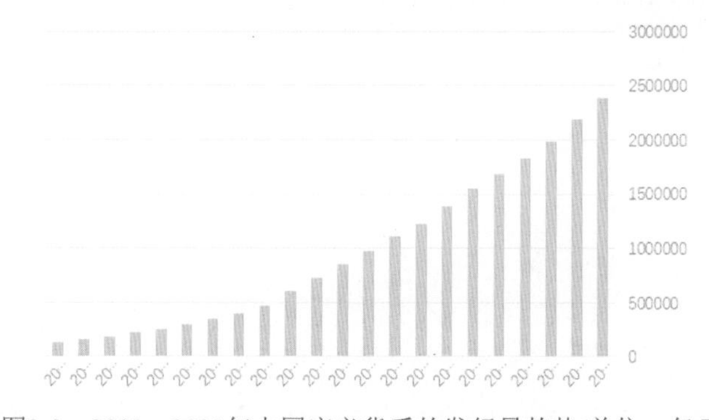

图2-2　2000—2021年中国广义货币的发行量趋势(单位：亿元)

数据来源：中国人民银行

在严格的经济和金融学中并没有关于“货币超发”的专业定义，我们可以形象地用广义货币发行量和GDP的动态比例关系来表示“货币超发”的程度。如果M2/GDP呈现不断放大的趋势，说明相对于GDP的规模和增长需求来说，货币发行量明显呈现“超发”的趋势。下边看一下中国的“货币超发”现象(图2-3)。

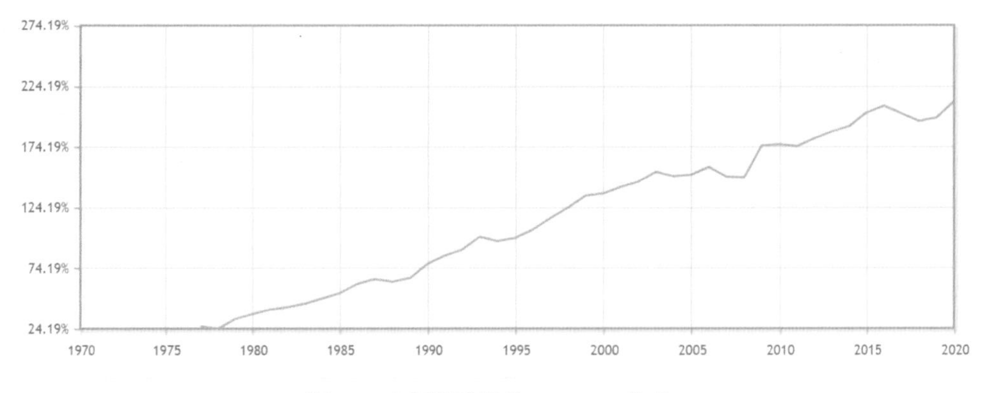

图2-3　中国货币超发(M2/GDP)趋势

数据来源：国家统计局、中国人民银行

从图2-3可以清晰地看到，中国的货币发行量相对于GDP来说，明显增长更快，形象地说就是“印钞机”的速度要明显超过GDP的增速。2000年，中国的M2/GDP大约是1.34，2010年上升到1.76，2020年更是上升到2.15。

到底一个国家1个单位的GDP需要多少对应的货币量M2，这是一个很复杂的问题，涉及经济金融化的程度、金融市场的效率、社会融资方式等的差异，不可以简单横向对比。但将一个国家自身历史数据进行比较分析，还是能够反映这个国家“货币超发”的程度变化的。

(二) 全球的货币超发

我们先看一下代表世界上发展中经济体的“金砖五国”的情况。2000—2020年“金砖五国”M2/GDP水平和走势，如图2-4所示。

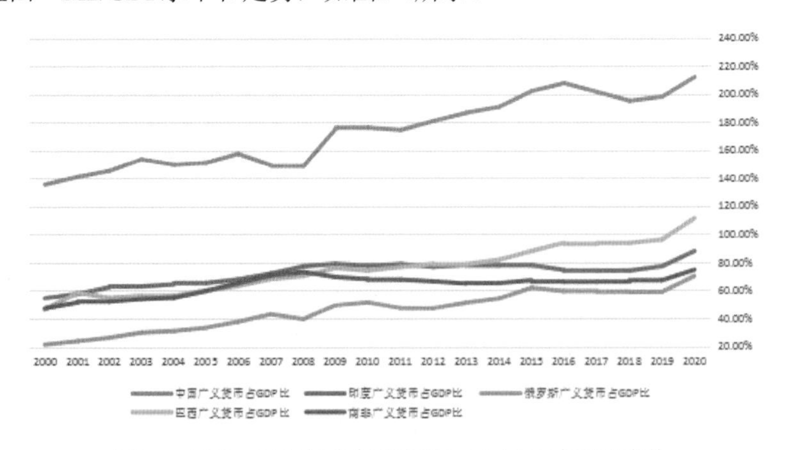

图2-4　2000—2020年“金砖五国”M2/GDP水平和走势

数据来源：世界银行

2000年，中国、印度、俄罗斯、巴西、南非的M2/GDP分别为134%、54%、21%、46%和46%；2010年，中国、印度、俄罗斯、巴西、南非的M2/GDP分别增加到176%、77%、51%、74%和68%；2020年，中国、印度、俄罗斯、巴西、南非的M2/GDP分别增加到215%、88%、70%、112%和75%。

图2-4的数据表明：①代表世界上主要发展中经济体的“金砖五国”，2000年以来M2/GDP都呈现了不同程度的上升势头，说明相对自身来说，都表现出了“货币超发”现象；②相对其他几个发展中经济体，中国的“货币超发”现象似乎更明显一些。

发展中国家存在普遍的“货币超发”现象，发达国家怎么样呢？我们看一下几个比较大的代表性发达经济体的数据。2000—2020年五个代表性发达经济体M2/GDP水平和走势，如图2-5所示。

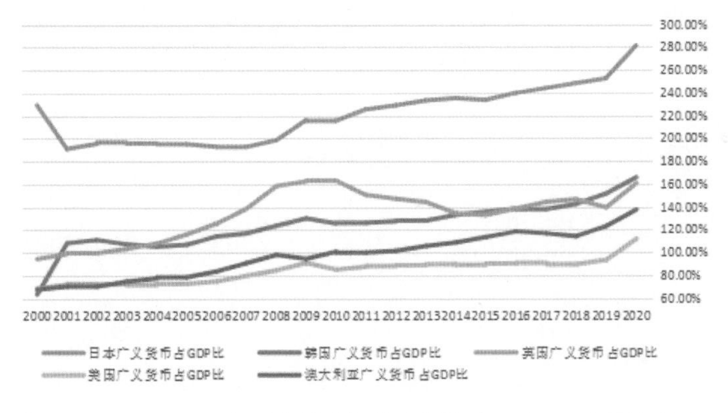

图2-5　2000—2020年五个代表性发达经济体M2/GDP水平和走势

数据来源：世界银行

从图2-5可以看到，和发展中经济体一样，发达经济体如美国、日本、英国、韩国和澳大利亚的M2/GDP都呈现上升态势。同时，通过对比可以发现，在2008年全球金融危机和2020年新冠肺炎疫情危机发生后，无论是发展中国家还是发达国家，都出现了货币发行量相对于GDP的突然跃升。这说明一个国家在面临全球性经济和金融危机的时候，都倾向于通过增加印钞来稳定国内的企业经营和民众生活。未来全球性经济和金融危机不可避免，主要国家“货币超发”水平仍然会在当前的基础上继续攀升。当货币发行量的增速长期、明显超过GDP的增速之后，货币的购买力就会持续降低，紧接着会带来两方面的深远影响：通货膨胀和资产价格泡沫。

二、全球高通胀时代

（一）中国通胀：滴水穿石

我们通常用消费者价格指数来表达通货膨胀，主要反映食品、衣着、家庭设备及其维修服务、医疗保健及个人用品、交通和通信、娱乐教育文化用品与服务、居住等七大类价格信息，每一类还会继续细分。比如，食品具体包括烟酒、畜肉类、鲜菜、水产品、鲜果、牛奶等。我们先看一看中国最近10年的通货膨胀率。2012/02—2022/02居民消费者价格指数走势，如图2-6所示。

图2-6　2012/02—2022/02居民消费者价格指数走势

数据来源：国家统计局、Wind

2022年2月，居民消费价格指数同比涨幅只有0.9%，不仅在全世界基本上是最低的，和中国最近10年的月度历史数据对比也基本上处于较低的水平。根据国家统计局的数据，从2012年2月到2022年2月，中国的累计居民消费价格指数涨幅达到21.6%，年化复合增长率1.98%，这个数据还是比较温和的。

在讨论家庭理财的时候，每当谈到“通货膨胀”，我总是不自觉想到“滴水穿石”这个成语。也许短期内，我们很多人会忽视物价的变化，但物价正是以大家忽略的方式积沙成丘的。比如，物价通常表现为稳定、持久增长，甚至不排除个别年份由于特殊原因会出现恶性上涨。我们看一下从1978年到2020年这42年间中国居民消费价格指数的累计涨幅。1978年以来中国居民消费价格指数走势，如图2-7所示。

图2-7　1978年以来中国居民消费价格指数走势

数据来源：国家统计局

根据国家统计局的数据，如果把1978年中国的居民消费价格指数确定为基数100，那么截至2020年底，居民消费价格指数涨到了686.5，42年累计涨幅5.86倍。虽然累计涨幅已经不小了，但实际上这42年间我们生活中还有太多消费品的价格涨幅要远远高于5.86倍。比如大学教育，那时候不交学费，还有补贴，现在每年的学费动辄几千甚至上万；再如，大量生活必需品如火柴、铅笔、橡皮、纽扣等那时候都是1分钱、2分钱，现在单价1块钱以下的商品基本上看不到了，涨幅甚至达到几十倍之多。用心观察，您会发现，新闻中大家都盯着茅台的涨价，但现实生活中越是便宜的小商品，实际上涨幅越大，如榨菜、酱油、矿泉水等。

为什么感受到的通货膨胀比官方的数据要高很多呢？主要原因有三个：①官方的数据是一个根据样本权重得到的加权“平均数”，而生活中消费者对通货膨胀感受最强烈的恰恰是涨价比较突出的个别商品，这会带来感受的偏差。②消费者常常会混淆了消费价格指数所包含的内容，如大多数消费者过去几年对房价的上涨很焦虑，认为消费价格指数反映的数据不真实，这其实是一个误会，买房的行为在经济学上定义为“投资”而不是“消费”，所以房价的数据不包含在消费价格指数中。消费价格指数所反映的“居住”价格因子主要是房屋“租金”的价格变化，因为租房是消费，买房是投资，这是两个性质完全不同的经济行为；③我国的消费价格指数构成因子更多反映了“商品消费的价格”变动，而且食品所占的权重比较大，对服务消费的反映并不充分，尤其是在从全面小康向高收入国家发展的下一个阶段，吃饭、穿衣等支出会比较稳定，服务消费在家庭消费中的占比会越来越大。不知道大家是否有印象，2019年底到2020年初两个月，猪肉价格处于历史高位，导致消费价格指数月度同比涨幅接连突破4%、5%，创造了最近10年的高点。但实际上，在2020年初，由于新冠肺炎疫情对经济的冲击，除了猪肉之外，其他大量消费品的价格都处在冰点，但当时猪肉的权重对消费价格指数的贡献超过23%，所以消费价格指数某种程度上也是扭曲的。

（二）全球通胀：迭创新高

当前中国的通货膨胀率比较低，但世界其他主要经济体大多都处在几十年来最严重的通货膨胀泥沼中。

2020年，新冠肺炎疫情危机席卷全球，世界主要经济体的经济发展受到几十年来罕见的沉重打击。为了渡过危机，以欧、美、日为代表的主要经济体纷纷采取了极其宽松的货币政策。美联储联邦基金的基准利率一夜之间从1.75%降到了0.25%；欧元区持续实行零利率；英国央行基准利率从0.75%降到了0.25%；加拿大央行仿效美国，把基准利率从疫情前的1.75%降到了0.25%；日本和瑞士央行实行负利率。除此之外，各国央行和财政部门还纷纷出台了资产购买、企业和家庭补贴政策。主要发展中经济体也通过降低利率、增加信贷、提供财政补贴等不同方法向市场释放了大量货币。

除了货币发行因素，为了应对新冠肺炎疫情危机，大多数国家都对国际、国内的航空、陆路、海运等物流通道进行了严格的管制，对人员往来和商品流通也进行了不同程度的管控，这直接加剧了全球供应链危机，进一步推高了通货膨胀。

最近几年，贸易保护主义盛行，美国对中国的部分进口商品加征25%的关税，这些都导致美国消费者的成本上升。疫情进一步加剧了各主要国家对全球贸易依赖和供应链安全的担忧，产业回流呼声一浪高过一浪，我们看到不少国际贸易体系在疫情期间都受到了不同程度的冲击，包括WTO。在过去几十年，全球主要经济体尤其是发达经济体都长期享受低通胀的发展红利，这很大程度上在于全球贸易和分工降低了商品的价格，以中国等为代表的发展中经济体向全球发达经济体提供了大量质优价廉的商品，抑制了这些国家的通胀水平。

2022年2月，俄乌军事冲突导致西方主要国家对俄罗斯进行了全方位的经济、贸易、金融制裁，由于俄罗斯的石油、天然气、煤炭等能源供应占欧洲市场30%以上的份额，这直接导致欧洲能源价格大幅上涨。在能源价格上涨及地缘冲突风险上升的背景下，2021年后，新一轮大宗商品价格出现大幅上涨。根据经济规律，这些成本大概率最终都将由消费者来买单。

2022年2月，根据Trading Economics关于全球主要经济体最新的经济数据，我们可以看到绝大多数经济体都深陷近几十年来最严重的通货膨胀泥沼。2022年2月全球主要经济体通货膨胀率，如图2-8所示。

	国内生产总值	国内生产总值 YOY	国内生产总值 QOQ	利率	通货膨胀率	失业率	预算	债务	经常账户	汇率	人口
美国	20937	5.60%	7.00%	0.50%	7.90%	3.80%	-14.90%	128.10%	-3.10	98.56	329.48
中国	14723	4.00%	1.60%	3.70%	0.90%	5.50%	-3.70%	66.80%	1.80	6.37	1412.60
欧元区	13011	4.60%	0.30%	0.00%	5.90%	6.80%	-7.20%	98.00%	3.00	1.11	342.41
日本	4975	0.70%	1.10%	-0.10%	0.90%	2.80%	-12.60%	266.20%	3.20	108.19	125.67
德国	3846	1.80%	-0.30%	0.00%	5.10%	5.00%	-4.30%	69.80%	7.00	1.11	83.17
英国	2708	6.50%	1.00%	0.75%	5.50%	3.90%	-14.90%	94.90%	-3.50	1.25	67.08
法国	2630	5.40%	0.70%	0.00%	3.60%	7.40%	-9.20%	115.70%	-1.00	1.11	67.29
印度	2623	5.40%	12.70%	4.00%	6.07%	8.00%	-9.40%	73.95%	0.90	71.01	1347.12
意大利	1886	6.20%	0.60%	0.00%	5.70%	8.80%	-7.20%	155.80%	3.60	1.11	59.64
加拿大	1644	3.30%	1.60%	0.50%	5.70%	5.50%	-14.90%	117.80%	-1.90	1.26	38.01
韩国	1631	4.20%	1.20%	1.25%	3.70%	2.70%	-6.10%	42.60%	3.50	1145.85	51.78
俄罗斯	1484	4.30%	-0.80%	20.00%	9.17%	4.40%	-3.80%	17.80%	2.40	64.35	146.20
巴西	1445	1.60%	0.50%	11.75%	10.54%	11.20%	-13.40%	88.83%	-0.72	5.69	211.82
澳大利亚	1331	4.20%	3.40%	0.10%	3.50%	4.00%	-4.30%	24.80%	2.50	0.72	25.68
西班牙	1281	5.20%	2.00%	0.00%	7.60%	13.33%	-11.00%	118.70%	0.70	1.11	47.33
墨西哥	1076	1.10%	0.00%	6.00%	7.28%	3.70%	-4.60%	52.10%	2.40	19.36	126.01
印尼	1058	5.02%	1.06%	3.50%	2.06%	6.49%	-4.65%	38.50%	0.30	14462.00	270.20
荷兰	914	6.20%	0.90%	0.00%	6.20%	3.40%	-4.30%	54.50%	7.80	1.11	17.41
瑞士	752	3.70%	0.30%	-0.75%	2.20%	2.50%	-2.60%	42.90%	3.80	0.92	8.61
土耳其	720	9.10%	1.50%	14.00%	54.44%	11.40%	-3.40%	39.50%	-5.10	8.62	83.61
沙特阿拉伯	700	6.70%	1.60%	1.25%	1.60%	6.60%	-11.20%	32.50%	-2.80	3.75	35.00
中国台湾	669	4.86%	1.85%	1.38%	2.36%	3.70%	-4.50%	28.20%	9.50	28.02	23.55
波兰	594	7.30%	1.70%	3.50%	8.50%	5.50%	-7.00%	57.50%	3.60	3.89	37.96
瑞典	541	5.20%	1.10%	0.00%	4.30%	7.90%	-3.10%	39.90%	5.20	8.65	10.33

图2-8　2022年2月全球主要经济体通货膨胀率

数据来源：Trading Economics

从图2-8的数据可以看到，2022年2月，在世界上主要的发达经济体中，美国通货膨胀率7.9%，创造了1982年1月以来40年的新高；欧元区(27个国家构成)的通货膨胀率5.9%，创造了2002年欧元区成立以来历史新高；德国通货膨胀率5.1%，意大利通货膨胀率5.7%，英国通货膨胀率5.5%，加拿大通货膨胀率5.7%，创造了1992年以来30年的新高；法国通货膨胀率3.6%，创造了2008年次贷危机以来14年的新高。

在金砖国家中，印度通货膨胀率6.07%，俄罗斯通货膨胀率9.17%，巴西通货膨胀率10.54%，也处于2003年以来近20年的新高；南非通货膨胀率5.7%，处于10年来的新高。

在G20其他比较大的经济体中，土耳其通货膨胀率54.4%，创造了20年来的新高；阿根廷通货膨胀率52.3%，创造了1993年以来近30年的新高。

(三) 迎接高通胀时代

在21世纪以来的20多年时间里，经济专家和金融分析师已经形成了一个长期的共识：通货膨胀主要发生在发展中国家，西方主要发达国家执政者由于对自身“国际货币”羽毛的爱护和对“选民选票”的看重，很难想象发生严重的通货膨胀。但是新冠肺炎疫情危机颠覆了这种认知，西方发达经济体同样会“制造高通胀”，发达国家的消费者对高通胀的容忍程度超过了此前市场的预期，也超过了政治人物的预期。这意味着什么呢？至少今后对发达国家来说，“高通胀”已经不再是执政者的禁忌。

在后疫情时代，逆全球化的浪潮大概率会加速发展。随着中国的快速崛起，中西方之间的地缘政治矛盾面临长期化趋势，贸易、高科技、产业链和金融市场都将会面临脆弱的平衡，任何风吹草动都可能加剧经济之间的对抗，最终将会反映到各个国家的生产成本和消费价格中去，这些矛盾的一部分最终会通过量化的通货膨胀由各国消费者买单。随着2022年俄乌冲突的持续，预计欧洲的通货膨胀率将持续攀升，俄罗斯在制裁的影响下，也将会面临对内通胀、对外贬值的风险。

全球在动荡中迎来新的长期高通胀时代，每个中产家庭都正在或将要直面这个现实。

三、资产价格盛宴

(一) 中国的资产盛宴

1. 房地产盛宴

传统上，中国城镇居民家庭长期的最主要资产是银行储蓄。1998年启动的房地产市场化极大地改变了中国居民家庭长期只有储蓄而没有其他资产的局面。加上城镇化的快速发展，城镇居民家庭纷纷购买房产，从居住需求到投资需求，从全款到银行按揭。中国的房地产市场化虽然在全球主要经济体中几乎是时间最短的，但今天中国城镇居民家庭的房屋自有率却几乎是全球主要国家中最高的。伴随着房地产业的快速发展，中国的基础设施和城市建设也取得了突飞猛进的发展，这些成就在全世界是罕见的。

今天和今后相当长的一段时间，中国城镇居民家庭的最主要资产仍然会是房子，因为经过最近20年房价的大幅上涨，每一个城镇居民家庭的房地产资产规模都不小了。根据2020年3月中国人民银行调查统计司的报告，截至2019年底，中国城镇居民家庭住房自有率达到了96%，平均每一个家庭拥有1.5套住房，如果把投资性的商铺等房产资产计算在内，房子已经占到了城镇居民家庭总资产的66%左右。

最近20年，中国的“货币超发”现象在全球主要国家中还是比较突出的，但是中国整体上保持了较低的通货膨胀率，多发行的货币到哪里去了呢？没错，进入了房地产的池子里。2000—2020年全国新建商品住宅价格走势，如图2-9所示。

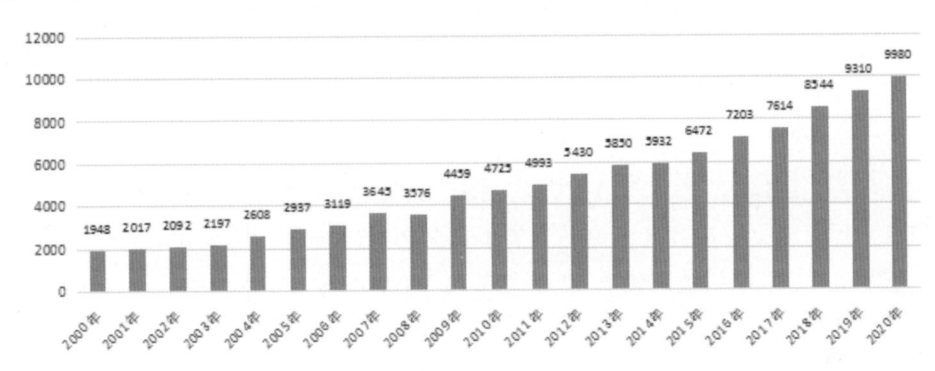

图2-9　2000—2020年全国新建商品住宅价格走势(元/平方米)

数据来源：国家统计局

2. 股票市场迎来蜕变

中国股市在20世纪90年代初诞生，至今也只有30年的时间。这30年股市的特点可以用6个字来形容：问题多、发展快。

2019年科创板挂牌交易，降低了上市门槛，实行注册制发行，为高科技创业企业打通了投融资的通道。《中华人民共和国证券法》(最新版)由全国人大修改表决通过，2020年3月1日开始实施，历史上市场制度层面的很多重要问题都得到了解决，一个更健康、更有效、更活跃的股票市场将开始释放长期红利。2020年创业板已全面注册制改革，而主板市场也将全面实行注册制股票发行。

随着股票市场发行、定价、信息披露、投资者保护、违法成本提高等一系列改革的深入推进，无论是中国的企业发展还是亿万大众投资者的财富创造都将迎来一个新的主战场。在今天，中国城镇居民家庭房屋自有率达到高水平，从全面小康向高收入国家进军的新征程中，对于绝大多数中产家庭来说，资本市场必将是一个增量资金不断推动的财富新赛道。其实，2019年以来，中国的股票市场已经开始发生变化，财富效应开始显现。2019—2021年沪深300指数走势，如图2-10所示。

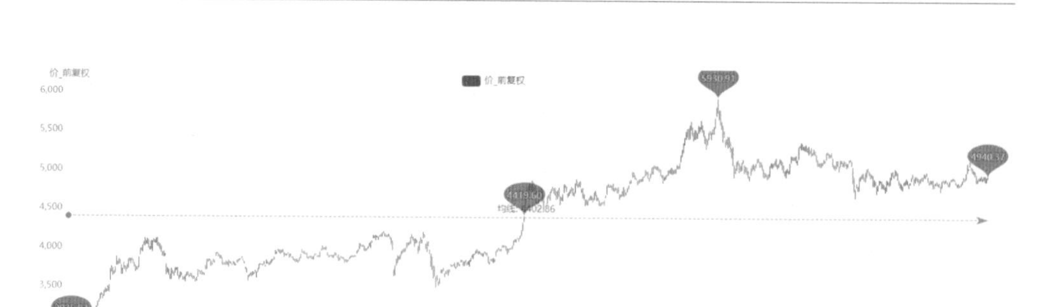

图2-10　2019—2021年沪深300指数走势

数据来源：Wind、乌龟量化

2019—2021年，沪深300指数从2935.83点涨到4940.37点，3年累计涨幅66.37%。其间创业板指数涨幅更是达到了165.7%，深证成指涨幅104.7%，中证500指数涨幅76%，上证指数涨幅45.7%。这3年，股票市场主要指数的累计涨幅远远跑赢了国内几乎所有城市房价的涨幅，股票市场已经开始持续表现出财富效应。

（二）美国的资产盛宴

有一句比较流行的话，很生动——在最近的20年，世界上只有两个核心资产，一个是中国的房子，另外一个是美国的股票。“中国的房子”对应的是中国的城镇化、货币超发、土地制度和资本项目管制，“美国的股票”对应的则是全球货币超发、美元霸权和创新驱动的美国增长方式。

1. 美国股市盛宴

国内股票市场虽然长期涨幅还可以，但每年的波动性太大，即使用年线来看，也是上下频繁震荡，而且振幅很大，每一轮牛市过后，市场都要经历长期的休养生息。与中国股票市场相比，美国股票市场无论是历史、制度、监管还是投资者的结构都比较成熟。直观的感受是，美国股票市场的波动率要明显低于中国股票市场，市场走势呈现“牛长熊短”的特点，投资者似乎更有耐心。

比如，从2002年到2021年的近20年间，美国纳斯达克指数有16年上涨，4年下跌，累计涨幅702%；美国标普500指数15年上涨，5年下跌，累计涨幅315%。2002—2021年美国标普500指数走势，如图2-11所示。

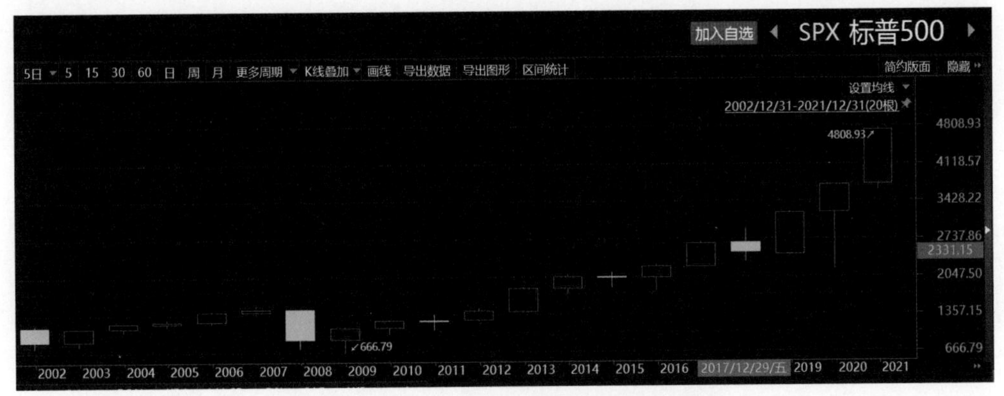

图2-11　2002—2021年美国标普500指数走势

数据来源：东方Choice

2. 美国房地产

其实，美国的房价表现也很出色，最近10年实现了大约翻番的上涨，这恐怕出乎了大多数国人的预料。美国名义房价指数走势，如图2-12所示。

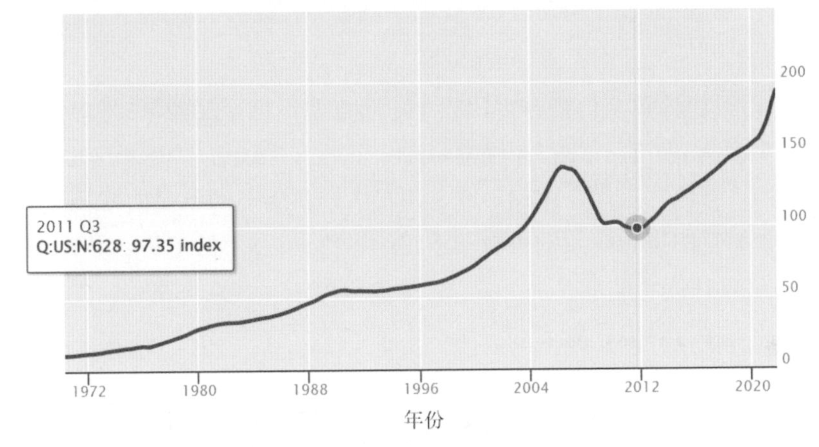

图2-12　美国名义房价指数走势

数据来源：国际清算银行

根据国际清算银行的数据，从2011年三季度到2021年三季度，美国的住宅价格指数从97.35涨到了193.03，涨幅达到98.3%，这个涨幅显然不小。其实，除美国外，英国、加拿大、澳大利亚等国家的房价最近几十年也都表现得很出色。尤其是2020年新冠肺炎疫情危机以来，大多数发达经济体的房价都出现了新一轮的大幅上涨。

(三) 全球大宗商品价格盛宴

在全球货币超发、地缘政治冲突上升、贸易制裁滥用、技术壁垒加固、产业链破坏的背景下，催生了全球大宗商品价格的大幅上涨。我们先看一下黄金的价格。最近5年纽约金价走势，如图2-13所示。

图2-13　最近5年纽约金价走势

数据来源：英为财情

2017年4月，纽约黄金价格开盘1333.1美元/盎司，截至2022年3月19日，纽约金价收盘1921.55美元/盎司，最近5年涨幅44%。

铜被称为“有色之王”，用途广泛、用量大，在新能源革命的今天又被赋予了一定“能源金属”的概念。我们再看一下纽约铜价最近5年的走势。最近5年纽约铜价走势，如图2-14所示。

图2-14　最近5年纽约铜价走势

数据来源：英为财情

2017年4月，纽约铜价开盘2.6795美元/磅，截至2022年3月19日，纽约铜价收盘4.7180美元/磅，最近5年涨幅76%。

除了贵金属黄金、有色金属铜等大宗商品价格明显上涨外，包括石油、天然气、煤炭、铝、锡、钢材、纯碱、玻璃、PTA、大豆、玉米、小麦等在内的绝大多数大宗商品的价格最近几年均出现大幅上涨。

03 中产家庭财富管理：原则与方法

2020年，中国全面建成小康社会，一方面意味着家庭每年新增加的收入除了满足吃饭、穿衣、居住的基本需求之外，将会有越来越多的剩余收入需要寻找投资的机会；另一方面意味着居民家庭普遍开始拥有存量资产，财产性收入开始成为城镇居民家庭可支配收入越来越重要的组成部分。从财富增值的角度，对于越来越多的城镇中产家庭来说，管理存量资产的重要性日益凸显。

如今，中国城镇居民家庭住房自有率已经达到96%左右的水平(中国人民银行调查统计司2020年3月报告数据)；新修订的《中华人民共和国证券法》已于2020年3月1日全面实施，更严厉的退市制度、投资者保护制度开始实施，注册制发行制度也将在科创板、创业板和主板市场全面落地；以公募基金、私募基金、证券资管计划、证券自营资金、信托基金、社保资金、保险资金、企业年金等为代表的专业机构投资者迅速壮大；随着中国大国崛起和人民币国际化的推进，以北上资金为代表的境外投资者开始越来越积极地配置中国资本市场的核心资产。

一个家庭财富管理的时代扑面而来，您准备好了吗？

一、家庭财富管理："三性"原则

中国大多数中产家庭都是富起来的第一代、第二代家庭，在面对财富快速增长的时候，还没有建立起基本的财富管理的"章法"，当然也没有养成财富管理的习惯。随着中国进入改革的深水区，经济增速开始下降，预计财富的波动会比较激烈，不排除一部分已经步入中产的家庭会在社会的颠簸中重新跌入相对贫困的阶层。如何管理自己的家庭财富，既是积极进取、跨越中产进一步的需要，也是主动防御、以攻为守、防止从中产掉队的需要。

在生活中，当您接触银行客户经理的时候，当保险顾问向您推销的时候，当券商或者基金的理财顾问给您建议的时候，当您和房产中介攀谈的时候，当私募基金投资顾问和私人银行顾问热心地给您资产配置建议的时候，几乎无一例外，他们的目的都是推销自己的产品和服务，这些意见和建议常常缺乏专业性、针对性和客观独立性。

根据我这些年做大众投资者教育的专业知识和经验，无论您的家庭资产是100万、1000万，还是1个亿或者更多，家庭财富管理都需要遵守最基本的“三性”原则：流动性、安全性和成长性。

(一) 流动性原则

所谓流动性，是指资产变现的能力。无论财富的多寡，每个家庭都是需要生活的，这就意味着日常要有吃喝拉撒的开支，甚至还会有按揭还款、上学、就医、出国等相对大额的支出。这些钱都需要有流动性比较好的资产来储备，不可能在需要这些钱的时候，还要靠卖房子、卖字画等收藏品来安排，这通常是来不及的。因此，每个家庭不论财富多寡，都要确保资产具有基本的流动性，既能覆盖日常的支出，又能应付偶然的大额支出，这是家庭财富管理的基本要求。

在家庭财富积累的初期阶段，资产的流动性一般都比较好。随着家庭财富的增加，流动性差的资产所占的比重会明显增加。这些资产要么是有长期规划用途的，如养老金、商业保险；要么是用于长期投资的，如PE(私募股权投资)、房产；要么是家庭世代传承的，如部分房产、收藏品等。

每个人都有必要对家庭常见资产流动性的强弱有一个基本的认知，了解了这些，后边讨论家庭资产组合的时候，您就会很容易结合自身的情况获得共鸣。家庭常见资产流动性从强到弱排序，如图3-1所示。

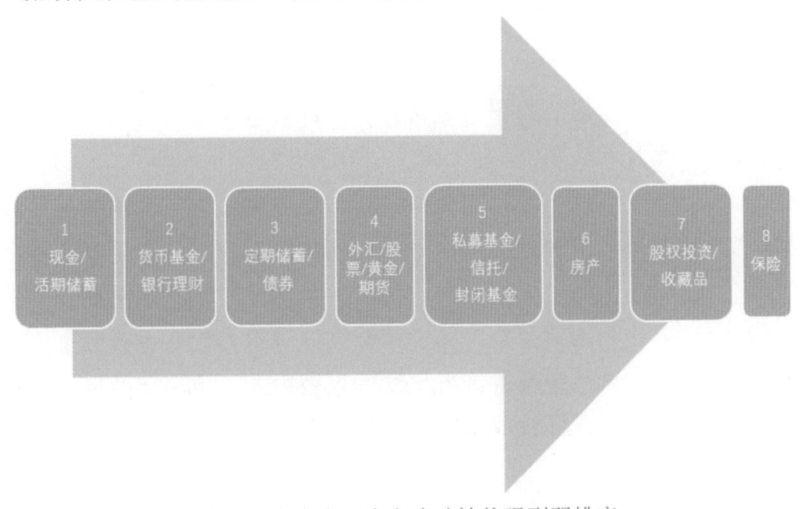

图3-1 家庭常见资产流动性从强到弱排序

资料来源：道哥道金融

现金被认为是流动性最好的资产，不过在移动支付、网络支付普及化的今天，大多数人口袋里已经没有现金。但是，支持移动支付的活期储蓄和信用卡账户必须保证具有支持日常支付的能力，这些钱是随时会用到的。

货币基金和银行理财的流动性仅次于活期储蓄，一般T+3个交易日之内都可以到账，现在比较流行的货币基金甚至不少已经实现了T+1到账。有的朋友分不清货币基金和银行理财，其实从名字上还是比较好区别的。银行理财只能从银行购买，而且一般都有最低认购金额的要求，如1万元、10万元等。银行理财有一部分会约定一个封闭期，在封闭期内要么不可以赎回，要么赎回需要支付较高的手续费。有一部分银行理财产品背后挂钩的资产就是货币基金，当然除此之外，还有债券基金、股票基金等。货币基金没有购买资金门槛要求，除了银行之外，还可以通过基金公司、证券账户、第三方理财平台购买，而且一般没有申购和赎回的手续费，申购和赎回申请一般都可以在2个交易日之内到账，比银行理财到账要快一点。

在正常情况下，定期储蓄和债券在流动性上比较类似，在特殊情况下也会有较大差异。定期储蓄是和商业银行约定储蓄兑付的固定期限，如一年、三年或者五年，然后按照期限的不同，享受相应的储蓄利率；但如果中途急需资金，也可以申请取出存款，但存款利率只能参考活期利率。债券既可以按照约定票面利率到期兑付(与定期存款类似)，也可以在到期之前通过债券市场转让，并获得一定的折价收益。但在特殊情况下，持有的债券可能会出现兑付违约风险，包括延期兑付，甚至无法兑付。比如，2021年以来，房地产行业不少债券都出现了兑付违约。

外汇、股票、黄金和期货是现代金融市场比较标准的资产形式，市场流动性都比较好。在正常情况下，买入成交一般都可以在外汇市场、股票市场、黄金市场和商品市场即时成交，当天或第二天到账；卖出成交后，资金一般都可以实现T+1到账。当然，也有特殊情况，会使流动性受到影响，如上市公司资产重组等重大事项，一般会申请停牌，这样的股票就无法交易；或者股票连续封涨停或者跌停，这时候就无法买入，或者无法卖出。

这里特别要提醒一下关于黄金的流动性问题，在我们经济和金融学的教科书中，实物黄金本身就是全球通行的货币，是流动性最好的资产，但在实际生活中并非如此。比如，我们在生活中无论购物、买房还是购买股票都不可能使用黄金来结算。另外，不少家庭认为购买黄金饰品、黄金摆件等也是投资，实际上，这更大意义上类似于消费，因为这些金银首饰再变现的难度很大。黄金之所以能获得投资者的认可，一是因为背后发行机构的信用，二是这里所称的黄金一般指黄金交易所专用于投资的“标准金”投资品，即使是商业银行、黄金上市公司发行的黄金产品，大多数也缺乏再次变现的流动性，这是要注意的。

私募(证券)基金、信托和封闭基金的流动性要差一些。这些基金一般都约定一个封闭期，私募(证券)基金和信托基金封闭期比较常见的是一年，信托基金一般不超过3年；封闭式基金一般封闭期在5年以上，个别封闭式基金约定到期之前可以赎回，但会有较大的折价，一般很不划算。

房产、收藏品和PE都属于另类投资的范畴，流动性也比较差，在经济形势不好的情况下体现得尤其明显。今天，一、二线城市的二手房从挂牌到成交大多需要半年以上的时间，三、四线城市的二手房甚至普遍需要一年以上才能成交，未来房地产流动性的风险会越来越大，尤其是在小城市和县城。收藏品很大的价值在于艺术享受，社会中沉淀在民间的艺术品不计其数，但由于多种原因，每年真正能够通过拍卖市场成交的艺术品只是冰山一角，有相当多的艺术品尘封几十年才可能重新变现。PE一般投资的是未上市公司的股权，由于信息不透明，再加上缺乏流动性好的公开交易市场，通常只有少部分投资最终能够通过股权并购或者股票市场获利退出，大部分最终无法变现退出。

将保险的流动性放在最后有一定的争议，因为保险的类别很多，不同的类别流动性区别也很大。通常来说，家庭给孩子购买的教育险通常在多年之后才会用到，我们年轻人给自己或者家人购买的重疾险、寿险通常也是很多年之后才会用到。当然，有的保险可能从来不会用到，如意外险。理论上，未来的保单都可以折算成现在的价值，申请退保获得现金，不过这样的选择一般都会有很大的折价。正常情况下，选择折价退保变现的人很少。

每个家庭的财富管理就像经营一个企业一样：拥有庞大的资产规模，能够彰显家庭的财富实力，这也是建立社会信用的物质基础；稳健的收入来源是家庭资产生生不息的活水；健康的现金流是应对日常经营和财务兑付风险的保证。保持资产具有必要的流动性是家庭财富管理的基础。

(二) 安全性原则

安全性主要是指资产损失的风险大小，普遍的规律是“高风险、高收益，低风险、低收益”。在家庭财富管理的时候，要注意资产安全性的平衡。

中产家庭首先要明白一个大的道理，即“倾巢之下，安有完卵”，几乎所有的资产风险都和国家未来的前途命运息息相关，无人能够幸免，这是一个大的“安全观”。在一些国家战火纷飞的情况下，无论穷人或者富人，无论储蓄、债券、股票、基金、股权或者房产等都是不安全的。全球不少亿万富翁从追求财富增长转向追求财富安全，其中不少人都会选择世界上大的发达国家配置资产，这背后的道理是一样的。一般来讲，投资从大的角度看，一定程度上是在赌国运，不论房子还是债券，或者权益投资，概莫能外。从这个意义上说，未来理想中的中产占主导的社会结构也是一个更稳定的结构，因为国家的命运和更多家庭的财富安全关系紧密，大家都会更珍惜这个社会和国家。

从金融分析的专业角度，资产的风险是与生俱来的，是各种资产属性的一部分，是我们无法改变的，我们只能通过投资组合的方式来相对分散风险。也就是说，在家庭资产配置的时候，不可以把鸡蛋放到同一个篮子里，未来风险的发生，既与鸡蛋有关，更与篮子有关，后者对家庭来说是更致命的。

家庭不同的发展阶段，家庭财富来源的差异、家庭财富的不同水平会使人们对家庭资产“安全性”的追求有很大的区别，这里没有一个确定的标准。比如，通常来说，一个单身青年可以适当冒一些风险，适当多配置一些更高收益的资产；一个上有老、下有小的中年家庭，在家庭资产配置的时候要看重稳健成长；处在退休年龄的老两口，家庭资产配置不要太冒险，可以保守一些；公务员家庭，资产配置风险偏好可以稍微高一点；经营企业的家庭，资产配置可稍微稳健一点；普通中产家庭，整体上要更注重资产的成长性；家庭财富超过一亿元的相对富裕家庭，要更加注重家庭资产组合的安全性。不同家庭发展阶段资产安全性和风险的取舍，如图3-2所示。

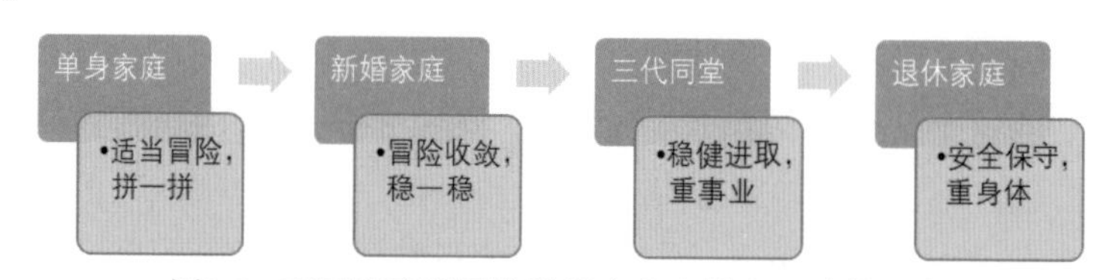

图3-2　不同家庭发展阶段资产安全性和风险的取舍

家庭资产配置一定要守法，要远离“非法”的资产，这也是家庭财富安全性的基石。通常来说，非法的资产或者金融产品都会以“高收益、低风险、钻空子”的包装和大家见面，但要么收益很低，要么风险极大，甚至本金难保，弄不好“偷鸡不成蚀把米”，还有触犯法律的风险。这些不合法的资产或者金融产品在购买之后出现损失也很难获得法律的保护。

现实生活中，非法的资产并不鲜见，如公饱私囊、贪污受贿、偷税漏税等；违法的投资行为也很常见，如内幕交易、市场操纵、古董走私、买房造假等；非法的资产或者金融产品也比较普遍，如小产权房、比特币、高利贷、P2P(互联网金融点对点借贷平台)网贷等。中产家庭代表社会的中坚力量，也代表风清气正的道德水平，家庭财富管理一定要堂堂正正、走阳光大道，这是幸福家庭的根本。

在家庭常见的资产中，安全性最差(风险最大)的是PE、外汇和期货，原则上中产家庭做这些高风险的投资一定要慎之又慎；安全性最好的是储蓄、理财、货币基金，当然回报率一般也会低一些。整体来说，风险越大、安全性越低的资产，一般潜在的回报率越高；反之，风险越小、安全性越低的资产，一般潜在的回报率越低，这是金融市场的无数次交易博弈之后形成的规律。不同资产风险高低程度排序，如图3-3所示。

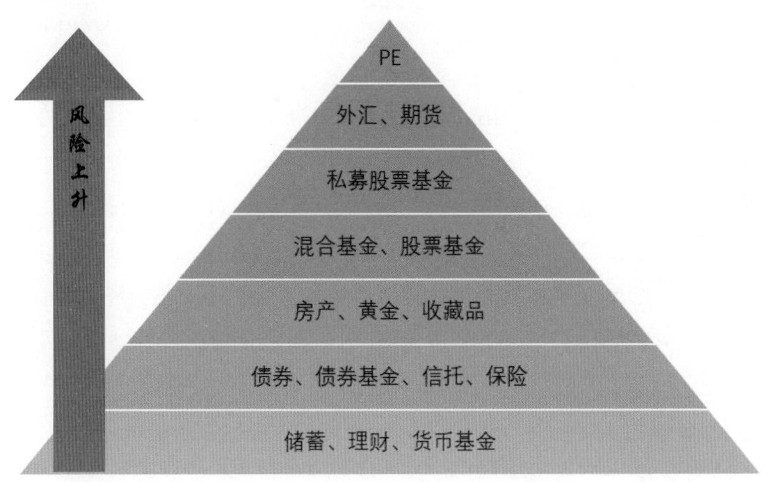

图3-3　不同资产风险高低程度排序

(三) 成长性原则

成长性也叫收益性、获利性，指的是资产升值的前景。正如前文所讲，金融市场比较普遍的规律是：高风险、高回报，低风险、低回报。

讨论资产的成长性时，观察的窗口视野大小不同，对成长性的判断也会不同。我们先从长周期看一下资产成长性的特点。美国宾州大学沃顿商学院的西格尔(Seigel)教授曾经收集了美国过去200年里各类金融资产的收益率表现，这个数据可以追溯到1801年，截止到2014年。1801—2014年美国主要大类资产回报率，如图3-4所示。

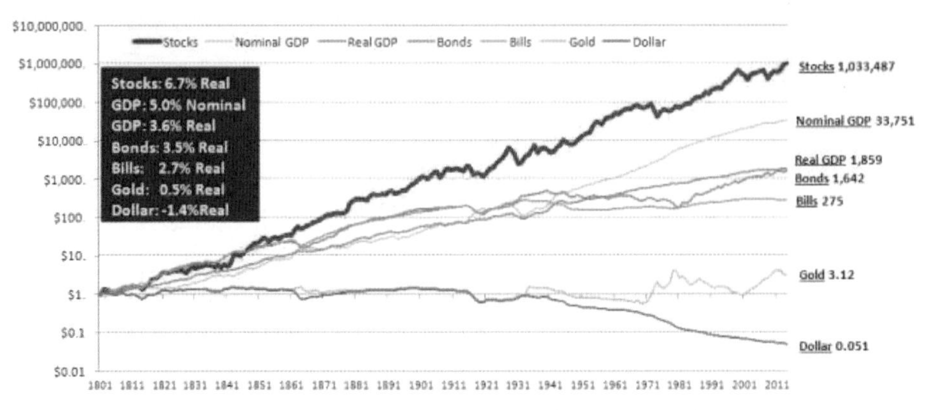

图3-4　1801—2014年美国主要大类资产回报率

如果在1802年各类资产都投入1美元购买，则200多年之后的2014年，1美元现金实际购买力只有0.051美元，扣除通胀因素，实际贬值了95%，年化贬值1.4%；黄金价值3.12美元，扣除通胀因素，年化实际回报率仅0.5%，刚刚跑赢通货膨胀；一年期以内的短债(bills)价值275美元，扣除通胀因素，年化实际回报率2.7%；一年期以上的长期债券价值1642美元，扣除通胀因素，年化实际回报率达3.5%。美国的实际GDP增长到1859美元，年化实际增速3.6%，名义GDP达到33 751美元，年化名义增速5%；股票(stocks)价值1 033 487美元，扣除通胀因素，年化实际回报率6.7%，大幅超越其他资产，财富长周期向拥有产权的个人和家庭积聚。

图3-4很清楚地告诉我们，长周期看，风险比较高的股票资产回报率最显著，黄金主要表现为对抗通胀，货币长期是持续贬值的。我最早看到图3-4是在2013年长江商学院陈龙教授(后来担任蚂蚁金服首席战略官)的课堂上，当时的数据是截至2011年的，略有差异，但结论无影响。

今天的世界和一二百年前的确很不一样，中国和美国也很不一样。下面我们看一下2001/12/31—2021/12/31这20年离我们比较近的数据，为了直观、生动，我也选取中国市场上相关资产的价格加入对比。中国GDP累计增长932%，中国累计通货膨胀率CPI60%，中国上证指数累计涨幅121.5%，中国新建商品住宅价格累计涨幅415%；美国GDP累计增长154%，美国累计通货膨胀率CPI57%，美国房价累计涨幅114%，纽约黄金价格累计涨幅556%，纽约石油价格累计涨幅280%，伦敦铜价累计涨幅560%，芝加哥交易所小麦价格累计涨幅166%，美国标普500指数累计涨幅315%。很显然，近20年时间，房地产是中国最具有成长性的核心资产，美国的股票市场表现出色，但全球价格表现最出色的资产是黄金和铜这两类大宗商品，如图3-5所示。

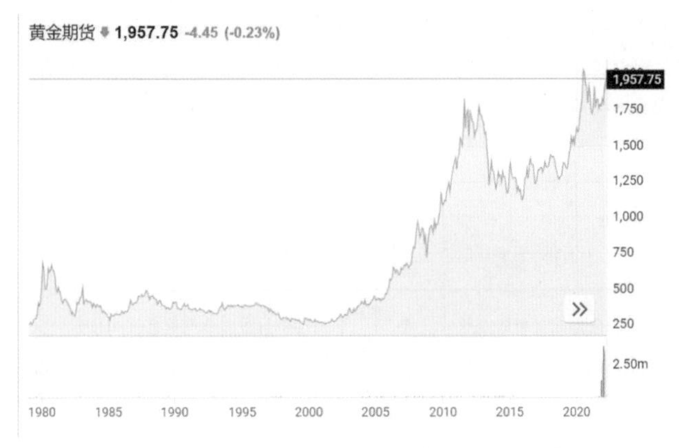

图3-5 1980—2022/03纽约黄金期货价格

资料来源：英为财情

如果再看2019/12/31—2021/12/31这两年大类资产的短期回报率，可以得出完全不同的新结论。比如，中国GDP累计增长15.9%，中国累计通货膨胀率3.4%，上证指数累计涨幅18.7%，中国新建商品住宅价格累计涨幅11.7%。美国GDP累计涨幅7.3%，美国累计通货膨胀率10.8%，美国标普500指数累计涨幅47.5%，纽约黄金期货价格累计涨幅20.4%，伦敦铜价累计涨幅58%，芝加哥小麦价格累计涨幅37.7%。从短周期来看，最近两年(2020年、2021年)，中国的股票资产在国内的大类资产中表现出色，美国的股市表现强劲，全球铜、小麦等大宗商品价格表现出色。

从以上数据我们可以看到，分别用200年、20年、2年的不同周期观察，大类资产的成长性差异很大，这主要是由于大类资产价格的波动性比较大、周期性比较强。

结合大类资产的历史表现和中国的实际情况，总体来看，中国的房地产资产表现比较稳健，但在不同城市、同一城市的不同位置，房产也开始加速分化；股票、基金等资产成长性被寄予厚望，但波动性比较大。储蓄、货币基金、理财等资产成长性大约和通货膨胀相当；债券、债券基金、信托等资产成长性高于理财，但风险也有所上升。

二、标普家庭资产配置象限图：怀疑和启发

谈到家庭资产配置的方法，也许很多朋友听说过“标普家庭资产配置象限图”这么一个广泛流传的模型，尤其做保险销售顾问的群体普遍把这张图奉为行业圭臬，最主要的原因是这张图以“标准普尔公司”的名义把家庭购买保险的支出比例

量化了，对卖保险很有用。我们先来看一下图3-6。

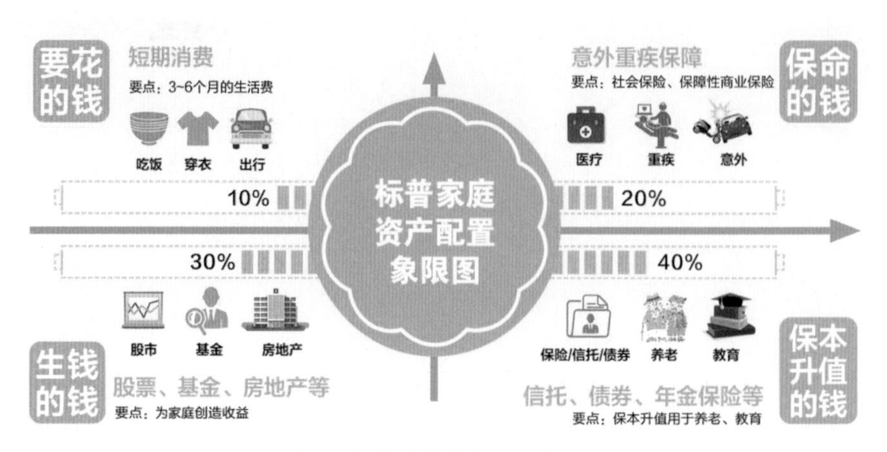

图3-6　标普家庭资产配置象限图

“标普家庭资产配置象限图”据说是标准普尔公司对全球10万个家庭资产稳健的样本进行量化分析后得出的结论。该模型根据资金用途不同把家庭资产分为四个类别(用对应的四个象限来表示)：要花的钱、保命的钱、生钱的钱和保本升值的钱。四类资产的占比分别为10%、20%、30%和40%。

这张象限图的出处是否来自标准普尔？是在哪个年代做的调查？调查的样本来自哪些地区的哪些家庭？象限图是在展示一个调查样本的事实结论，还是给出家庭资产配置的指导建议？……我对以上这些重大问题都充满了怀疑。

横向比较，我国居民配置住房的比例明显偏高，配置权益资产的力度很轻。中国人民银行调查统计司的《2019年中国城镇居民家庭资产负债情况调查报告》是我目前看到的对国内城镇居民家庭资产调查比较专业、可信的资料。从调查报告中可知，截至2019年底，中国城镇居民家庭户均总资产317.9万元，其中实物资产253万元，占比近80%；户均金融资产65万元，占比20.4%。在实物资产中，住房资产187.8万元，占实物资产的74.2%，占全部家庭资产的59.1%，住房拥有率96%。除了住房之外，还有投资性的房产占全部家庭资产的6.8%，房产合计占家庭资产的66%左右。

根据中国人民银行调查统计司报告中的数据，2019年美国居民权益类资产占比34%、住房占比24%，欧元区权益类资产占比8%、住房占比35%；日本2018年的数据为权益类资产占比9%、住房占比24%。以上这些数据说明“标准普尔家庭资产配置象限图”无论对欧美、日本，还是对中国当今的城镇居民家庭来说，都和实际相去甚远。基于此，可以判断，这个广泛传播的象限图的真实性很可疑，不排除是个别机构为了特殊目的而炮制的。

虽然“标准普尔家庭资产配置象限图”的真实性存疑，其中提出的四类资产的比例关系并不合理，但其提出的家庭资产配置的理念还是有价值的，它实际上和前文讲的“家庭资产配置的三个原则”关系密切。任何一个家庭，都要有一定数量“流动性”好的资产来应付日常之需，也需要适当的保险类产品来应付不时之需；需要有一定比例的“稳健保本”资产实现家庭资产的“安全性”诉求；当然，更需要有一定“钱生钱”的“成长性”资产来实现家庭财富的升值，房子、股票和基金对于中产家庭来说尤其重要。

在中国的国情下，房子和恋爱、婚姻、生育、入学等社会问题和社会福利存在千丝万缕的联系；城镇住宅用地是地方政府垄断供给，同时卖地收入又形成了地方土地财政收入，大约占到地方政府财政总收入的45%；在未来10年，人口总量虽然触顶，但城镇化仍在发展和深化，城市常住人口数量，尤其是大城市的人口数量仍会持续增长。在相当长的时期内，保持中高速的经济发展仍是解决社会各种矛盾的重要考量，房地产上下游产业链大约占到中国GDP贡献的40%。这一切都说明，房地产既是城镇居民家庭稳健的核心资产，也是大城市家庭的优质成长性资产。

中国过去20年经济的发展模式对债务扩张和投资的依赖比较大，今天看来这种靠借债推动的增长难以为继，中国需要逐渐让创新创造、资本市场直接融资和消费成为拉动经济增长的新模式。根据中国人民银行的调查报告，2019年中国城镇居民家庭住房拥有率为96%，收入最低的20%家庭的住房拥有率也有89.1%。由于中国房地产自有率居于全球最高水平，在未来迈进高收入国家的道路上，越来越多的中产家庭财富将转向权益类资产的配置，包括股票和基金。

2019年以来，资本市场发生了一系列重大改革，包括科创板成立、新证券法修订和实施、创业板注册制改革、北交所成立以及主板市场于2022年全面落地的注册制发行，中国股票市场正在悄悄发生脱胎换骨的变化。

未来，中国GDP总量将超过美国成为全球最大的经济体，人均GDP将进入高收入国家行列，中国将形成全球最大的中产群体、全球最大的单一消费市场。再加上人民币币值稳定和人民币国际化，预计具备流动性优势的中国股票市场优质上市公司也将成为全球超配的核心资产。

根据中国人民银行调查统计司的数据，2019年底中国城镇居民家庭的金融资产结构以无风险资产和刚兑产品为主，两者占比超过70%(银行理财等资管产品占26.6%，银行活期定期存款占39.1%，公积金占8.3%)，股票和基金占金融资产的比重只有10%，占家庭总资产的比重只有2%。这也从另一个角度告诉我们，未来中国城镇居民家庭股票、基金等资产的比重将会有长期的持续增长。虽然股市波动较大，但我们已经可以清晰地看到中国中产家庭长期持续做多中国股市的大方向。

2019年中国城镇居民家庭金融资产结构，如图3-7所示。

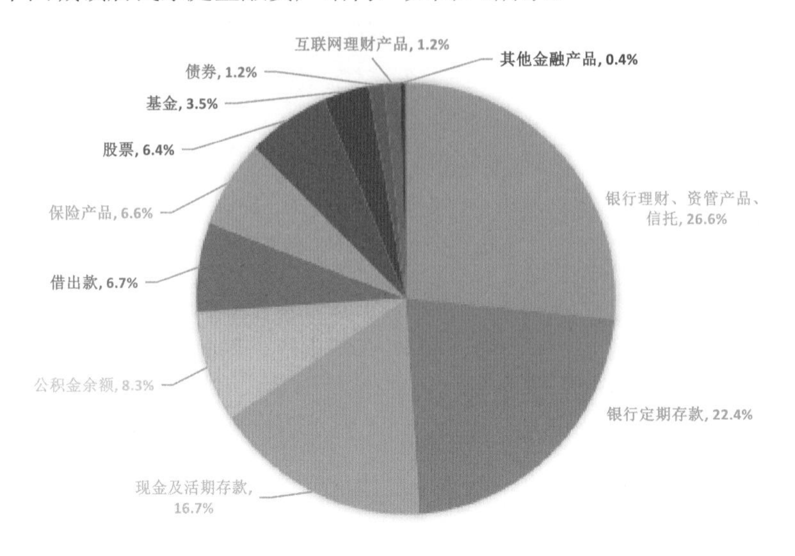

图3-7 2019年中国城镇居民家庭金融资产结构

数据来源：《中国金融》

我们正处在一个财富杠杆化的时代、一个全球高通胀的时代。结合中国国情和各类资产的属性，未来10年中产家庭财富管理将是以房子、股票和基金为代表，是能够实现“钱生钱”的核心资产。

PART 2 第二部分

优中选优，调整您的家庭房产

“房子是用来住的，不是用来炒的。”党和政府为满足人们群众住房需求指明了方向。

今天，对于中产家庭来说，房子是绕不开的财富话题，预计未来相当长的一段时间仍然会是这样，这是由经济发展规律和中国国情决定的。

租房，还是买房？买房如何选位置？商铺、公寓、写字楼到底是机会还是陷阱？影响房价的因素到底是什么？未来的房子还是家庭的优质资产吗？哪些城市的房产会是更好的选择？哪些城市的房产会逐渐失去投资的属性？哪些城市的房产将面临流动性的危机？背后的逻辑是什么？房地产和股票、基金等金融资产相比，到底有哪些根本上的不同？……这些问题无时无刻不牵动着中产家庭主人的心。

读完这部分内容，相信您会明白当下是否需要以及如何调整家庭现有的房产，今后面对房价波动和政策变化的时候，也能做到处变不惊，独立做出正确的判断。

内容聚焦

04 影响房价的根本因素是什么
05 房子仍将是多数家庭压箱底儿的资产
06 租房，还是买房
07 公寓、商铺和写字楼，洼地还是陷阱
08 哪些城市的房子是未来的优质资产
09 选房要领：位置和流动性
10 房子是长期抗通胀的优质资产
11 房产投资的10个建议和忠告

04 影响房价的根本因素是什么

无论有房还是没房，房价都影响着千家万户。

买房是个低频事件，房地产是一个长期资产。即使如此，每当短期房价波动，或者出现可能影响房价的政策或者新闻事件，也总能引起全社会的关注。比如“房住不炒”的政策出台，房地产税立法和试点讨论，限购、限贷政策的调整，房贷利率的变化，龙头房地产企业的债务兑付危机，等等。人们总会把这些事情和未来房价的长期走势联系起来，试图做出超前的价值判断。

今天，高房价带来了一系列社会问题，也是压在年轻人头上的一座结结实实的大山。高房价的现象是怎么产生的？一些情绪化的观点常常把高房价的原因归结为以下几点：房地产开发商，依靠土地财政的地方政府，房地产中介机构，炒房客，经济学家，自媒体，等等。每当房价上涨的时候，这些主体常常成为责难的对象。

房子，是绝大多数中产家庭压箱底儿的资产，您有必要认真思考影响房价上涨的根本因素到底是什么，而不是随波逐流。这既关乎对现实问题的理解，更关乎对未来的判断。

根据国家统计局的数据，从2000年到2021年，中国城镇新建商品住宅的平均价格从1948元/平方米涨到了10 396元/平方米，增长了4.34倍。到底是哪些因素在推动房价上涨呢？全国新建商品住宅平均价格走势，如图4-1所示。

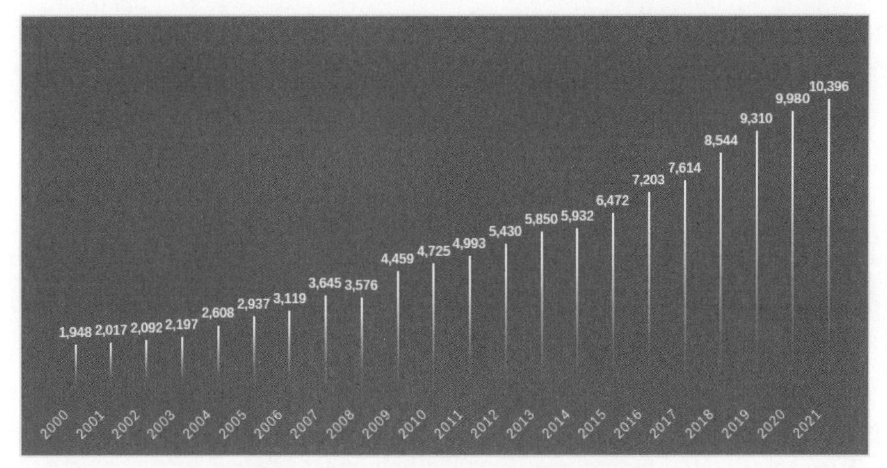

图4-1　全国新建商品住宅平均价格走势

数据来源：国家统计局

一、房地产市场化

1998年国务院发布《国务院关于进一步深化城镇住房制度改革加快住房建设的通知》(以下简称《通知》)，正式吹响了中国房地产市场化的号角。《通知》规定：

(1) 1998年下半年开始停止住房实物分配，逐步实行住房分配货币化，具体时间、步骤由各省、自治区、直辖市人民政府根据本地实际确定。停止住房实物分配后，新建经济适用住房原则上只售不租。

(2) 从1998年下半年起，出售现有公有住房，原则上实行成本价，并与经济适用住房房价相衔接。

(3) 校园内不能分割及封闭管理的住房不能出售，教师公寓等周转用房不得出售。具体办法按教育部、建设部有关规定执行。

(4) 调整住房投资结构，重点发展经济适用住房(安居工程)，加快解决城镇住房困难居民的住房问题。新建的经济适用住房出售价格实行政府指导价，按保本微利原则确定。

(5) 其中经济适用住房的成本包括征地和拆迁补偿费、勘察设计和前期工程费、建安工程费、住宅小区基础设施建设费(含小区非营业性配套公建费)、管理费、贷款利息和税金等7项因素，利润控制在3%以下。

(6) 要采取有效措施，取消各种不合理收费，特别是降低征地和拆迁补偿费，切实降低经济适用住房建设成本，使经济适用住房价格与中低收入家庭的承受能力相适应，促进居民购买住房。

(7) 全面推行和不断完善住房公积金制度。到1999年底，职工个人和单位住房公积金的缴交率应不低于5%，有条件的地区可适当提高。要建立健全职工个人住房公积金账户，进一步提高住房公积金的归集率，继续按照“房委会决策，中心运作，银行专户，财政监督”的原则，加强住房公积金管理工作。

当时房地产市场化的大背景是：1998年中国城镇人口数量4.16亿，城市人口人均居住面积只有9.8平方米。长期以来房子的问题都由单位来负责解决，家庭住房多寡与单位性质、效益、级别，家庭人口数量等直接挂钩。20世纪90年代末期，正逢中国国有企业经营最困难的时期，大量城市的国有企业面临破产倒闭，企业根本没有能力来继续为职工盖房子改善居住条件。国有企业经营困难，最终大多数需要地方政府来花费财政资金安排下岗分流人员的生活补助，地方政府在发展城市经济时背负沉重的社会包袱；绝大多数城镇职工家庭虽然勉强有条件简陋、狭小拥挤的房子居住，但也只是拥有居住权，并没有房子的产权。城市房地产市场化改革之前面临的现实情况可以用一句话表达：城市职工家庭住房不满意，企事业单位继续分房建房没能力，地方政府负重前行搞经济。

当所有人都困在“房子”这件事情上的时候，中央经过调查研究决定借鉴香港发展房地产的经验，通过市场化的道路，以“土地”换“资金”，以“利润”调动社会各方面的积极性，以“房地产”拉动城市经营，最终实现城市家庭有房住、有资产，企业从盖房、分房中解放出来，政府招商引资和城市规划有了资源和抓手。当4亿多城市人口都从过去几十年依靠单位分房转向市场买房的道路，房地产需求的闸门打开了，这是房价上涨的原点，也是驱动房价上涨的支点。

回顾20多年走过的道路，虽然房地产市场化在弱势群体保障房建设方面有不足的地方，但必须承认房地产市场化为中国城镇化和经济发展提供了巨大动力，迅速改变了中国城市落后的面貌，从根本上改善了城镇居民家庭的居住条件。从1998年到2021年，中国城镇常住人口数量从4.16亿增加到9.14亿，增长了4.98亿，相当于翻了一番还不止，人均居住面积同样实现了翻了一番还不止。试想，如果没有房地产市场化的制度设计，城市的居住条件根本容不下这么多新增人口，中国城镇化进程将缓慢得多，中国劳动生产率要低很多，经济增长也将慢下来很多。全国城镇居民历年人均居住使用面积，如图4-2所示。

我曾经讲过，我们应该感恩房地产市场化，这些年它让大多数城市居民家庭开始真正拥有压箱底儿的私有财产，这也是中产群体崛起的基础。

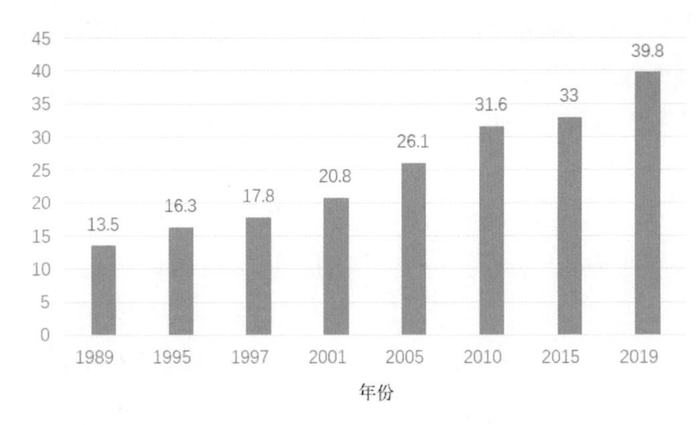

图4-2 全国城镇居民历年人均居住使用面积(单位：平方米)

数据来源：国家统计局

二、快速城镇化

无论是从房子的消费属性还是资产属性来看，供求决定价格是影响房价走势的底层逻辑。房地产市场化确定了房子由市场定价的基本特征。伴随着快速的城镇化，大量农村人口在短短20多年时间涌入城市生活，对房地产的需求爆发了，这成为推动房价上涨的重要原因。

1998年中国城镇常住人口4.16亿，2021年增加到9.14亿，23年时间中国城镇常住人口增加了4.98亿，中国的常住人口城镇化率从1998年的33.35%，几乎是以一条直线的趋势上升到2021年的64.72%。一个14亿人口的农业大国，在23年时间里常住人口城镇化率稳定地提高了31.37%，这是人类历史上从来没有过的快速、大规模城镇化浪潮。中国城镇常住人口城镇化率走势，如图4-3所示。

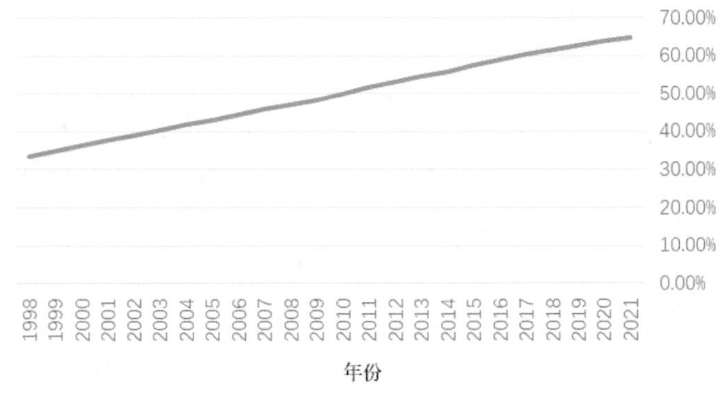

图4-3 中国城镇常住人口城镇化率走势

数据来源：国家统计局

在过去几年，我们经常听到“逃离北上广深”，但必须看到，广州、深圳是最近10年常住人口流入最多的两个大城市，如果北京、上海不实行人为的人口控制政策，恐怕早不是今天的城市规模了。人们从农村进入城市，从小城市进入大城市的迁徙现象，还将长期持续。

为什么人们一方面抱怨高房价，讲着“逃离北上广深”，另一方面却前赴后继地“挤进”大城市呢？这既是一个严肃的经济学问题，也是一个人性的常识性问题。

从经济学上讲，经济发展有赖于社会交换的加速发生和劳动生产率的不断提高。当人们生活在农村的时候，由于人口密度低、人口居住分散、信息分割闭塞、交通成本太高，人们之间的交易是比较低频的，缺乏外界的刺激，人们消费的欲望也长期处于压抑状态。从劳动生产率的角度看，由于农村劳动力长期极大过剩以及农业生产方式和土地资源的限制，农村的劳动生产率长期处于较低的水平。当人们进入城市后，人口聚集提高了人口密度，人们之间信息和商品交换的频率提高，交易成本大幅降低，周围的千变万化刺激着人们的消费欲望。如果比较国家和区域中心城市、省会城市GDP首位度优势和人均GDP的水平，很容易看到人口的流入促进了城市经济的发展。

从人性上来说，“人往高处走、水往低处流”是人类内心的驱动力。大城市在生活质量和生活方式、文化设施和文化活动、教育资源和教育方式、信息集中丰富度等方面相对农村和小城市有比较明显的优势，这些优势甚至有不断拉大的趋势，这都成为吸引人们流入的动力。另外，大城市的机会、收入一般比农村和小城市要好很多，一个人往往更有可能在大城市实现自己的人生价值。这些从长远来看仍将持续产生驱动力。

三、经济快速发展

2000年以来，中国经济增速在全球主要经济体中几乎是最快的。推动中国经济增长的几个主要引擎包括：中国的快速城镇化；中国加入WTO，对外开放升级；民营经济迎来大发展；丰富的劳动力资源和低成本经营优势；中国高等教育和科技的发展支撑。

2000年，中国GDP只有10万亿元，2010年达到41.2万亿元，2020年达到101.4万亿元，2021年更是达到114.4万亿元，21年时间增长了超过10倍！2000—2021年中国GDP走势，如图4-4所示。

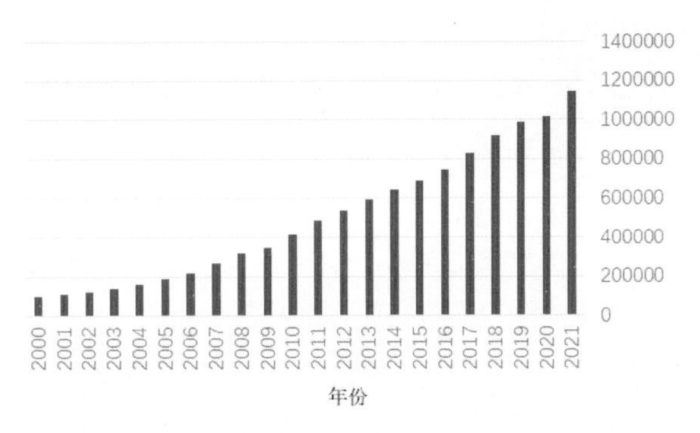

图4-4　2000—2021年中国GDP走势(单位：亿元)

数据来源：国家统计局

伴随着经济的快速发展，中国城镇居民人均可支配收入也快速增长，城镇常住居民购买力因此大幅提高。2000年，中国城镇居民人均可支配收入只有6256元，2010年增长到18 779元，2020年更是增长到43 834元，2021年进一步达到47 412元。从2000年到2021年，中国城镇居民人均可支配收入增长了6.58倍，这个增速在全世界主要国家中是最高的，明显高于同期城镇新建商品住宅价格增幅的4.34倍。2000—2021年中国城镇居民人均可支配收入走势，如图4-5所示。

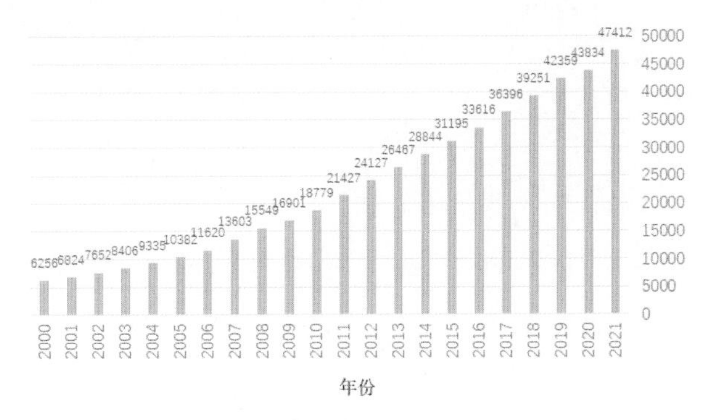

图4-5　2000—2021年中国城镇居民人均可支配收入走势(单位：元)

数据来源：国家统计局

供求决定价格，中国房地产的有效需求既与城镇化浪潮中城市人口数量的增长有关，也与城市居民人均可支配收入水平有关。从宏观上和微观上都是这样的道理，如我们在分析郑州市、西安市的房价水平的时候，会发现2010—2020年这两个城市的常住人口增长数量在全国排在前6位，远高于长三角城市群中的南京、苏州、无锡、宁波、绍兴等城市，但房价水平却远不及后者。其中一个很重要的原因就是郑州、西安的城镇居民人均可支配收入水平要落后不少，直接制约着人们的购买力。

四、住宅土地制度

房子是不动产，这一点和汽车、手机、钢材等其他商品都不同，后者可以通过市场流通来交换，而且大多都处在一个充分竞争的市场，由市场竞争定价。房子离不开土地，土地是构成房价最主要的成本，土地制度对房价也有深远的影响。

2020年之前的《中华人民共和国土地管理法》第四十三条规定："任何单位和个人进行建设，需要使用土地的，必须依法申请使用国有土地。""前款所称依法申请使用的国有土地包括国家所有的土地和国家征用的原属于农民集体所有的土地。"

地方政府负责制定城乡发展规划并垄断了房地产开发所需的国有土地的供给，同时制定了"招、拍、挂"的土地交易制度。除此之外，还有一个重要的财政制度的秘密：地方政府拍卖土地的收入完全由本级地方政府财政支配，并不需要像税收一样还要和中央政府按照一定的比例分成。这种制度设计无形中助推了地方政府对土地财政的依赖，同时对土地的价格形成了刚性的支撑。

根据国家统计局的数据，2010—2021年，全国新建商品住宅平均价格从4725元/平方米涨到10 396元/平方米，累计涨幅120%。同时，全国开发商购置土地成交平均价格从2437元/平方米涨到了8224元/平方米，累计涨幅237%。虽然只有短短的11年时间，但我们还是可以清晰地看到土地价格的涨幅明显超过房价的涨幅，这意味着房价的构成中，土地所占的比例在不断提高。2010—2021年全国房地产开发商土地成交价格和新建商品住宅销售价格，如图4-6所示。

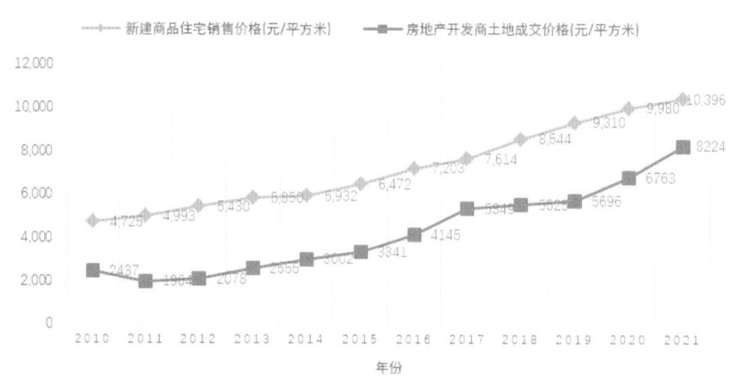

图4-6　2010—2021年全国房地产开发商土地成交价格和新建商品住宅销售价格(单位：元/平方米)

数据来源：国家统计局

另外，我们还可以看到，房价的走势比较平稳，但土地价格的涨幅在2019—2021年明显高于房价的涨幅。很重要的原因是在2020—2021新冠肺炎疫情背景下，企业普遍经营困难，经济发展面临严峻挑战，地方政府财政收入压力大，由于对土地财政的依赖，土地成交价格加速上涨。2015—2021年地方政府土地出让金收入占财政总收入的比重，如图4-7所示。

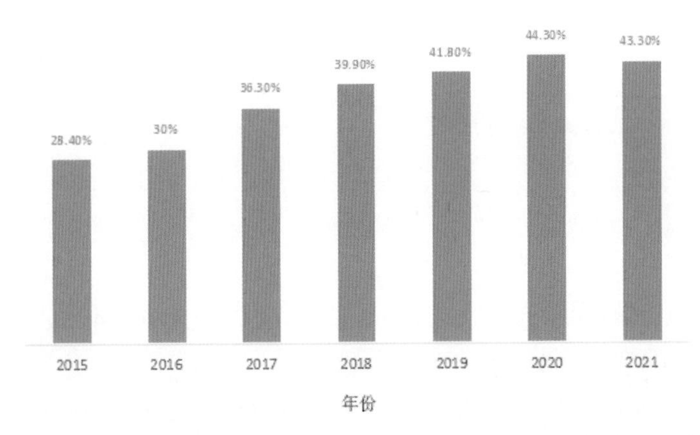

图4-7 2015—2021年地方政府土地出让金收入占财政总收入的比重(单位：%)

数据来源：财政部

从以上财政部所披露的数据可以看到，2019年以来，地方政府土地出让金收入占财政总收入的比重超过40%，整体上处于上升态势。由于这是一个全国的全口径数据，其能够反映地方政府在当前的财政税收制度安排下对土地财政的依赖有增无减。

五、货币超发

货币发行是现代社会经济增长的基本需要和保障，但通常一个国家的货币发行除了满足经济增长的正常需要之外，超发的货币还会带来通货膨胀和资产价格上涨。

房地产这个商品比较独特，其作为居住的功能，具有消费品的属性；作为资产的功能，具有金融的属性。无论是货币发行所带来的通货膨胀还是资产价格上涨，都会对房价上涨产生一定的推动。在此前的内容中讨论过，2000年以来，虽然中国的GDP增速在全球大国中几乎是最快的，但中国的货币发行量增速相对GDP增速来说还要快很多。2000—2021年中国广义货币(M2)发行量和GDP增速对比，如图4-8所示。

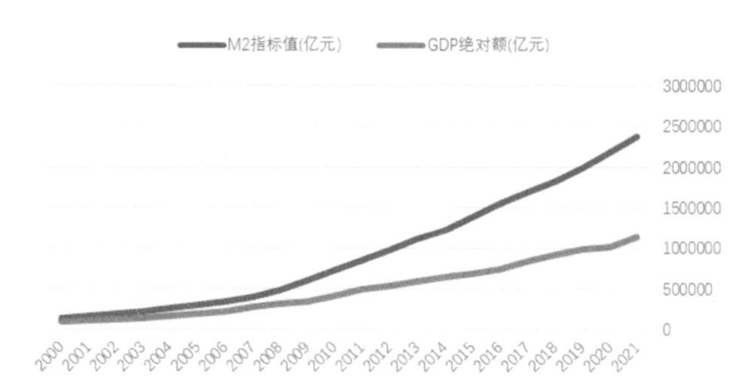

图4-8　2000—2021年中国广义货币(M2)发行量和GDP增速对比

数据来源：财政部

2000年，中国的GDP大约10万亿元，2021年GDP超过114万亿元。2000年到2021年，中国GDP增长了10.4倍。对比可以看到，2000年，中国的广义货币发行量大约为13.46万亿元，2021年广义货币发行量为238万亿元。2000年到2021年，广义货币发行量增长了16.7倍。

正是由于“货币超发”的原因，从2000年到2020年，中国的累计通货膨胀率从434(1978年作为基数100)涨到了686.5，累计涨幅58.2%。这些物价涨幅会反映到盖房子所需的劳动力成本、建材和绿化成本等方面。2000—2021年中国居民消费价格指数(CPI)(1978=100)，如图4-9所示。

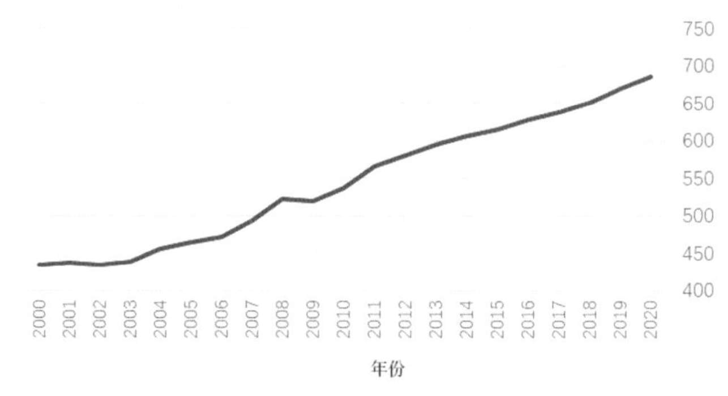

图4-9　2000—2021年中国居民消费价格指数(CPI)(1978=100)

数据来源：国家统计局

除了“货币超发”的现象之外，中国在过去这些年一直实行比较严格的资本项目管制，国内经济发展、财富积累以及“货币超发”所形成的大量人民币财富无法有效地在全球市场分散配置资产，所有这些财富都只能在国内市场寻找安身之处，于是房地产就成了一个巨大的蓄水池。这样的好处是，虽然“货币超发”非常明显，但中国的通货膨胀率整体保持在比较温和的水平，但带来的问题是房价的涨幅比较快、比较大。

六、过度投资和投机

由于房价的长期持续上涨不断创造财富效应，加上没有房产税的制度安排，无论持有多少房产都不会在持有环节明显增加新的持有成本，全社会越来越多的资金源源不断涌向房地产，过度投资和投机成为推动房价上涨的另一个因素。

根据中国人民银行调查统计司的调查报告，截至2019年，城镇居民家庭户均总资产317.9万元，实物资产占比近80%；金融资产占比较低，仅为20.4%。户均住房资产187.8万元，住房资产占家庭资产的比重为59.1%，房产(住宅+商铺)占家庭总资产的66%左右，房产成为家庭财富的最主要构成。中国城镇居民家庭总资产中，房产所占的比重超过了全球几乎所有主要经济体城镇居民家庭的占比水平。

从这个调研报告还可以看到，截至2019年底，中国城镇居民家庭住房拥有率为96%，收入最低的20%家庭的住房拥有率也有89.1%。在拥有住房的家庭中，有一套住房的家庭占比为58.4%，有两套住房的家庭占比为31.0%，有三套及以上住房的家庭占比为10.5%，户均拥有住房1.5套。中国城镇居民家庭住房自有率水平是世界主要经济体中最高的。世界主要经济体城镇居民家庭住房自有率水平，如表4-1所示。

表4-1　世界主要经济体城镇居民家庭住房自有率水平

国家	近期数据	前次数据	参考日期	单位
澳大利亚	66.2	67.5	2018-12	%
加拿大	68.55	66.3	2018-12	%
欧元区	65.6	65.8	2020-12	%
法国	64	64.1	2020-12	%
德国	50.4	51.1	2020-12	%
意大利	72.4	72.4	2019-12	%
日本	61.2	61.7	2018-12	%
荷兰	69.1	68.9	2020-12	%
俄罗斯	89	88.6	2018-12	%
新加坡	90.4	91	2019-12	%
韩国	58	57.7	2019-12	%
西班牙	75.1	76.2	2020-12	%
瑞士	42.3	41.6	2020-12	%
土耳其	57.9	58.8	2020-12	%
英国	65.2	65	2018-12	%
美国	65.5	65.4	2021-12	%

数据来源：Trading Economics

另外，中国城镇居民家庭购买首套房的平均年龄在世界主要经济体中也几乎是最低的。韩国国土研究院2019年的调查数据显示，韩国家庭购买首套住房的平均年龄为43.3岁，呈逐年上升趋势。2018年全球购房者平均年龄的调查报告显示，印度、加拿大人首次购房的年龄为31岁，英国、美国人首次购房的年龄为35岁，德国、日本人首次购房的年龄为41岁左右，而中国人以27岁的年龄荣登最小年龄。

“过度投资和过度投机”来自信贷资金的流向。最近十几年，相对于商业银行的全部贷款余额增速来说，家庭的房贷余额增速长期明显高出很多，这说明信贷资金通过挂钩家庭成员的个人信用大量涌向房地产资产。2011—2021年金融机构人民币贷款余额同比增速，如图4-10所示。2011—2021年金融机构个人房贷余额同比增速，如图4-11所示。

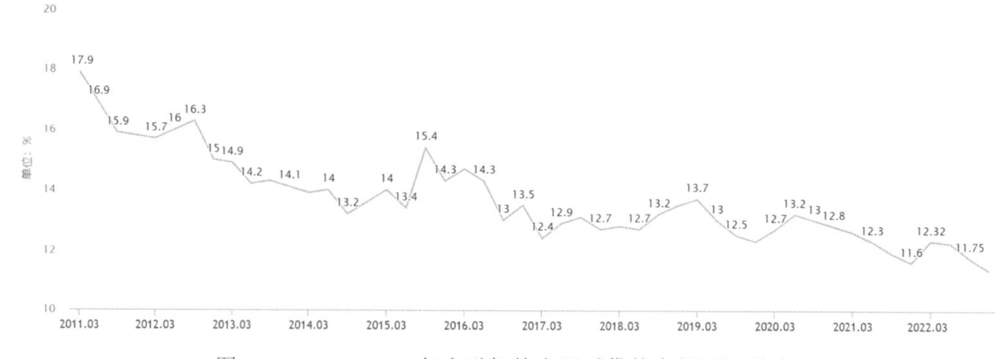

图4-10　2011—2021年金融机构人民币贷款余额同比增速

数据来源：中国人民银行、前瞻研究院

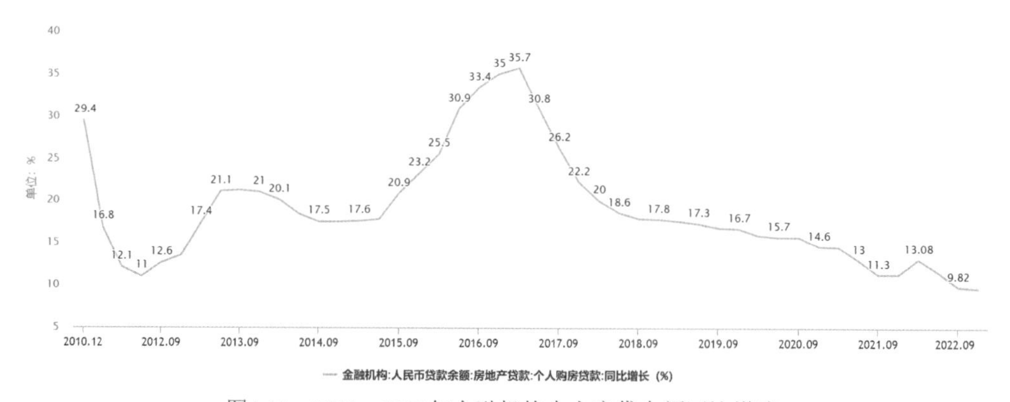

图4-11　2011—2021年金融机构个人房贷余额同比增速

数据来源：中国人民银行、前瞻研究院

通过图4-10和图4-11我们可以看到，2011—2021年金融机构人民币贷款余额增速长期保持在12%～15%的范围内，但是个人房贷余额增速长期保持在15%～35%的范围内，要明显高于全部贷款余额的增速。

七、独特的文化背景影响房价

中国是一个封建社会历史较长的国家，从公元前475年的战国时期，到1912年中华民国成立，中国一共历经了2400多年的封建社会。封建社会的社会阶层和特权是围绕“土地”建立起来的，越是拥有权势地位的家庭，拥有的土地和房屋一般也越多。“普天之下，莫非王土”，皇帝住在皇宫里，还在各处拥有度假庄园；王侯将相住在深宅大院，拥有自己的封地；巨贾名流都拥有代代相传的盛大庄园；社会底层没有土地、没有家园。整个社会的历史记忆中充满了对“买房置地”的向往和崇拜，这既是社会安全感，也是成就感的一部分。

同时，中国又是一个刚刚实现全面小康的农业大国，今天绝大多数城市家庭往前追溯三代，都和农民、土地有不解之缘。“土地”意味着生存、生活和安全，这种理念是根深蒂固的。

正是由于以上这些独特的历史、文化记忆和发展阶段的特点，中国城镇居民家庭对“房地产”有一种异乎寻常的狂热。放眼全球，今天围绕“房子”的很多社会现象也是中国独有的。比如，城市里恋爱阶段的青年男女如果没有自有住房，似乎很难从恋爱走到婚姻；在城市里购房才能落户的现象；学区房的现象；历史上最严厉的“限购、限贷、限价、限商、限售”现象等等。

05 房子仍将是多数家庭压箱底儿的资产

2021年以来，房地产行业遇见了20年来的冬天。

先是从2021年上半年开始，不少高杠杆跑马圈地的民营房地产龙头企业先后陷入债务兑付的危机，烂尾楼现象增多；截至2022年4月1日，中国恒大、融创中国、华夏幸福、泛海建设、佳兆业、厦门国贸等曾经处于风口浪尖的房地产企业股价从最高点跌幅均超过90%！2022年1—2月全国土地拍卖面积同比下降42%，一、二线城市土地流拍司空见惯，三、四线城市土地拍卖更是冰冻期；2022年1—2月全国房地产企业到位资金同比减少17.7%，住宅销售面积同比减少13.8%。2022年2月，70个大中城市的二手房价环比上涨的只有10个城市，绝大多数环比下降，这是2015年以来表现最差的时期。

2000年以来，对房子未来前景的争议从来没有像今天这么大。

可预见的是，未来10年内，房子仍将是绝大多数城镇家庭压箱底儿的优质核心资产，中产家庭对这个基本事实一定不要有随波逐流的误判。

在房子这种长期资产面前，房价的波动和政策的变化都只是浪花而不是浪潮。任何把房子和黄金、理财、债券、股票、基金等简单对比而对房子下结论的做法都是轻率的，因为房子有太多属性是这些纯粹的金融资产所不可比拟的。

为什么房子仍将是大多数城镇中产家庭压箱底儿的优质核心资产呢？下面将聚焦这个颇具争议的问题。

一、持续的城镇化进程

根据2021年发布的《中华人民共和国国民经济和社会发展第十四个五年规划和2035年远景目标纲要》，2035年中国人均国内生产总值达到中等发达国家水平。据此目标分析，中国在“十四五”末期的2025年将进入高收入国家行列。这是中国未来5年、15年发展比较具体的阶段性量化目标，要实现这个目标，离不开劳动生产率的进一步提高、经济结构的进一步调整升级、城镇化的进一步发展。

根据国家统计局的数据，2021年末中国总人口14.13亿，其中农村人口4.98亿，城镇人口9.14亿，常住人口城镇化率64.72%。虽然中国的人口总量表现出了明显的触顶现象，但城镇化发展仍然比较强劲。2020年、2021年中国人口总量分别净增长204万和48万，但中国城镇人口数量分别净增长1773万和1205万。更多的数据显示，从2015年到2019年，中国每年城镇人口数量分别净增长2564万、2622万、2419万、2090万和1993万。中国城镇常住人口数量变迁，如图5-1所示。

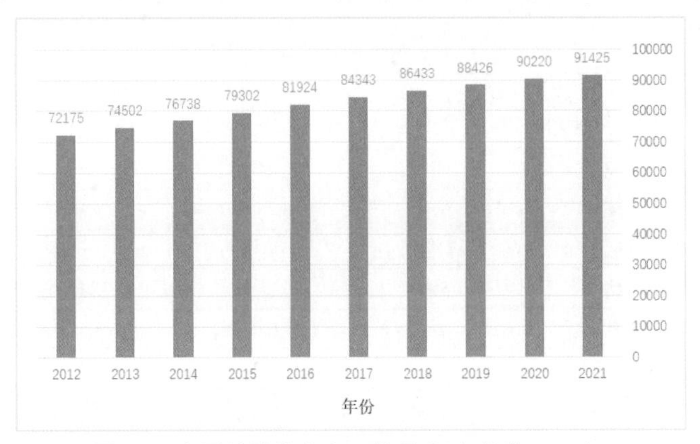

图5-1　中国城镇常住人口数量变迁(单位：万人)

数据来源：国家统计局

从这些数据可以看到，城镇常住人口数量每年增幅虽然也有规律地回落，但是仍然保持在每年1000万以上的水平，相对于人口总量接近触顶的表现，城镇常住人口的增长仍然比较稳定。如果按照远景发展目标，2035年我国达到中等发达国家的水平时，中国的城镇化率会达到什么水平呢？我们可以先参考一下截至2019年世界主要国家城镇化的水平和进程，如图5-2所示。

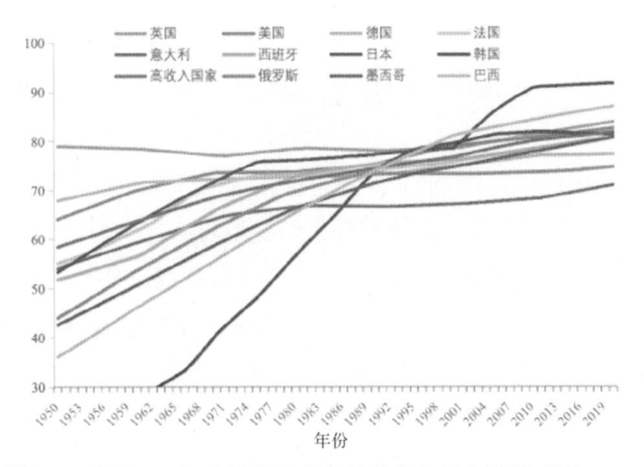

图5-2　截至2019年世界主要国家城镇化水平和进程(单位：%)

数据来源：联合国、世界银行数据库

整体来看，这些发达国家在40年前的20世纪80年代初期(人均GDP1万～1.3万美元，和2022年中国人均GDP水平1.2万美元大致相当)，城镇化率普遍为70%～75%；2020年，这些发达国家的城镇化率都在80%～90%范围内。从全球的经验来看，进入高收入国家行列，尤其是达到中等发达国家水平后，中国的城镇化率也将会继续提高到75%左右。我们接着来看一下这些主要国家城镇化率不同阶段所用的时间。世界主要国家城镇化不同阶段时长对比，如表5-1所示。

表5-1　世界主要国家城镇化不同阶段时长对比

国家	50%～60% 区间累计耗时	60%～65% 区间累计耗时	65%～70% 区间累计耗时	70%～75% 区间累计耗时	75%～80% 区间累计耗时
美国	NA	5年	8年	29年	27年
法国	NA	6年	4年	28年	21年
意大利	NA	11年	44年	—	—
西班牙	15年以上	5年	7年	13年	31年
日本	10年	4年	6年	6年	27年
韩国	6年	4年	3年	3年	11年
俄罗斯	10年	6年	7年	30年	—
巴西	10年	5年	6年	6年	7年
墨西哥	11年	7年	9年	14年	17年
高收入国家	NA	10年	12年	18年	18年

数据来源：联合国、世界银行数据库

城镇化率从65%提高到70%，高收入国家平均用时12年，其中美国用时8年，西班牙用时7年，日本用时6年，法国用时4年，韩国用时3年(最短)。城镇化率从70%进一步提高到75%，美国用时29年，法国用时28年，西班牙用时7年，日本、韩国分别用时6年、3年，高收入国家平均用时12年。当城镇化率超过75%之后，其还会持续提高，但这个阶段就比较缓慢了。

参考国务院发展研究中心、中国社会科学院、北京大学、世界银行等研究和学术机构的研究预期，中国的城镇化率将在2035年达到将近75%的水平，最终将缓慢地持续提高到75%～80%，然后稳定下来。这意味着中国从2022年到2035年城镇化率大约还将继续提高近10个百分点，城镇常住人口数量还将持续增加1.2亿～1.4亿人。

我们讨论房价的时候，实际上指的是城镇拥有产权的住宅价格，从供求决定价格的角度来思考，影响房价的需求因素主要是城市的常住人口数量而非总人口数量。从以上分析可以预见，在2035年之前，中国的城镇人口数量有比较大的概率从今天的9.14亿增加到10.5亿左右，城镇人口数量在2022—2035年的13年时间，增长10%左右，平均每年增长1%左右。这个增长速度在当今世界还是比较快的，这也是支撑和驱动城市房价的重要需求基础。

二、经济增长的相关性

按照国家统计局的数据，房地产行业每年直接占GDP的比重大约是7.5%，加上建筑行业，占GDP的比重大约是15%，如果再加上上下游直接或者间接相关的建材、装修、装饰、家具、家电、中介、租赁、物业管理和金融服务等，大约占到了GDP的40%。目前在所有的大类行业中，还找不到像房地产行业上下游产业链占GDP的比重之大，所以我们经常听到这种说法：房地产是经济的支柱性行业。

当2008年面临美国次贷危机的时候，当2015年经济增速跌破“7%”的红线的时候，为了刺激经济增长，中国都不约而同地把促进房地产投资和消费作为主要抓手，当然后遗症也很明显，就是每一轮刺激都推动了房价的明显上涨。

2017年之后，“房子是用来住的，不是用来炒的”成为中央针对房地产的新指导思想；2020年中央又提出了“不把房地产作为短期刺激经济的手段”的宏观政策定位。在系列针对房地产的调控政策下，再加上房地产自身的过度扩张、过度杠杆，2021年下半年开始，房地产行业出现了债务兑付危机，到位资金、土地拍卖、新房销售、开工面积、二手房成交均出现持续大幅下滑。由于房地产行业的调整，中国整体GDP增速也从2021年下半年开始明显回落，三季度GDP同比增速4.9%、四季度GDP同比增速进一步下降到4%，2022年一季度GDP增速再下一个台阶。由于房地产行业普遍萧条，中国GDP增速面临持续下滑的压力，2022年中央确定的经济工作的重心是：稳增长。

为了实现经济的“稳增长”，必须稳定房地产行业，所以从2022年3月开始，两会议程和财政部门没有再讨论“房地产税立法”和“房地产税扩大试点”这些此前认为板上钉钉的问题；以哈尔滨、郑州、福州为代表的典型二线城市纷纷开始重新放松“历史上最严厉的调控政策”，包括限购、限贷、首付款比例、贷款利率等都做了调整，2022年二季度后，越来越多的一、二线城市不同程度地放松调控。

以上反映了房地产某种程度上绑架了经济发展和经济政策，国家和地方政府实际上还接受不了房地产行业出现全面、大幅调整。从投资的角度来看，这意味着房地产具有其他资产不具备的系统安全性。

除了安全性的因素之外，经济的增长又会成为对房地产需求和价格的支撑，甚至是推动。根据对1970—2017年(47年)全球23个主要经济体经济增长和房价之间关系的研究，发现这23个经济体本币名义GDP增速、本币名义房价年化增速分别为7.8% 和6.5%，相关系数为0.71。如果剔除韩国、泰国，则相关系数提高到0.85！一般相关系数在0.7以上说明关系非常紧密，在0.4～0.7范围内说明关系紧密，0.2～0.4范围内说明关系一般。这个研究揭示了对一个经济体来说，长期GDP的增长速度是影响房价走势的一个重要指标。世界23个经济体本币名义房价增速和本币名义GDP增速的关系，如图5-3所示。

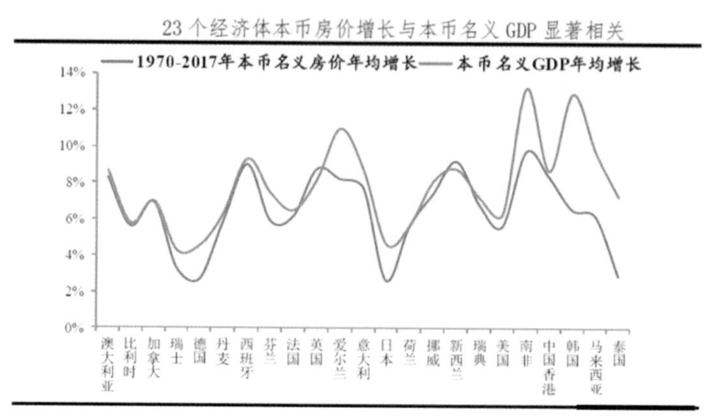

图5-3 世界23个经济体本币名义房价增速和本币名义GDP增速的关系

数据来源：国际清算银行、世界银行、恒大研究院

2021年中国的GDP相当于2020年、2019年两年GDP合并计算的结果的话，大约保持了两年平均5.5%的经济增速。根据2022年两会李克强总理的工作报告，全年经济增速的目标设定在5.5%，考虑到新冠肺炎疫情还没有完全控制的现实情况，这是一个很有雄心的经济增长目标。中国和世界主要发达经济体GDP增速，如图5-4所示。

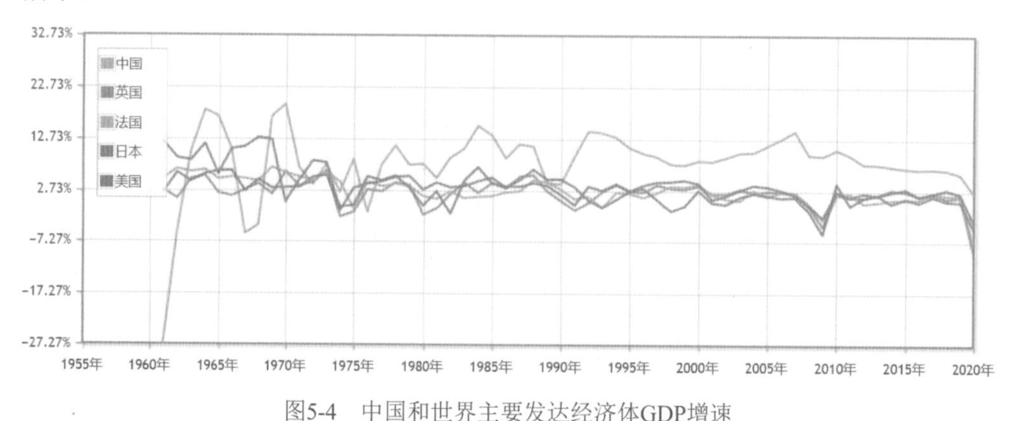

图5-4 中国和世界主要发达经济体GDP增速

数据来源：世界银行、快易理财

从图5-4可以看到，虽然中国从2010年开始告别了年均10%以上经济高速增长的阶段，开始逐步回落到5%左右的中速增长水平，但中国当今的经济增速比主要发达经济体还是高了一倍以上。根据目前主流研究机构和经济学家的普遍预计，在2035年之前，中国的年均经济增速将保持在4%～4.5%的水平。经济的增长带来

了城镇居民人均可支配收入的同步增长。中国城镇居民人均可支配收入增速，如图5-5所示。

图5-5 中国城镇居民人均可支配收入增速(单位：%)

数据来源：国家统计局

从图5-5可以看到，最近10年时间，中国城镇居民的人均可支配收入每年的增速大约和每年GDP的增速水平相当。2002—2021年新冠肺炎疫情期间，城镇居民人均可支配收入增速比GDP低1个百分点左右。这就意味着，在2035年之前，中国的年均城镇居民人均可支配收入增速也将大体保持在4%～4.5%，名义增速6%~6.5%。随着收入的增长，人们的购买力水平也会持续提高，这和人口的因素一样，也是未来对房价的支撑。

中国城镇居民人均可支配收入的增速水平和全球主要发达国家相比高了不少，这也是发展中国家的后发优势。其实，在城市里职场上的人也会有所感受，城市的平均工资水平还是在稳步地提高。在发达经济体，工资起点会比中国当前的水平高不少，但工资经常几年甚至10年不变的情况并不奇怪。

当然，中国未来10年的GDP增速和城镇居民人均可支配收入增速，毫无疑问都会比上一个10年明显下一个台阶，所以经济增长对房价上涨的推动力也会有所回落。

三、特殊的土地制度因素

2019年8月26日，第十三届全国人民代表大会常务委员会第十二次会议通过《关于修改<中华人民共和国土地管理法>、<中华人民共和国城市房地产管理法>的决定》，《中华人民共和国土地管理法》(以下简称《土地管理法》)据此进行了第三次修正，其中删去第四十三条：“任何单位和个人进行建设，需要使用土地的，必须依法申请使用国有土地；但是，兴办乡镇企业和村民建设住宅经依法批准使用本集体经济组织农民集体所有的土地的，或者乡(镇)村公共设施和公益事业建设经依法批准使用农民集体所有的土地的除外。”

“前款所称依法申请使用的国有土地包括国家所有的土地和国家征用的原属于农民集体所有的土地。”

新修订的《土地管理法》于2020年1月1日起施行，其中对应原来删除的四十三条的最新修订条款是：

“允许集体经营性建设用地在符合规划、依法登记，并经本集体经济组织三分之二以上成员或者村民代表同意的条件下，通过出让、出租等方式交由集体经济组织以外的单位或者个人直接使用。同时，使用者取得集体经营性建设用地使用权后还可以转让、互换或者抵押。”

“符合规划”指的是什么？集体经营性建设用地入市必须符合规划(国土空间规划)，在每年的土地利用年度计划中要有安排。随着国土空间规划体系的建立和实施，土地利用总体规划和城乡规划将不再单独编制和审批，最终将被国土空间规划所取代。编制国土空间规划前，经依法批准的土地利用总体规划和城乡规划继续执行。

除了符合规划，农村集体经营性建设用地和企事业单位土地入市还必须“符合用途管制”：必须是工业或者商业等经营性用途，而不能开发住宅。

同时新修订的《土地管理法》明确征收补偿的基本原则是“保障被征地农民原有生活水平不降低、长远生计有保障”。除了土地补偿费、青苗费和安置补助费外，还要考虑社会保障基金的筹集。这意味着土地的成本比原来增加了。

这一规定是重大的制度突破，它结束了多年来集体建设用地不能与国有建设用地同权同价同等入市的二元体制，为推进城乡一体化发展扫清了制度障碍，是新修订的《土地管理法》最大的亮点。

但认真研究后仍会发现：新修订的《土地管理法》理论上对于工业用地、商业用地的供给会有影响，打破了原来地方政府对土地的供应垄断局面，但是土地能不能入市、怎么入市、入市多少等仍然控制在地方政府“符合规划”“符合用途管制”的“如来佛手心”里，并不是随心所欲地通过村集体开会讨论就可以决定土地入市了；新修订的《土地管理法》对于住宅用地仍然没有松动，地方政府仍然牢牢掌握着区域住宅用地的垄断供应权力，最新的解释是村集体土地入市只可以建设“租赁房”而不可以建设“商品住宅”。

实际上，新修订的《土地管理法》实施已经超过两年了，还没有看到其对城市中的土地市场有什么明显的影响。

最近几年，我收到过很多读者朋友的同一个问题，即“中国会重蹈日本房地产泡沫破灭的覆辙吗？”我的回答是：在可预计的2035年之前，基本上没有这种可能性，原因有很多，其中一条就是中国的土地国有制度。

众所周知，在目前全球的主要经济体中，土地是私有化的，这一点和中国有根本的区别。中国城市的土地都是国有土地，由地方政府负责用途规划、市场供给和交易流通，这种独特的土地制度对特殊时期“稳房价”有明显的优势。因为在房地产市场出现危机的时候，在一个房子和土地都是私有化的制度下，房子和土地的所有者会越跌越卖、越卖越跌，形成一个怪圈，因为在市场上无论房子还是土地都是完全分散的一个“散户市场”，没有在这个时候能够从公共利益的角度出发稳定市场的“大机构”。但在中国土地国有的制度下，地方政府减少甚至停止土地出售，就会自动调节市场上土地的价格，进而影响到房价。

四、财富增长和资本项目管制

GDP某种程度上是一个国家每年新创造的财富，2021年中国GDP规模超过114万亿元(折合17.7万亿美元)，预计2035年之前，中国的年化实际GDP增速在4%～4.5%，名义增速在6%～6.5%，在2028年左右达到27万亿美元左右，中国将超过美国成为全球最大的经济体。

2021年中国的广义货币发行量累计规模238万亿元，预计中国每年广义货币发行量的增速将适当地高于GDP增速，大约为7%，每年新发行的货币规模将达到17万亿元左右，并以每年7%以上的增速持续增长。

2021年城镇居民人均可支配收入47 412元，其中“消费支出”在可支配收入中占比64%，意味着每年城镇居民扣除消费支出外当年留存的收入规模达到15万亿元左右，而且这个数字会在今后以每年6%左右的速度增加。

截至2022年3月31日，中国A股市场总市值86万亿元，其中流通市值71万亿元，散户和基金持有的筹码占流通市值的50%左右，也就是35万亿元左右。

根据国家统计局的数据，2021年，全国新建商品住宅平均价格10 396元。截至2021年底，中国城镇常住人口数量为9.14亿，2019年城镇常住人口人均居住面积39.8平方米，预计在2021年底将达到41平方米左右，也就是城市住宅总面积大约达到374亿平方米。这样可以简单计算出全国城镇住宅总市值为390万亿左右。

从以上五组关键的数据可以看出，每年中国经济发展所创造的巨额财富，在满足消费之外，无论从哪一个角度计算都有大量新增剩余财富需要寻找对应的资产。在资本项目管制的情况下，全社会的家庭财富被以人民币计价，然后在国内的池子里配对，但国内股票市场的规模是无论如何也承载不了这些每年巨量新增的货币财富的。最终，相当一部分人民币财富只能进入房地产的池子里寻找安全。这是在资本项目管制背景下，人民币财富的无奈选择，但反而形成了对房价的一种支撑。

目前全球主要发达国家和国际货币经济主体，包括美国、欧元区、英国、日本、加拿大、澳大利亚等，资本项目都是开放的，如果没有资本项目的开放，就很难实现货币的国际化。如果国内的经济快速增长，居民财富快速增长，但是实行资本项目的管制，就会导致国内某种资产的价格出现扭曲和溢价。这是因为这些每年创造出来的财富没有对应的全球资产来分散，只能以本国货币的形式堆积在国内的池子里。这也同时提醒我们，如果人民币国际化出现了加速，资本项目对外开放的时候，房地产的价格往往会面临一定的压力。

除了以上人民币财富增长的因素之外，我们知道通货膨胀是确定要发生的，全球迎来了新的高通胀时代。房子具有消费品和金融资产的双重属性，每当通货膨胀严重的时期，无论是消费品价格上涨还是资产价格上涨的驱动，房地产的价格涨幅总是会比较明显的。

五、改善性的需求支撑

虽然城镇家庭户均拥有住房1.5套，但是近60%的家庭拥有1套房子，无论是房子的功能细分需要，还是家庭小型化的趋势，都意味着这些家庭购买新的改善型房子的需求仍然是比较明朗的。比如，在中心城区购买方便孩子接受教育的学区房，在郊区购买休闲度假的房子，甚至在海南、昆明等地购买养老房产，在北京、上海、深圳等地购买投资性房产，等等。

另外，根据国家统计局的数据，截止到2019年底，中国城镇居民家庭人均居住面积39.8平方米，这是一个建筑面积，如果按照75%折合成使用面积，大约为30平方米。人们无论是对更美好生活的向往，还是部分追求奢侈性消费的家庭需要，未来的人均居住面积都将有较大的提高空间。

随着人口的迁徙，绝大多数中小城市的人口数量在减少，每个省域，一般只有两三个城市的人口数量在增长。这告诉我们，在大量中小城市，未来随着人口的流失，房子会陆续出现更多的空置，房屋无论出租还是出售都会遇到麻烦，但是在人口持续流入的中心城市和大城市，人均居住面积还是明显低于全国的平均水平。比如，截至2019年底，城镇居民人均居住面积深圳27平方米、北京市32.54平方米、上海市37.2平方米、西安市34.8平方米，广州市2020年城镇居民人均居住面积34.61平方米，无论改善性需求还是新增人口的增量需求，都会有很长一段路。

虽然和过去的10年、20年相比，目前全国的平均房价涨幅会更加缓和一些，不同城市的房价会出现走势更明显的分化，甚至会有更多的小城市的房价由于地理位置偏僻、经济发展陷入困境、人口数量持续下降，从此一蹶不振。但总体上来看，对于大多数一、二、三线城市的中产家庭，房产仍是绝大多数家庭压箱底儿的优质核心资产，不但因为房子能提高实实在在的家庭居住生活质量，还因为房子这种资产规模占比较大、价格相对稳健和安全。在可预期的未来，房产在家庭中的地位还是无法替代的，其他资产只能作为补充。

06 租房，还是买房

对于初入职场的大学毕业生或者刚融入一个大城市的自由职业者来说，租房是一种常态，但多数人心中都会思考一个问题：什么时间买一套房子？

在一、二线城市拥有多套房产的业主，通常都会把房子租出去。由于这些年房价的上涨，动辄五六百万、上千万的房子，每年的租金收入大概只有房子价值的1%～2%，甚至还不及银行的长期大额存单收益，因此有一部分人开始认为出租不合适，甚至有把房子卖出去的想法。

租房，还是买房？本节试图基于数据和社会现实，用一种更理性、全面的视角来回答这个问题。

一、租房和买房的区别

（一）房租的本质和走势

租房是一种消费行为，租户通过租赁合同和房子建立的关系随着租期结束而结束。

通常来说，租金和人们的收入水平正相关，租金的浮动会反映在通货膨胀的CPI指标中。长周期看，正常情况下，一个城市的经济是持续发展的，人们的收入水平是不断提高的，通货膨胀的确定性是很大的，所以租金水平也是长期上涨的。我们以北京市为例，分别来看一下住宅单位租金和总租金的走势。2012/04—2022/04北京市住宅单位租金走势，如图6-1所示。

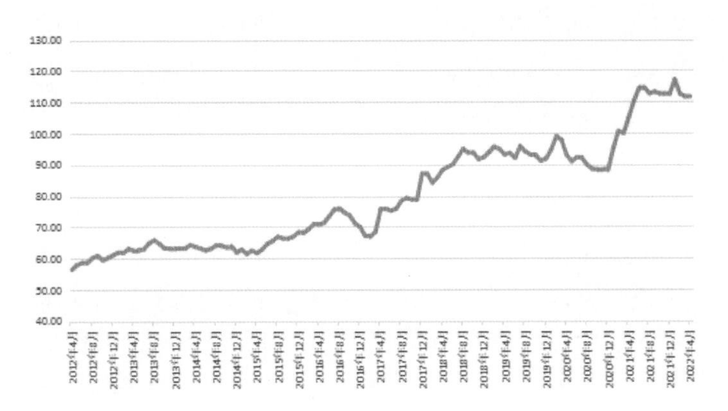

图6-1　2012/04—2022/04北京市住宅单位租金走势(单位：元/月/m^2)

数据来源：中国房价行情网

2012年4月，北京市住宅单位租金52.61元/月/平方米，2017年4月单位租金上涨到72.75元/月/平方米，到2022年4月单位租金持续上涨到111.51元/月/平方米。虽然在2012/04—2022/04这10年间，中国经济增长出现过这样或者那样的挑战，但是单位租金仍然呈现持续的上涨态势，10年累计涨幅112%。其中，2012/04—2017/04这5年间，单位租金上涨了38%，2017/04—2022/04这5年间，单位租金上涨了53%。

因为今天城市住宅出租主要按照“套”来计价，为了体会更生动，我们下面仍以北京市为例，看一下每套住宅租金平均水平的走势。2012/04—2022/04北京市每套住宅出租总价走势，如图6-2所示。

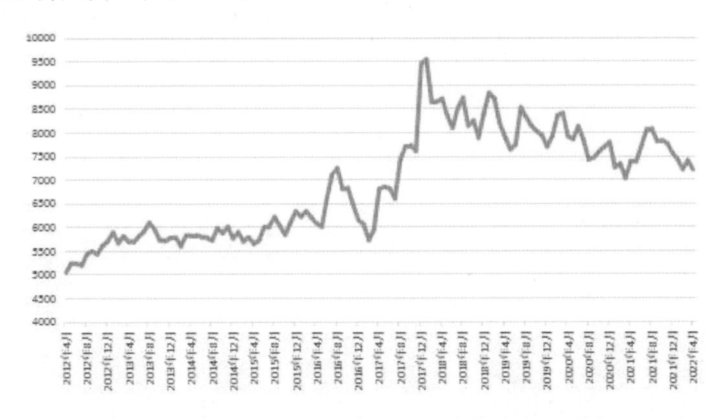

图6-2　2012/04—2022/04北京市每套住宅出租总价走势(单位：元/套/月)

数据来源：中国房价行情网

每套住宅出租总价似乎更加生动一点。北京市所有挂牌出租的住宅，2022年4月平均每套的租金报价7386元/月，在5年前的2017年4月租金平均报价6506元/月，在10年前的2012年4月租金平均报价4148元/月。按套报价的租金水平这10年累计上涨了78%，其中最近5年上涨了13.5%，2012/04—2017/04上涨了56.8%。我个人认为，也许按套报价的数据更接近实际情况。最近5年北京的每套住宅租金的涨幅小于上一个5年，与最近5年经济增速回落、人们收入水平增幅回落、北京市外来常住人口数量停止增长等因素有关。为什么单位租金的报价最近5年涨幅高于上一个5年？我认为是因为数据来源、统计方法不同，另外一个合理的假设是随着房租的上涨，租客为了减少租金支出，更多接受被分割后再次出租的更小单元，统计单位面积的租金数据可能上涨了。

(二) 房价的本质和走势

买房是一种投资行为，通过购买交易，您拥有了房子的产权，同时享有房子未来的所有潜在收益，包括居住、出租、抵押、转让、继承、落户积分、就近入学等。当然，如果未来房产税落地的话，也要承担持有房产潜在的税负成本，不过通常房产税的成本会被部分转移给租客。

我们在此前的内容中做过分析，影响房价的宏观因素包括房地产政策、经济发展、城镇化人口增长、货币发行、资本项目管制、土地制度、中国买房置地的独特文化等。我们同样以北京市为例，看一下最近10年二手住宅平均价格走势。2012/04—2022/04北京市二手住宅挂牌单价走势，如图6-3所示。

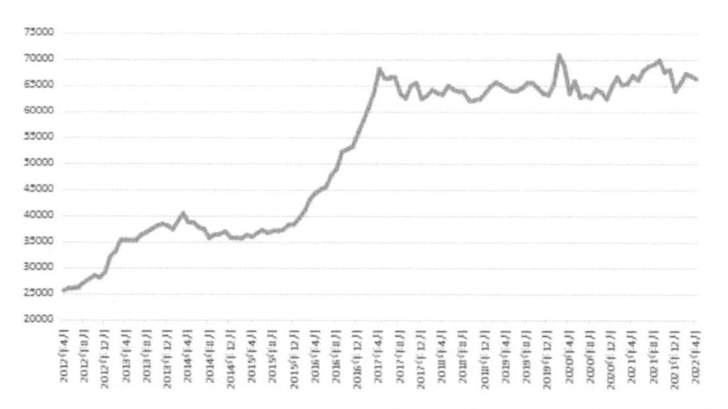

图6-3　2012/04—2022/04北京市二手住宅挂牌单价走势(单位：元/m²)

数据来源：中国房价行情网

根据中国房价行情平台的数据，2022年3月底北京市二手住宅挂牌单价66 694元/平方米，2017年3月底，单价55 943元/平方米，2012年3月底，单价20 760元/平方米。2012/03—2022/03这10年时间，北京市二手住宅平均价格上涨了221%，其中2012/03—2017/03这5年时间上涨了169%，最近5年(2017/03—2022/03)累计涨幅只有19%。

从以上数据可以看到，最近5年和上一个5年北京市住宅价格差异很大，除了前边说到的宏观因素之外，2015年北京市开始控制外来人口流入，2017年4月出台“历史上最严厉的房地产调控政策”，对最近5年北京房价上涨起到了较大的抑制作用。但北京房价在严酷的政策管束下，仍在2018年底以来表现出了新一轮复苏的势头。

下边我们看一下北京市二手住宅平均每套房的总价走势，这是在北京市具体购买房产的时候，绝大多数投资者最关注的一个指标，它直接关联着购房预算，包括首付款和按揭计划。2012/04—2022/04北京市二手住宅挂牌总价走势，如图6-4所示。

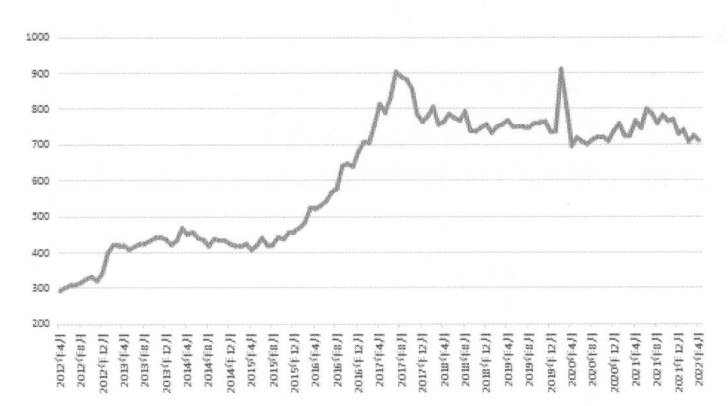

图6-4　2012/04—2022/04北京市二手住宅挂牌总价走势(单位：万元/套)

数据来源：中国房价行情网

2022年3月底，北京市二手住宅平均每套挂牌总价722万元，在5年前的2017年3月底，每套的挂牌总价682万元，5年累计涨幅5.9%；10年前的2012年3月底，每套二手住宅的平均挂牌总价224万元，最近10年累计涨幅222%，这个涨幅和单价的涨幅大致相当。

北京市二手住宅具体需求总价的区间大体分布是：200万元以下，占比5.23%；200万～400万元，占比26.1%；400万～600万元，占比22.84%；600万～800万元，占比15.33%；800万～1000万元，占比9.46%；1000万～1200万元，占比4.95%；1200万～1400万元，占比4.48%；1400万～1600万元，占比2.7%；1600万～1800万元，占比2.09%；1800万～2000万元，占比1.38%；2000万元以上需求总价占比近5%。绝大多数人可能想不到的是，在做供求关系的进一步分析时发现，北京市二手住宅总价800万元以下的，整体供大于求；800万元以上的，整体需求大于供给。

二手住宅总价格的走势波动，除了单价的变化因素之外，还与市场上挂牌出售房子的套均面积、户型、位置等分布有关。

截至2022年4月初，最近10年北京市住宅单位租金累计上涨了112%，其中最近5年累计涨幅53%，前一个5年累计涨幅38%；每套住宅出租总价最近10年累计上涨78%，其中最近5年累计上涨13.5%，前一个5年累计上涨56.8%。北京市二手住宅最近10年的单价累计上涨221%，其中最近5年累计涨幅19%，前一个5年累计涨幅169%；北京市二手住宅每套平均总价最近10年累计上涨222%，其中最近5年累计上涨5.9%，前一个5年累计上涨204%。

对比以上北京市二手住宅的租金和售价走势您也许会发现，租金和房价的关系并不像大家想象的那么密切。租金的走势和人们的收入水平、常住人口变化等关系密切；相对房价来看，租金的走势更加稳健、均衡、缓和。房价比较明显地体现了资产价格的特征，波动性比较大，短期受外在政策的变化影响比较大，但它们的共同点是：长期来看，都呈现了持续上涨的特点。

二、售租比和租金收益率

（一）租金收益率较低的100个城市

我们先看一下全国城市房屋出租的“售租比”，也就是今天一套住宅的市场售价和每年出租租金的比值。站的角度不同，可以有两种不同的理解，如站在房屋持有人的角度，可以理解为“今天持有的一套房子如果通过租金回收投资收益，大约需要多少年”；如果站在有购房计划的租房人的角度，可以理解为“买入一套房子需要的总花费，如果用于租房，大约可以租多少年”。表6-1是截止到2022年一季度末全国“租金收益率”较低的100个城市的名单。

表6-1 2022年一季度末租金收益率较低的100个城市

序号	城市名称	售租比	租金收益率(%)	序号	城市名称	售租比	租金收益率(%)
1	厦门	83	1.20	51	郑州	47	2.13
2	东莞	77	1.3	52	中山	47	2.1
3	三亚	74	1.35	53	保定	47	2.13
4	南通	66	1.52	54	沧州	47	2.13
5	宁波	65	1.54	55	宿州	47	2.13
6	深圳	65	1.54	56	宿迁	47	2.13
7	泉州	65	1.54	57	东营	47	2.13
8	上海	63	1.59	58	马鞍山	47	2.13
9	广州	63	1.59	59	晋城	46	2.17
10	连云港	62	1.61	60	蚌埠	46	2.17
11	衢州	62	1.61	61	西安	46	2.17
12	嘉兴	61	1.64	62	淮北	46	2.17
13	珠海	61	1.64	63	镇江	46	2.17
14	青岛	61	1.64	64	衡水	46	2.17
15	常州	60	1.67	65	济南	46	2.17
16	廊坊	60	1.67	66	台州	45	2.22
17	芜湖	60	1.67	67	潍坊	45	2.22
18	南京	60	1.67	68	池州	45	2.22
19	无锡	59	1.69	69	盐城	45	2.22
20	福州	59	1.69	70	洛阳	45	2.22
21	丽水	59	1.69	71	大连	45	2.22
22	临沂	58	1.72	72	阜阳	45	2.22
23	德州	57	1.75	73	太原	45	2.22
24	日照	56	1.79	74	莆田	45	2.22
25	扬州	56	1.79	75	宁德	44	2.27
26	合肥	56	1.79	76	南昌	44	2.27
27	泰安	55	1.82	77	呼和浩特	44	2.27
28	绍兴	55	1.82	78	承德	44	2.27
29	苏州	55	1.82	79	龙岩	44	2.27
30	金华	54	1.85	80	吴忠	44	2.27
31	唐山	54	1.85	81	漳州	44	2.27
32	聊城	53	1.89	82	惠州	44	2.27
33	泰州	53	1.89	83	安庆	44	2.27
34	石家庄	53	1.89	84	武汉	43	2.33
35	温州	53	1.89	85	昆明	43	2.33
36	天津	52	1.92	86	湖州	43	2.33
37	滨州	52	1.92	87	邯郸	43	2.33

（续表）

序号	城市名称	售租比	租金收益率(%)	序号	城市名称	售租比	租金收益率(%)
38	枣庄	50	2.0	88	南宁	42	2.38
39	黄山	50	2.0	89	淄博	42	2.38
40	淮安	50	2.0	90	银川	41	2.44
41	徐州	49	2.04	91	晋中	41	2.44
42	杭州	49	2.04	92	陇南	41	2.44
43	北京	49	2.04	93	咸阳	41	2.44
44	大同	49	2.04	94	九江	40	2.5
45	佛山	49	2.04	95	宣城	40	2.5
46	海口	48	2.08	96	舟山	40	2.5
47	济宁	48	2.08	97	吕梁	40	2.5
48	长治	48	2.08	98	儋州	40	2.5
49	秦皇岛	48	2.08	99	遂宁	40	2.5
50	大理	47	2.13	100	北海	40	2.5

数据来源：中国房价行情网

从表6-1可以看到，截至2022年一季度末，厦门一套房子的价格大约是每年租金的83倍，意味着通过出租回收投资的话，需要超过80年；东莞和三亚需要超过70年；南通、宁波、深圳、泉州、上海、广州、连云港、衢州、嘉兴、珠海、青岛、常州、廊坊、芜湖、南京等15个城市需要60年以上。全国还有22个城市需要50年以上。这些城市大多都在大湾区、长三角、京津冀这些相对比较发达的地区。

“售租比”的倒数是“租金收益率”，相当于买房用于出租每年可以获得的投资回报率，这个数据很好理解，也很直观。现在三年期存款基准利率是2.75%，房贷的利率水平在5%以上。如果不考虑房价上涨因素，买房出租的收益低于把资金存到银行的定期大额存单利率；如果按揭买房的话，单纯房屋出租的收益也覆盖不了按揭融资的成本。

仔细观察会发现，“售租比”较低的100个城市都在40以上，租金收益率都在2.5%以下，而且这些城市大多数都是一、二线城市或旅游城市。“售租比”较低的100个城市的数据，要么是房价太高了，要么是租金太低了，总之是租金收益率水平似乎不正常。

第一组100个城市“售租比”比较高，是因为人们对未来房价持续上涨的预期比较强烈，投资性资金成为推动房价的重要力量，市场资金愿意给予它们更高的“估值”，房价有一定的透支。当前的“租金收益率”看起来似乎太低了，但房产的购买者普遍预期未来租金上涨的速度会比较快，这背后的逻辑有点类似于股票市场中高科技、高成长的创业板股票。

第一组100个城市，短期看租房相对合适，但您必须忍受房租较快上涨的潜在压力。时间是租房者的敌人，如果具备条件，在这些城市早一点买房更稳妥，因为将来房价仍有持续上涨的压力。

(二) 租金收益率较合理的100个城市

中国的城市租金收益率并非都这么低，售租比也并非都这么高。我们再来看另外100个租金收益率比较合理的城市，它们的售租比在31～40年，租金收益率水平在2.5%～3.2%。2022年一季度末中国租金收益率较合理的100个城市，如表6-2所示。

表6-2　2022年一季度末中国租金收益率最合理的100个城市

序号	城市名称	售租比	租金收益率(%)	序号	城市名称	售租比	租金收益率(%)
101	烟台	40	2.5	128	铜陵	36	2.78
102	临汾	40	2.5	129	凉山	36	2.78
103	资阳	39	2.56	130	文山	36	2.78
104	重庆	39	2.56	131	广安	36	2.78
105	潮州	39	2.56	132	宜春	36	2.78
106	襄阳	39	2.56	133	邢台	36	2.78
107	威海	39	2.56	134	中卫	36	2.78
108	绵阳	39	2.56	135	南平	36	2.78
109	沈阳	39	2.56	136	抚州	36	2.78
110	忻州	39	2.56	137	昭通	36	2.78
111	漯河	38	2.63	138	广元	36	2.78
112	张家口	38	2.63	139	许昌	36	2.78
113	湛江	38	2.63	140	运城	36	2.78
114	南阳	38	2.63	141	玉溪	36	2.78
115	濮阳	38	2.63	142	赤峰	35	2.86
116	新乡	38	2.63	143	榆林	35	2.86
117	开封	38	2.63	144	汉中	35	2.86
118	保山	38	2.63	145	鹰潭	35	2.86
119	成都	38	2.63	146	六安	35	2.86
120	包头	37	2.7	147	滁州	35	2.86
121	鹤壁	37	2.7	148	鄂州	35	2.86
122	吉安	37	2.7	149	庆阳	35	2.86
123	安阳	37	2.7	150	海东	34	2.94
124	商洛	37	2.7	151	菏泽	34	2.94
125	防城港	37	2.7	152	淮南	34	2.94
126	眉山	37	2.7	153	亳州	34	2.94
127	三明	37	2.7	154	丽江	34	2.94

（续表）

序号	城市名称	售租比	租金收益率(%)	序号	城市名称	售租比	租金收益率(%)
155	德阳	34	2.94	178	固原	32	3.13
156	商丘	34	2.94	179	赣州	32	3.13
157	德宏	34	2.94	180	泸州	32	3.13
158	曲靖	34	2.94	181	南充	32	3.13
159	昌吉	34	2.94	182	长沙	32	3.13
160	天水	34	2.94	183	乌海	32	3.13
161	兰州	34	2.94	184	西宁	32	3.13
162	新余	34	2.94	185	巴中	32	3.13
163	雅安	34	2.94	186	宜昌	32	3.13
164	甘孜	33	3.03	187	伊犁	32	3.13
165	巴彦淖尔	33	3.03	188	自贡	32	3.13
166	定西	33	3.03	189	驻马店	32	3.13
167	拉萨	33	3.03	190	临沧	31	3.23
168	上饶	33	3.03	191	桂林	31	3.23
169	黄冈	33	3.03	192	汕头	31	3.23
170	信阳	33	3.03	193	丹东	31	3.23
171	周口	33	3.03	194	石嘴山	31	3.23
172	十堰	33	3.03	195	江门	31	3.23
173	平凉	33	3.03	196	楚雄	31	3.23
174	迪庆	33	3.03	197	贵阳	31	3.23
175	柳州	33	3.03	198	鄂尔多斯	31	3.23
176	普洱	32	3.13	199	朔州	31	3.23
177	景德镇	32	3.13	200	长春	31	3.23

数据来源：中国房价行情网

以上这些城市在区域中各有竞争优势，甚至不乏重庆、成都、沈阳、长沙、兰州、西宁、贵阳、长春等二线城市，从售租比和租金收益率水平看，房价和租金水平整体看比较合理。

第二组100个城市的租金收益率和银行的定期存款利率大体相当，说明人们对房价上涨的预期并不强烈，社会资金比较从容，房地产投资和投机并不严重，房价相对合理，这样的城市“幸福感”会更高一点。

在这些城市，房价比较稳定，无论租房还是买房，心态都可以放松一点，具备条件可以买房，买房尽量买好位置的好房子；租金基本合理，租房的机会成本和时间成本都不高，不要给自己太大的压力。

(三) 租金收益率较高的119个城市

当面对租金收益率较低的100个城市的时候，我们很容易担心这些城市的房价过度透支，觉得这些城市的租金收益相对房价来说太低了，买房不划算；那是不是租金收益率越高，代表城市的房价越健康、城市的房地产越有前景呢？我们看一下另外119个城市的数据。2022年一季度末中国租金收益率较高的119个城市，如表6-3所示。

表6-3 2022年一季度末中国租金收益率较高的119个城市

序号	城市名称	售租比	租金收益率(%)	序号	城市名称	售租比	租金收益率(%)
201	平顶山	30	3.33	230	益阳	27	3.7
202	焦作	30	3.33	231	牡丹江	27	3.7
203	武威	30	3.33	232	茂名	27	3.7
204	内江	30	3.33	233	河源	27	3.7
205	清远	30	3.33	234	白银	27	3.7
206	乌鲁木齐	30	3.33	235	郴州	26	3.85
207	吉林	30	3.33	236	齐齐哈尔	26	3.85
208	娄底	30	3.33	237	遵义	26	3.85
209	酒泉	30	3.33	238	铜川	26	3.85
210	达州	30	3.33	239	通化	26	3.85
211	乐山	29	3.45	240	贵港	26	3.85
212	韶关	29	3.45	241	乌兰察布	26	3.85
213	黄石	29	3.45	242	孝感	26	3.85
214	阳泉	29	3.45	243	荆门	26	3.85
215	梅州	29	3.45	244	宜宾	26	3.85
216	湘潭	29	3.45	245	永州	26	3.85
217	临夏	29	3.45	246	岳阳	26	3.85
218	荆州	29	3.45	247	白山	26	3.85
219	渭南	28	3.57	248	葫芦岛	26	3.85
220	株洲	28	3.57	249	张家界	26	3.85
221	宝鸡	28	3.57	250	攀枝花	25	4.0
222	哈尔滨	28	3.57	251	玉林	25	4.0
223	营口	28	3.57	252	恩施	25	4.0
224	贺州	28	3.57	253	喀什	25	4.0
225	红河	28	3.57	254	钦州	25	4.0
226	汕尾	28	3.57	255	肇庆	25	4.0
227	锡林郭勒	28	3.57	256	西双版纳	25	4.0
228	林芝	28	3.57	257	朝阳	25	4.0
229	金昌	27	3.7	258	随州	25	4.0

（续表）

序号	城市名称	售租比	租金收益率(%)	序号	城市名称	售租比	租金收益率(%)
259	黔西南	25	4.0	290	铁岭	23	4.35
260	安康	25	4.0	291	延边	23	4.35
261	哈密	25	4.0	292	辽阳	22	4.55
262	四平	25	4.0	293	梧州	22	4.55
263	阳江	25	4.0	294	锦州	22	4.55
264	毕节	25	4.0	295	萍乡	22	4.55
265	常德	24	4.17	296	抚顺	22	4.55
266	邵阳	24	4.17	297	七台河	22	4.55
267	鸡西	24	4.17	298	怀化	22	4.55
268	安顺	24	4.17	299	大庆	22	4.55
269	黔东南	24	4.17	300	本溪	22	4.55
270	绥化	24	4.17	301	崇左	21	4.76
271	三门峡	24	4.17	302	松原	21	4.76
272	河池	24	4.17	303	阜新	21	4.76
273	嘉峪关	24	4.17	304	六盘水	21	4.76
274	盘锦	24	4.17	305	衡阳	21	4.76
275	铜仁	24	4.17	306	兴安	21	4.76
276	黔南	24	4.17	307	博州	20	5.0
277	来宾	24	4.17	308	湘西	20	5.0
278	揭阳	23	4.35	309	辽源	20	5.0
279	黑河	23	4.35	310	海西	20	5.0
280	云浮	23	4.35	311	百色	19	5.26
281	白城	23	4.35	312	佳木斯	19	5.26
282	呼伦贝尔	23	4.35	313	双鸭山	19	5.26
283	伊春	23	4.35	314	阿勒泰	19	5.26
284	咸宁	23	4.35	315	阿克苏	18	5.56
285	鞍山	23	4.35	316	吐鲁番	18	5.56
286	通辽	23	4.35	317	克拉玛依	17	5.88
287	张掖	23	4.35	318	鹤岗	16	6.25
288	巴州	23	4.35	319	和田	15	6.67
289	延安	23	4.35				

数据来源：中国房价行情网

最后这119个城市的售租比都在30以下，租金收益率都在3.33%及以上，甚至有十几个城市的租金收益率超过了5%。那是不是意味着这些城市的房子更值得投资呢？我想绝大多数人恐怕不会认同。

第三组119个城市租金收益率已经明显超过了银行的定期存款利率，说明人们对未来房价上涨、房租上涨的预期较弱，购房需求相对疲软，甚至二手房市场变现压力较大。如果再做一些功课，您就会发现最近10年，部分城市的房价甚至已经是负增长。从投资的角度看，这些城市的房产未来无论流动性还是成长性的风险反而都是最大的；虽然当前的租金相对较高，但时间是租房者的朋友，租金水平相对于消费者的收入水平却未必高。

为什么以上三组城市的“售租比”“租金收益率”水平相差这么大呢？背后的原因到底是什么呢？城市住宅的“售租比”类似于股票市场的“静态市盈率”，人们在决定买房的时候，主要考虑的是未来的成长性和预期，既包括租金的成长性和预期，也包括房价的成长性和预期，但对房价的成长性和预期的考虑占更大一点。所以，但凡未来房价上涨性预期强的城市，都会有更多的人倾向于买入房产，分享未来的资产价格上涨红利；但凡未来房价上涨预期疲软或者悲观的城市，都会有更多的潜在购房者倾向于观望，更多的持有房产的投资者倾向于卖出变现。

三、房租收入比

“租金收益率”“售租比”这些指标反映的都是房价和租金的对比关系，宏观上，可以用来判断一个国家、一个城市的房价泡沫化水平；中观上，在分析判断一个城市的发展现状、前景时，可以提供参考依据；微观上，可以对选择买房还是租房提供短期的财务分析依据。但这几个指标都没有完全站在租房人群的角度思考问题，既然租房是消费行为，就需要考虑租金和租客的购买力水平之间的关系。

有一个指标叫“房租收入比”，又叫“租金收入比”，是指在一个城市里，租住一定面积的房子所花费的租金，大约相当于城镇居民人均可支配收入的比例。简单说，就是租金花费大约占了收入的多大比重，显然，租金收入比越高，租房的负担越重；租金收入比越低，租房的负担越轻。我们在讨论是该买房还是该租房的时候，也需要参考租金收入的数据。租金收入比越高，消费者越倾向于买入房产，降低消费支出比例。我们来看一下2020年部分重点城市的房租收入比水平(图6-5)，显然，一线城市最高，强势的二线城市次之。

排名	城市	房租均价（元/月·平方米）	城镇居民人均可支配收入（元/年）	房租收入比(%)
1	北京	91.82	75 602.00	29
2	深圳	78.66	64 878.00	29
3	上海	79.54	76 437.00	25
4	杭州	55.26	68 666.00	19
5	厦门	46.90	61 331.00	18
6	天津	36.42	47 659.00	18
7	南宁	28.80	38 542.00	18
8	福州	36.66	49 300.00	18
9	广州	50.71	68 304.00	18
10	兰州	29.11	40 152.00	17
11	大连	33.47	47 380.00	17
12	武汉	35.19	50 362.00	17
13	重庆	27.90	40 006.00	17
14	西安	30.11	43 713.00	17
15	哈尔滨	27.17	39 791.00	16
16	南京	45.03	67 553.00	16
17	成都	31.81	48 593.00	16
18	长春	25.80	40 001.00	15
19	郑州	27.12	42 887.00	15
20	珠海	35.96	58 475.00	15
21	贵阳	23.92	40 305.00	14
22	温州	37.07	63 481.00	14
23	太原	22.15	38 329.00	14
24	昆明	27.68	48 018.00	14
25	合肥	27.52	48 283.00	14
26	石家庄	22.41	40 247.00	13
27	惠州	23.93	45 475.00	13
28	南昌	24.46	46 796.00	13
29	沈阳	24.55	47 413.00	12
30	青岛	28.77	55 905.00	12
31	济南	27.31	53 329.00	12
32	宁波	34.44	68 008.00	12
33	东莞	29.36	58 052.00	12
34	徐州	18.96	37 523.00	12
35	长沙	28.23	57 971.00	12
36	泉州	24.81	50 968.00	12
37	台州	29.74	62 598.00	11
38	佛山	27.10	57 445.00	11
39	保定	15.55	34 112.00	11
40	苏州	31.19	70 966.00	11
41	廊坊	19.20	43 700.00	11
42	金华	26.66	61 545.00	10
43	南通	22.52	52 484.00	10
44	中山	23.09	54 737.00	10
45	无锡	26.11	64 714.00	10
46	常州	24.16	60 529.00	10
47	烟台	19.68	49 434.00	10
48	嘉兴	24.93	64 124.00	9
49	绍兴	24.32	66 694.00	9

数据来源：Wind、个城市统计局

备注：排名使用的人均租住面积为20平方米

图6-5　2020年部分重点城市房租收入比

一般来说，当房租收入比低于10%，租客对房租的敏感性会下降，买房的冲动也会因此下降。

四、其他因素

以上分析都是侧重于从财务和金融的角度考虑，但实际上，由于中国独特的国情，还有一些“钱财”之外的因素也会对“租房”还是“买房”的决策产生影响，甚至是决定性的。比如：

(1) 心理感受。对于长期居住来说，住自己的房子和租别人的房子，内心的安全感、生活的幸福感、城市的归属感是不一样的。住自己的房子当然更好；租房则有漂泊感，没有归属感，不踏实；房租上涨时，会产生房东驱赶的无奈和焦虑。

(2) 恋爱。现实生活中，热恋中的年轻人要度过恋爱鹊桥，走向婚姻的殿堂，是否有自己的住房，常常会有实际影响。

(3) 教育机会。养儿育女的父母，无论本地户口还是外地户口，买房和租房对孩子接受公平优质教育的机会常常有实际的影响。“租售同权”目前还只停留在口号上，与现实生活距离还很远。

(4) 信贷机会。今天的社会财富越来越杠杆化，收入增长很难追上财富增长的速度，买房是今天城镇家庭不多的可以大额、长期、相对便宜的价格利用银行资金放大家庭财富杠杆的机会。

不过，特别要说明的是，对于初入职场的大学毕业生，我并不建议为了过早买房而掏空“六个钱包”，再背负上几十年的沉重债务，还是要量力而行。青年朋友最大的财富是对未来有梦想、有知识，有创造一切的可能性。有精气神，而绝非“六个钱包”的财富，扬长避短，前途才会与众不同。一旦过早给自己戴上过于沉重的债务枷锁，就会束缚自己的想象力、创造力和人生理想。

房价经过过去20年的大幅上涨之后，总体上来看，已经告别供不应求的阶段，进入供求平衡，甚至局部过剩的阶段，未来绝大多数城市房价将不会再有“疯涨”的现象，所以不要过于恐慌。

07 公寓、商铺和写字楼，洼地还是陷阱

“一铺养三代”这句话在房地产开发商的广告中经常看到，听起来非常激动人心，不少人在这句话的影响下前赴后继地投资购买商铺。在十几年前，同样小区的商铺价格大约要比住宅价格高一半以上，甚至还要托人找关系才能抢到；时至今日，在一些一、二线城市，同一小区的商铺价格已经和住宅价格区别不大。

在2010年之前，大城市里对公寓和住宅似乎区分并不大，因为都是用来住的，而且公寓位置好、面积小、总价低、管理更加专业精细，在特定人群中还有一些优势。后来针对住宅的房地产限购政策陆续出台，一时间由于能够“躲过”限购政策，公寓一度异常火爆，价格甚至高于同位置的住宅不少。再后来，公寓在北京这样的城市也被列入了限购、限售的行列，价格立即雪崩。当前在北京，整体来看公寓的价格普遍比同位置住宅的价格低了不少。

除此之外，部分中产家庭在尝到了住宅投资的甜头后，由于限购政策不能再购买住宅，开始跟风转向写字楼市场。

价格优势凸显的商铺、写字楼和公寓市场，到底是一个价值洼地，还是投资陷阱呢？本节将用翔实的数据和严密的逻辑分析这一问题。

一、价格走势的差异

我们通常谈到的商品房主要包括商品住宅、公寓别墅、商业用房、写字楼这四类，其中商业用房就包括商铺、超市、百货大楼等不同细分方向。所有房产的投资回报包括两部分：租金和价差。房价几乎是投资回报率最重要的参考，讨论不同类型房子的投资前景的时候，有必要首先看一下这些年全国范围内不同类型房子的价格走势，这会给我们带来重要的启发。到底能不能投资、该投资什么，价格信号基本上已经可以给出清晰的判断。

(一) 全国范围内不同类型商品房价格走势

我们先看一下全国新建商品住宅的价格走势。根据国家统计局数据，2000年，全国新建商品住宅平均价格1948元/平方米，2010年平均价格4725元/平方米， 到2021年底平均价格已经达到10678元/平方米。2000—2021年这21年时间，全国新建商品住宅价格上涨了448%，其中2000—2010年，这10年累计上涨了143%；2010—2021年这11年累计上涨了126%。这两个阶段虽然经济、政策发生了很大的变化，但全国平均新建商品住宅价格的涨幅差别却并不大。全国新建住宅平均价格走势，如图7-1所示。

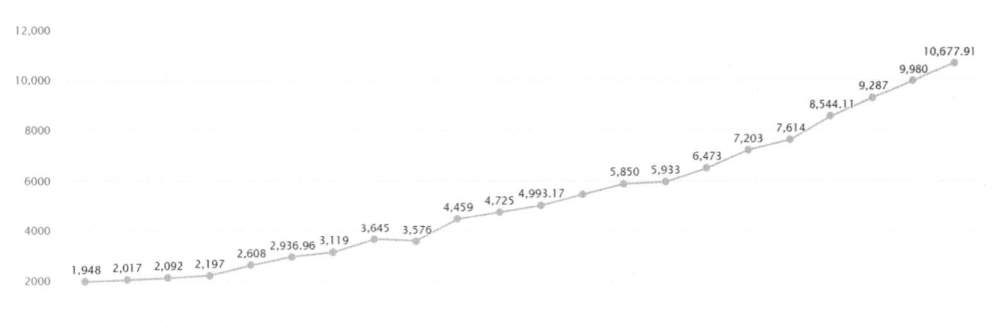

图7-1 全国新建住宅平均价格走势(单位：元/平方米)

数据来源：国家统计局、前瞻数据库

在使用功能上，别墅公寓和住宅是类似的，我们来看一下国家统计局关于全国新建别墅公寓价格的走势。

2000年，全国新建别墅高档公寓平均价格4288元/平方米，2010年平均价格10 934元/平方米；2021年，平均价格19 879元/平方米。如果折算成价格的涨幅，2000—2021年这21年时间，全国别墅高档公寓价格累计上涨了364%，其中，2000—2010年这10年累计上涨了155%，2010—2021年这11年累计上涨了82%。全国别墅高档公寓平均价格走势，如图7-2所示。

商铺属于商业营业用房，除了商铺之外，商业营业用房还包括百货大楼和超市等卖场类型的房产，只是针对的消费对象不同。最近10年，这些线下卖场最大的对手不是房东，也不是客户，而是互联网电商平台。2020年以来，线下卖场多了一个新的敌人——新冠肺炎疫情。

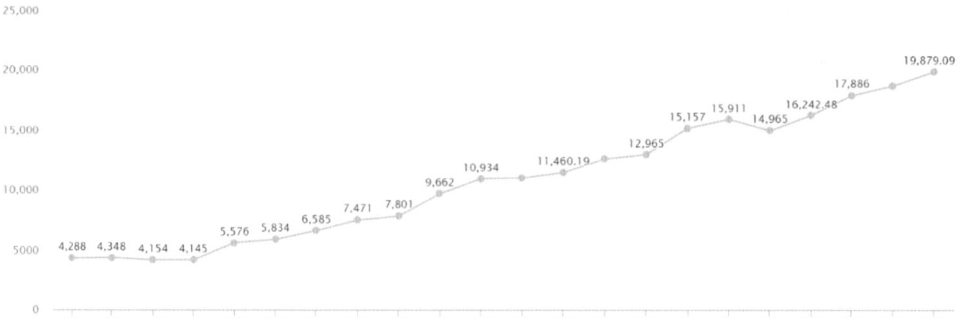

图7-2　全国别墅高档公寓平均价格走势(单位：元/平方米)

数据来源：国家统计局、前瞻数据库

2021年，全国商业营业用房平均价格10 646元/平方米；2010年的平均价格7747元/平方米；2000年的平均价格3260元/平方米。2000—2021年这21年时间，全国商业营业用房累计上涨了227%，其中，2000—2010年这10年累计上涨了138%，2010—2021年这11年累计上涨了37%。全国商业营业用房平均价格走势，如图7-3所示。

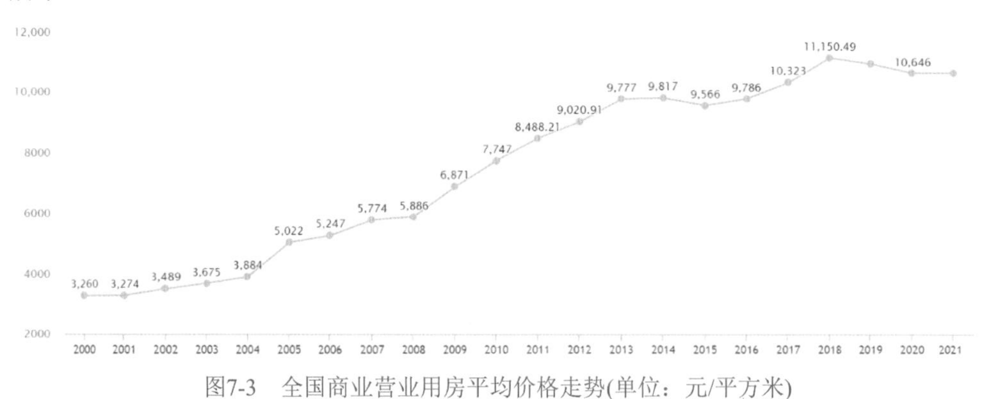

图7-3　全国商业营业用房平均价格走势(单位：元/平方米)

数据来源：国家统计局、前瞻数据库

写字楼的主要销售对象是企事业等法人单位，但城市里也有一些面向个人分割出售的写字楼物业，有一些中产家庭看上了持有写字楼既可出租，也可出售的前景，常常会动心。

2000年，全国写字楼平均价格4751元/平方米；2010年的平均价格11 406元/平方米；2021年，平均价格15 463元/平方米。2000—2021年，全国写字楼价格累计上涨了225%，其中，2000—2010年这10年累计上涨了140%，2010—2021年这11年累计上涨了36%。全国写字楼平均价格走势，如图7-4所示。

图7-4　全国写字楼平均价格走势(单位：元/平方米)

数据来源：国家统计局、前瞻数据库

通过以上全国范围内不同类型商品房的销售价格对比，其销售价格整体上呈现以下规律：

(1) 2000年到2021年，商品住宅的价格涨幅最大(448%)，其次是别墅公寓(336%)；营业用房的商铺(227%)、写字楼(225%)明显落后，但这两者基本上一致。

(2) 2000—2010年，住宅、公寓、商铺、写字楼这四种不同类型的房产的价格分别上涨143%、155%、138%和140%，基本上没有差别。说明在那个年代，人们对这四类房产没有形成差别化的认知，对它们具有同样的价格预期。

(3) 2010—2021年，四类不同用途的房产价格走势发生了明显的分化。住宅价格涨幅126%，公寓价格涨幅82%，商铺价格涨幅37%，写字楼价格涨幅36%。单纯用于“居住”的住宅价格最强势，缺乏社会福利属性的公寓涨幅慢了下来，完全用于商业出租的商铺和写字楼价格走势一样，但相比“居住”用途的住宅和公寓明显皮软。

(4) 2000年，平均价格从高到低的顺序是写字楼4751元/平方米，公寓4288元/平方米，商铺3260元/平方米，住宅1948元/平方米；到2021年，平均价格的顺序大体是：公寓19 879元/平方米，写字楼15 463元/平方米，住宅10 678元/平方米，商铺10 646元/平方米。

(二) 一、二线城市不同类型房产价格走势

由于房子是不动产，无论是住宅、写字楼还是商铺，全国不同城市的差异都是比较大的，我们进一步看看一、二线城市不同类型房地产的价格走势差异。

1. 一线城市不同房产价格走势

首先，我们看一下从2000年开始一线城市新建商品住宅平均价格走势，如图7-5所示。

图7-5　一线城市新建商品住宅平均价格走势(单位：元/平方米)

数据来源：东方Choice

2000年2月，一线城市商品住宅平均价格4300元/平方米，2010年2月，一线城市商品住宅平均价格15 452元/平方米，2021年2月，一线城市商品住宅平均价格46 910元/平方米。2000/02—2021/02，一线城市商品住宅价格累计上涨了991%，其中2000/02—2010/02这10年累计上涨了259%，2010/02—2021/02这11年累计上涨了204%。

下面我们看一下从2000年开始一线城市新建写字楼平均价格走势，如图7-6所示。

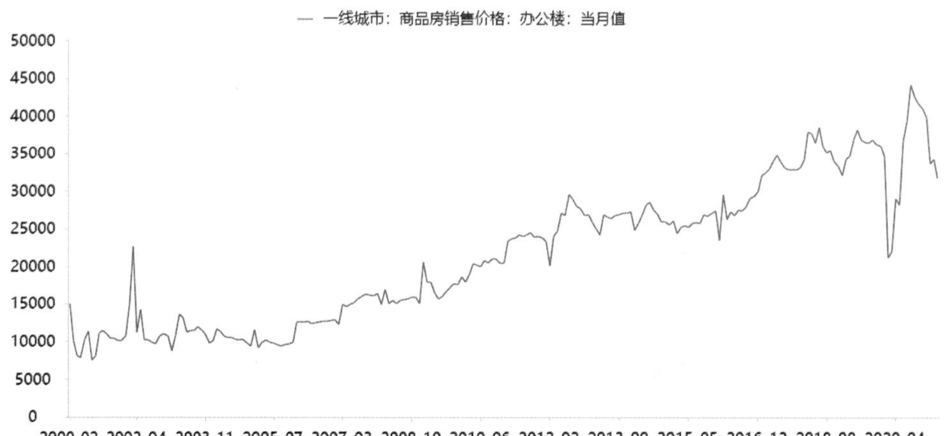

图7-6　一线城市新建写字楼平均价格走势(单位：元/平方米)

数据来源：东方Choice

2000年2月，一线城市写字楼平均价格15 079元/平方米，2010年2月，一线城市写字楼平均价格17 948元/平方米；2022年2月，一线城市写字楼平均价格33 670元/平方米。2000/02—2021/02，一线城市写字楼价格累计上涨了123%，其中2000/02—2010/02这10年累计上涨了19%，2010/02—2021/02这11年累计上涨了88%。

下边我们看一下从2000年开始一线城市新建商业营业地产平均价格走势，如图7-7所示。

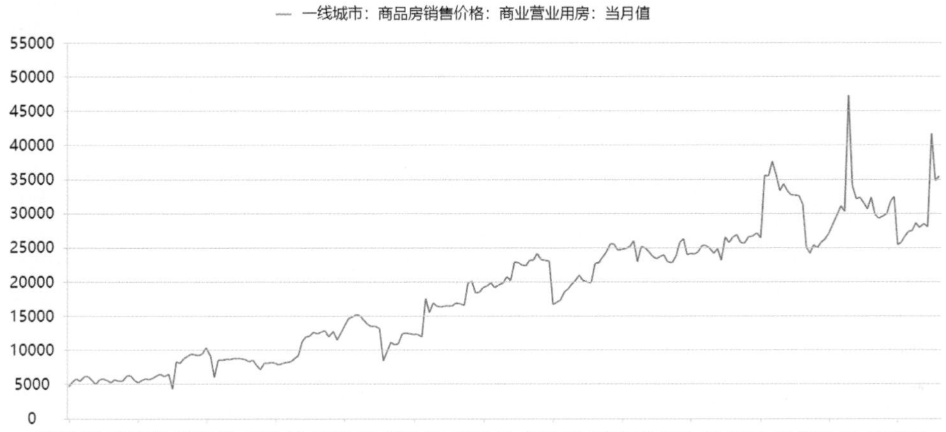

图7-7 一线城市新建商业营业地产平均价格走势(单位：元/平方米)

数据来源：东方Choice

2000年2月，一线城市商业营业性用地产平均价格4667元/平方米；2010年2月，一线城市商业营业性地产平均价格19 858元/平方米；2021年2月，一线城市商业营业性地产平均价格41 721元/平方米。2000/02—2021/02，一线城市商业营业性地产价格累计上涨了794%，其中2000/02—2010/02这10年累计上涨了326%，2010/02—2021/02这11年累计上涨了110%。

从以上一线城市不同类型房产的价格走势可以看到，在2000年，起点价格最高的是写字楼(15 079元/平方米)，最低的是商业住宅(4300元/平方米)；2010年之前，最火的是商铺，那也是“一铺养三代”口号最盛行的年代，城市中心最好的位置一铺难求，这期间商铺的价格涨幅(326%)遥遥领先，甚至超过了商品住宅的涨幅(259%)，写字楼几乎没有上涨(19%)；到2010年，商铺(19 858元/平方米)超越写字楼(17 948元/平方米)成为价格最高的地产，住宅的价格(15 452元/平方米)仍不到写字楼的一半。

从2010年开始，商业住宅表现出强劲的势头，截至2021年2月，一线城市住宅的价格涨幅(204%)遥遥领先，商铺(110%)次之，写字楼(88%)仍然没有翻身。住宅表现得最为坚挺，最近5年，写字楼和商铺的价格都已经失去了成长性。

到2021年2月，在一线城市，住宅(46 910元/平方米)成为价格最高的房产，写字楼(33 670元/平方米)成为价格最低的房产，商铺(41 721元/平方米)居中，恐怕这样的走势是2000年的时候谁也想不到的。2000/02—2021/02，住宅的价格涨幅最大(991%)，商铺(794%)次之，写字楼(123%)最小。

2. 二线城市不同房产价格走势

一线城市只有北京、上海、广州、深圳四个城市，从全国来看属于房地产的头部资产。相比来看，二线城市数量更多、分布更广，和大多数投资者的关系更密切。

二线城市包括四个一线城市之外的直辖市、省会城市、计划单列市。下面我们看一下全国二线城市不同类型地产的价格走势。二线城市新建商业住宅平均价格走势，如图7-8所示。

图7-8　二线城市新建商业住宅平均价格走势(单位：元/平方米)

数据来源：东方Choice

2000年2月，二线城市商品住宅平均价格1251元/平方米，2010年2月，二线城市写字楼平均价格6317元/平方米；2021年2月，二线城市商品住宅平均价格15 002元/平方米。2000/02—2021/02，二线城市商品住宅价格累计上涨了1100%，其中2000/02—2010/02这10年累计上涨了405%，2010/02—2021/02这11年累计上涨了137%。从2000年2月到2021年2月，二线城市的房价涨幅甚至高于一线城市，这主要与二线城市2000年时起点较低有关系。但整体来看，二线城市的住宅价格涨幅巨大。

下边我们看一下二线城市写字楼的价格走势，如图7-9所示。

图7-9　二线城市写字楼平均价格走势(单位：元/平方米)

数据来源：东方Choice

2000年2月，二线城市写字楼平均价格4422元/平方米，2010年2月，二线城市写字楼平均价格8387元/平方米；2021年2月，二线城市写字楼平均价格15 304元/平方米。2000/02—2021/02，二线城市写字楼价格累计上涨了246%，其中，2000/02—2010/02这10年累计上涨了90%，2010/02—2021/02这11年累计上涨了83%。

我们再看一下二线城市以商铺为代表的商业营业性房产的价格走势，如图7-10所示。

图7-10　二线城市商业营业性房产平均价格走势(单位：元/平方米)

数据来源：东方Choice

2000年2月，二线城市商业营业性房产平均价格4428元/平方米；2010年2月，二线城市商业营业性房产平均价格8924元/平方米；2021年2月，二线城市商业营业性房产平均价格12 368元/平方米。2000/02—2021/02，二线城市商业营业性房产价格累计上涨了179%，其中2000/02—2010/02这10年累计上涨了102%，2010/02—2021/02这11年累计上涨了38%。

2000年，二线城市的商铺价格起点(4428元/平方米)略高于写字楼(4422元/平方米)，其在二线城市的几类房产中价格最高，和一线城市的商铺价格(4667元/平方米)区别不大；2010年之前，涨幅最大的是商品住宅(405%)，这个涨幅超过了一线城市的住宅涨幅(259%)，这个阶段商铺和写字楼的涨幅大体相当，分别为90%、102%。

2010/02—2021/02这段时间，二线城市涨幅最大的仍是住宅，累计涨幅137%，写字楼次之(83%)，商铺最差(38%)。从图7-9、图7-10中2013年以来的走势看，二线城市的商铺和写字楼价格几乎没有成长性，但住宅价格仍然在上涨的周期里。

2021年2月，二线城市房价最高的是写字楼(15 304元/平方米)，新建商品住宅(15 002元/平方米)次之，商铺(12 368元/平方米)价格最低。2000年2月—2021年2月，涨幅最大的是商品住宅(1100%)，其次是写字楼(246%)，最后是商铺(179%)。二线城市的商铺、写字楼的回报率表现排序和一线城市并不一样。

虽然一、二线城市住宅、写字楼和商铺的价格水平、阶段涨幅区别较大，不同类型的房产之间区别也较大，但是仍能看出一些规律：

一、二线城市的商品住宅价格涨幅有差异，但从趋势看仍然都在上涨的周期里；

一、二线城市的商铺、写字楼价格已经缺乏明显的成长性，尤其是2017年以来最近的5年，几乎都没有上涨。

二、租金回报率的差异

投资不同类型的房产，除了价格的成长性之外，租金和空置率也是另外一个因素，尤其是商铺、写字楼等经营出租类商业地产更是看重租金和空置率的指标。现实中，租金和空置率是给商铺、写字楼定价最重要的依据。下面我们分别看一下一、二线代表性城市商铺、写字楼的租金、空置率和供应量的走势。

(一) 写字楼市场租金和空置率

1. 一线城市租金和空置率

我们以北京市为例看一下一线城市写字楼租金和空置率走势，基本上这代表了一线城市写字楼的基本趋势。北京市优质写字楼租金走势，如图7-11所示；北京市优质写字楼空置率走势，如图7-12所示；北京市优质写字楼新增供应量，如图7-13所示。

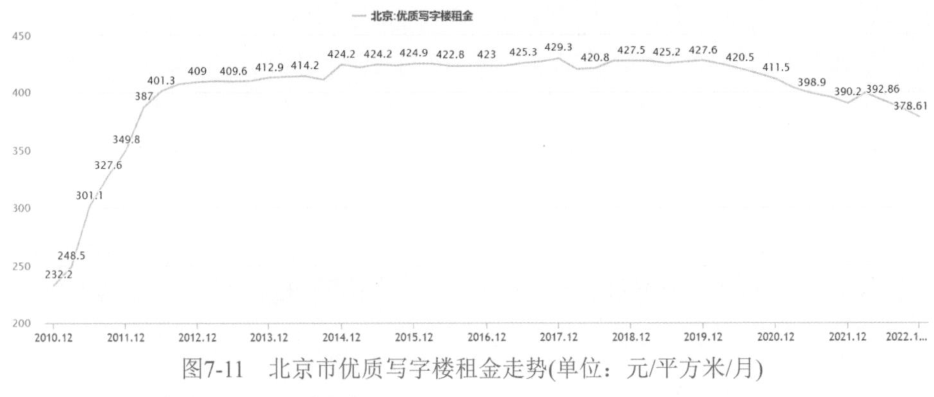

图7-11 北京市优质写字楼租金走势(单位：元/平方米/月)

数据来源：世邦魏理仕、前瞻数据库

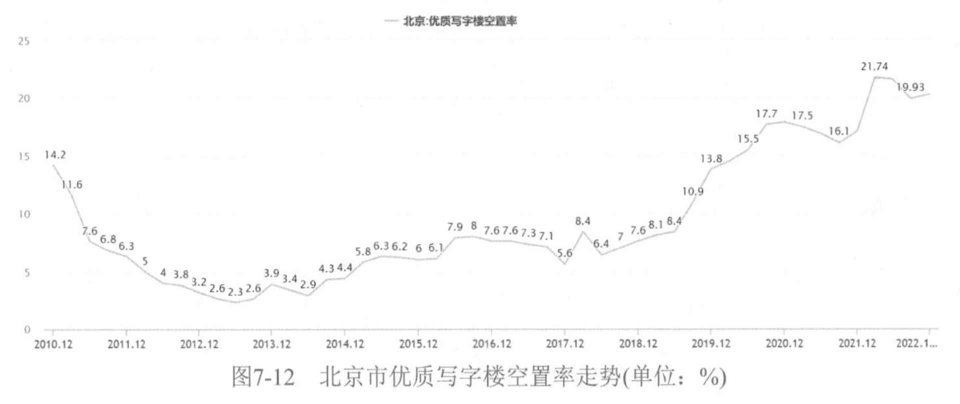

图7-12 北京市优质写字楼空置率走势(单位：%)

数据来源：世邦魏理仕、前瞻数据库

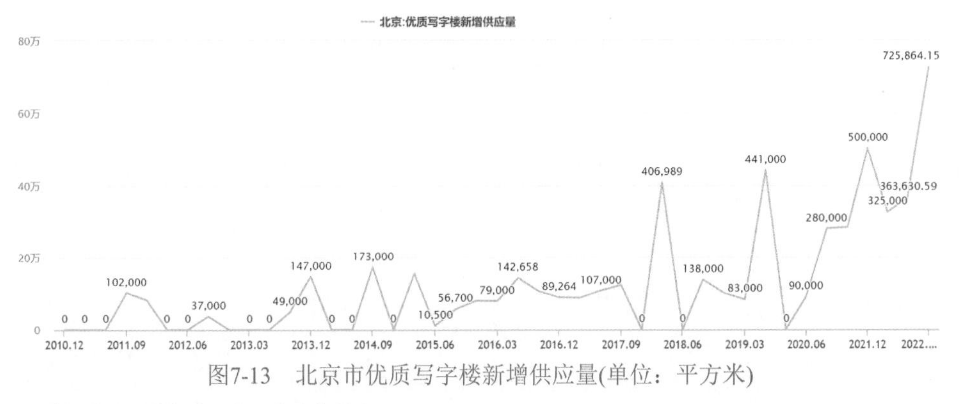

图7-13 北京市优质写字楼新增供应量(单位：平方米)

数据来源：世邦魏理仕、前瞻数据库

从图7-11～图7-13可以看到，2012年以来，北京市优质写字楼的租金价格已经10年没有上涨，甚至从2020年新冠肺炎疫情以来，租金价格还出现了超过10%的下跌趋势。相应地，2012年以来，北京市写字楼的空置率呈现上升趋势，尤其是2018

年以来，空置率不断攀升，从7%左右上升到了2022年初的20%左右。租金下跌、空置率攀升与2018年以来的经济形势有关，但最主要的原因还是从2018年开始，优质写字楼的新增供应呈现了爆发性的增长。我们知道，从2017年二季度开始，北京市实行了针对住宅市场的“历史上最严厉的调控政策”，在这种政策的挤压下，房地产开发企业把重兵部署在了不受限购、限售等政策影响的写字楼市场，随着供应量的增加，又于2020年初遇到了突如其来的新冠肺炎疫情危机，导致企业经营环境变坏，共同造成了写字楼空置率上升、租金下降。预计在未来两年，北京市的写字楼价格仍然面临持续调整压力。

2. 二线城市租金和空置率

下面我们以杭州市为例看一下二线城市写字楼的租金、空置率和供应量走势。杭州市优质写字楼租金走势，如图7-14所示；杭州市优质写字楼空置率走势，如图7-15所示。杭州市优质写字楼新增供应量，如图7-16所示。

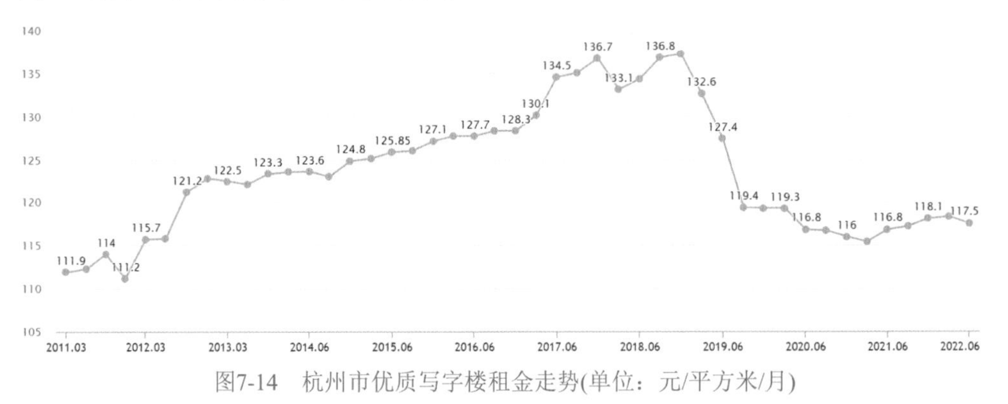

图7-14　杭州市优质写字楼租金走势(单位：元/平方米/月)

数据来源：世邦魏理仕、前瞻数据库

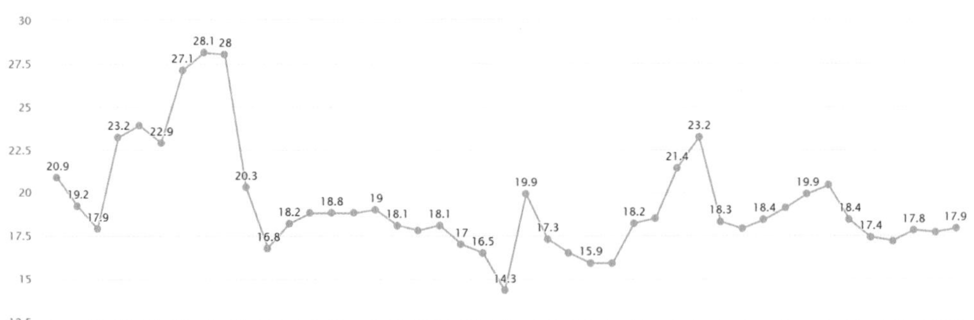

图7-15　杭州市优质写字楼空置率走势(单位：%)

数据来源：世邦魏理仕、前瞻数据库

图7-16　杭州市优质写字楼新增供应量(单位：平方米)

数据来源：世邦魏理仕、前瞻数据库

从图7-14～图7-16可以看到，截至2018年底，杭州市优质写字楼的租金水平是持续上涨的；2019年以来，杭州市优质写字楼的租金呈现了断崖式下跌，截至2022年初已经跌到了2010年的水平。杭州市优质写字楼最近10年的空置率始终保持在接近20%的水平。2018年中美贸易摩擦加剧，经济增速开始持续回落；2020年突如其来的新冠肺炎疫情危机直至2022年4月仍然没有结束，这些都给微观企业的经营带来了持续的负面影响。2018年以来，杭州市写字楼市场的新增供应量也开始明显增加。经济形势转差，供应量增加，导致租金水平呈现了2019年以来的断崖式下降。从以上租金水平的变化可以预计杭州市写字楼的价格未来几年有明显下跌的压力。

(二) 商铺市场租金和空置率

1. 一线城市租金和空置率

我们仍以北京市为例看看一线城市商铺租金、空置率和新增供应量的走势变化。北京市优质零售物业首层租金，如图7-17所示；北京市优质零售物业空置率，如图7-18所示；北京市优质零售物业新增供应量，如图7-19所示。

图7-17　北京市优质零售物业首层租金(单位：元/平方米/月)

数据来源：世邦魏理仕、前瞻数据库

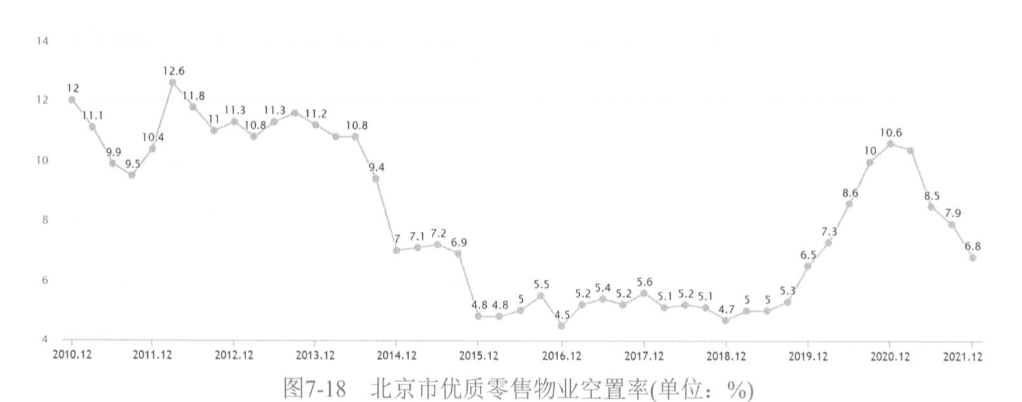

图7-18　北京市优质零售物业空置率(单位：%)

数据来源：世邦魏理仕、前瞻数据库

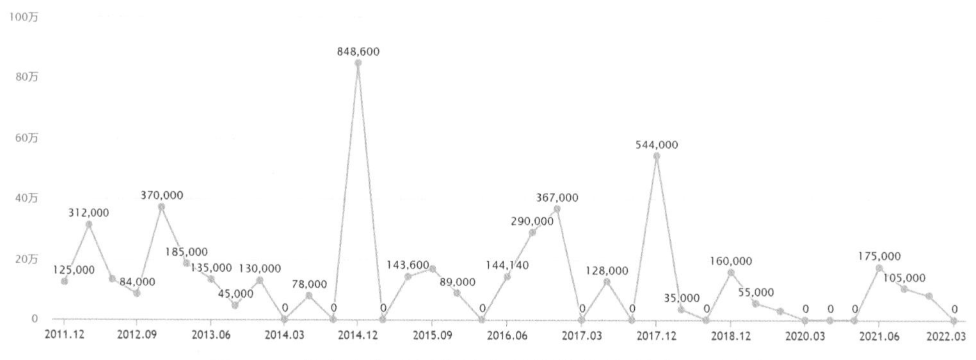

图7-19　北京市优质零售物业新增供应量(单位：平方米)

数据来源：世邦魏理仕、前瞻数据库

从图7-17～图7-19可以看到，一线城市以北京为例，零售物业的租金在2014年之前是持续上升的，但2014年开始出现了20%的大幅下降。2014年阿里巴巴在美国上市，开启中国互联网电商突飞猛进的元年，从供应量也可以看到，2014年北京市优质零售物业供应量突然出现了近乎10倍的上涨，这两件事情是压垮租金最重要的稻草。

2014年以来至2022年初，这8年时间北京市零售物业的租金没有上涨，但不幸的是2020年新冠肺炎疫情以来，北京市优质零售物业的空置率出现了明显攀升。预计空置率将在较长时期保持在高位，甚至不排除继续攀升的可能性。

2. 二线城市租金和空置率

我们仍然以杭州市为例看一下二线城市商铺租金、空置率和新增供应量的走势。杭州市优质零售物业首层租金，如图7-20所示；杭州市优质零售物业空置率，如图7-21所示；杭州市优质零售物业新增供应量，如图7-22所示。

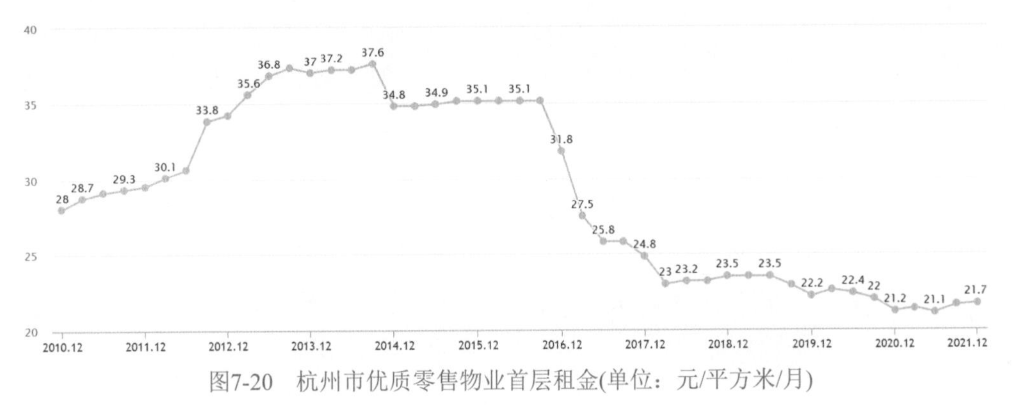

图7-20 杭州市优质零售物业首层租金(单位：元/平方米/月)

数据来源：世邦魏理仕、前瞻数据库

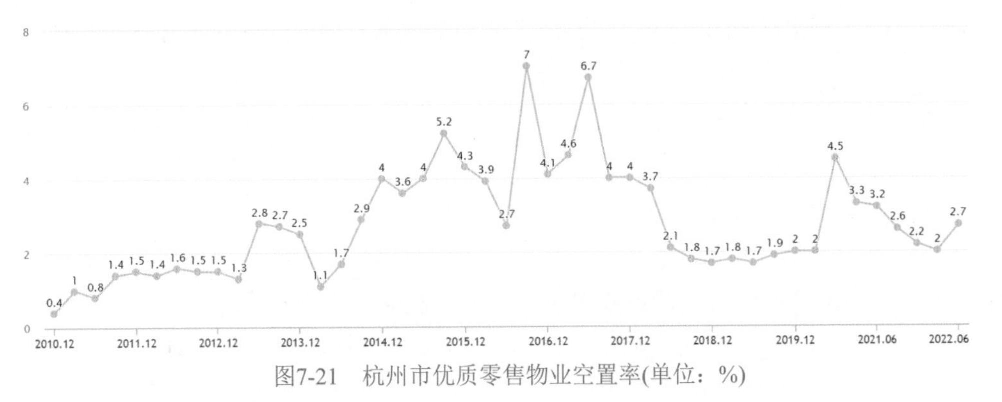

图7-21 杭州市优质零售物业空置率(单位：%)

数据来源：世邦魏理仕、前瞻数据库

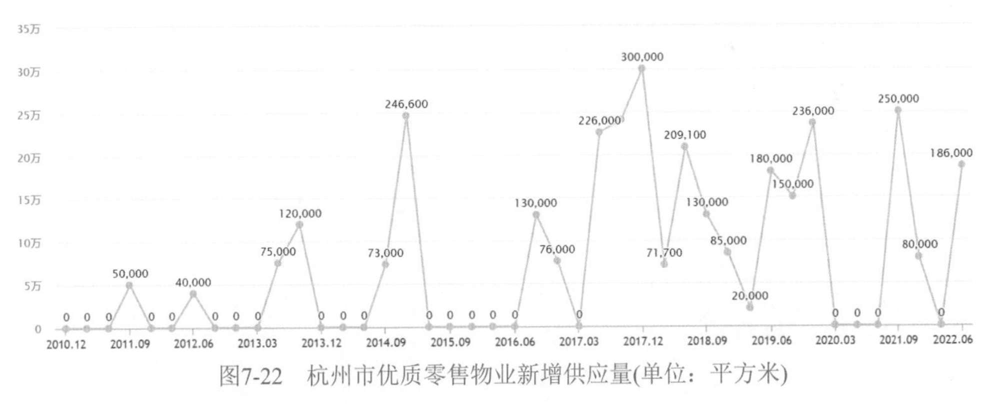

图7-22 杭州市优质零售物业新增供应量(单位：平方米)

数据来源：世邦魏理仕、前瞻数据库

杭州作为“互联网电商之都”，目前已形成了最庞大的互联网电商业务生态系统。以2014年阿里巴巴在美国上市为标志，杭州优质零售物业的租金开启了一路下跌模式，再加上2017年之后优质零售物业新增供应量大幅增加，以及2020年开始的新冠肺炎疫情危机影响，截至2022年4月，杭州市优质零售物业的租金水平已经比高点的2013年下跌了46%，甚至比2010年底还低了27%。最近5年来购买商铺的投资者会面临很大的压力。

2022年4月6日，就在我写这篇内容的时候，手机弹出了一则《北京日报》的新闻报道，标题是“昔日亚洲最大超市家乐福中关村广场店落幕，传统大卖场如何突围？”，部分内容如下：

“3月31日，随着中关村广场内的家乐福结束营业，整个大卖场沉寂下来，宣告这家曾经的亚洲旗舰店退场。当天，山东最后一家沃尔玛超市也停止营业。据不完全统计，2021年以来，国内13家超市企业已关闭100多家门店。多年前，超市大卖场凭借‘一站式购齐’的魅力吸引着广大顾客，但随着电商崛起，这种优势消失殆尽，反而因偌大的卖场空间承担着更高的经营成本。面对新的市场环境，超市大卖场纷纷‘断臂求生’，寻找突围之路。

“根据中国连锁协会发布的数据，2016年家乐福在中国的门店数量为319家，但到2020年缩减为228家。苏宁易购今年2月回复深圳证券交易所关注函的公告显示，家乐福中国仅在2021年下半年就关闭了7家大卖场，2021年家乐福中国总体营业收入同比下降超过10%。公告解释称，家乐福中国的主营业务受到了社区团购低价扩张、食品CPI持续走低、消费放缓、疫情反复等诸多不利因素影响。今年开年以来，家乐福已一口气关闭了广州万国店、南昌上海路店、重庆沙坪坝店、北京中关村店4家门店。其中，南昌上海路店是家乐福在南昌市场的最后一家店，而广州万国店是其在广州开设的第一家店。

“据赢商网统计，2021年上半年，13家超市上市企业中仅2家净利、营收双增长，11家净利润下滑，下半年这一颓势也未能扭转，全年业绩不容乐观。这13家超市企业2021年全年关闭门店超100家。”

以上这则报道很生动地诠释了为什么商铺、零售卖场对大众投资者来说是一个投资陷阱，而并非价值洼地，“一铺养三代”的时代已经过去了。

三、流动性陷阱

以上用翔实的数据回答了无论是价格上涨的投资回报还是租金收益，写字楼和商铺都已经不具备投资价值，在这方面公寓的表现相对要好很多，当然最出色的是住宅。

除了以上这些“投资回报率”的因素之外，流动性风险也是需要考虑的。我们都知道，今天购买住宅，无论新房还是二手房，都可以从银行那里获得按揭支持，首付款比例也相对比较低，但是在购买公寓等“商业”地产的时候，不少城市很难获得银行按揭支持，商铺、写字楼更是难以获得信贷支持，这就无形中为未来房产的交易设置了一个更高的壁垒。从这方面说，公寓、写字楼、商铺的流动性比住宅要差很多。

另外，无论购买新房还是二手房，公寓、商铺和写字楼的交易税费、佣金都要更高一点，相对来说，住宅一般都会有不同程度的减免。

还有，持有环节的房地产税费和物业费对比，公寓、商铺、写字楼要比住宅高不少，截至目前，住宅还没有征收房地产税费。

最后，和住宅相比，公寓的容积率一般更高、采光通风条件一般比住宅要差一些；在实际的居住环境中，公寓通常都有对外租赁办公或者经营用途，居住的私密性比住宅要差一些。所以，讲究居住品质的家庭一般都不愿意购买公寓居住，这也是一个重要的原因。

当然如果非要在以上住宅以外的房产类型中做一个选择，似乎公寓会比商铺和写字楼更优质，毕竟公寓在未来的居住特征和住宅市场是最接近的，是具有功能替代性的，尤其是在一、二线大城市的核心区。

08 哪些城市的房子是未来的优质资产

从居住的角度讲，房子是家庭幸福的土壤，只要方便工作、学习、生活就是好房子。对房子的评价是因人而异的，没有绝对的标准。从投资的角度看房子，则会很不同，这是因为房子这种商品具有与众不同的独特性。

第一，房子既具有居住功能的消费品属性，又具有投资功能的金融属性。在市场经济里，无论执行什么样的房地产政策，如新加坡的保障房普及化制度设计，德国抑制投资和投机的房地产制度设计，英联邦国家历来重视房地产的制度环境，美国崇尚资本市场和创新的制度环境，无一例外，长周期里，拥有产权的商品房价格都表现出了明显的金融属性。今天，在“房住不炒”的宏观调控思路下，房地产的属性并没有变化。

第二，房子是不动产，每套房子都是独一无二的。由于房子不可以移动，不同国家、不同城市，甚至一个城市的不同位置的房价都常常呈现天壤之别。这个差别不可以简单用“成本”来分析，因为盖房子的劳动力和原材料都是可以流通的，这些成本差异不大，但土地和房子的不可移动性决定了每套房子都是与众不同的。

房产投资，是发现不可移动的“位置”在未来的溢价。宏观上要看国运，中观上投资的是一个城市的未来，微观上购买的是城市不同位置风景的品质和稀缺性。城市的选择是第一位的，然后是具体的位置。

本节我们就来聚焦讨论哪些城市的房子是未来的优质资产。

一、城市的差异

也许您会有疑问，今天高铁四通八达、移动信息分秒通天下，城市管理部门机构设置几近趋同，城市选择对房产投资有那么重要吗？是的，这是因为城市之间是有差异的，城市之间存在着竞争，从某种程度上说，高铁、网络、政策非但没有拉近城市的距离，反而拉大了城市的差距，日积月累，这些差距就会反映在城市的发展水平和房价上。

(一) 城市政治地位的差异

在中国做投资、看大势，是要讲政治的，中国的城市政治地位是有差异的，而且是被法律和规范确定的。中国大陆城市的行政级别划分，如图8-1所示。

图8-1 中国内地城市的行政级别划分

直辖市与省、自治区、特别行政区相同，都是由中央人民政府直接管辖的省级行政区域，中国目前有北京、天津、上海、重庆4个直辖市。由于直辖市在战略、政治、经济、文化、交通、科技方面的重要地位，直辖市在城市管理方面的行政资源优势是其他城市无可比拟的。

副省级城市包括10个省会城市和5个计划单列市，分别是哈尔滨、长春、沈阳、济南、西安、南京、杭州、武汉、成都、广州和大连、青岛、宁波、厦门、深圳。其中副省级省会城市通常都是省域的行政、经济、科技、教育、交通等中心城市，副省级计划单列市通常承担对外开放的独特使命，也是国家改革先行先试的试验区。副省级省会城市由省级人民政府直接管辖，城市的发展规划、经济指标、财政收支等都需要由省级人民政府统筹规划；副省级计划单列市有省级部门的经济管理权限，在经济发展规划和指标设定等方面直接接受国务院各部委的统筹规划，财政收支直接对接中央财政部门，大多无须向省级财政上缴。副省级城市的党委书记都是省级人民政府的党委常委，其他政府、人大、政协的正职负责人都是副省级领导，这些职务的选拔、考核、任命都由中央组织部门直接负责。副省级城市有一定的立法权，这是和地级市的最大区别。

省会城市通常是一个省、自治区的行政、经济、教育、科技、文化、交通等中心城市。一般来说，省级部门的党委、政府、人大、政协、公检法等行政机关，省级科研院所，省属重点大学、优质示范高中，省级博物馆、文化馆、科技馆，省级区域航空、铁路、公路枢纽都设置在省会城市。省会城市的党委书记一般都在省委常委任要职，便于参与全省的战略决策，同时有助于协调省级部门在政策、资源等方面向省会城市倾斜。这是省会城市和普通地级市的最大区别。

地级城市在中国的城市中占比最大、分布最广，通常每个省、自治区都下辖一二十个地级城市，地级城市通常下辖若干县、县级市和市辖区。地级城市的党委、政府、人大、政协等部门主要负责人由省级组织部门选拔、考核和任命。地市级政府没有立法权，需要执行省级人大和政府颁布的相关地方法律、法规。地级市的发展规划、经济考核、发展指标、财政收入都需要省级人民政府审核和再分配。通常，与副省级城市相比，地级城市财政收入留存的比例和权限少了不少。

副地级城市是由县级城市扩权而来，通常不设市辖区，也不下辖县级行政区，行政级别比地级城市低了半格，但比县级城市高了半格，直接向省委省政府相关部门汇报。副地级城市在中国的数量并不多，规模、人口、面积等和县级城市更加接近，主要的区别就是行政职级待遇方面略微高一点，甚至还会有正地厅级官员兼任党委负责人，另外不需要像县级城市那样向地市级部门汇报工作。

县级城市是目前中国行政规划中级别最低的城市行政单位，县级城市通常是随着城镇化的发展，由县区划调整后转变身份而来。县级城市和县的最主要区别有两个，分别是工作重心和汇报对象：前者的工作重心在城市建设，兼顾乡村发展；后者的工作重心在农村，兼顾城镇建设；前者由省级政府直管，地市级政府代管，向省、市两级政府汇报工作；后者直接向地市级政府汇报，个别省直管县例外。

行政地位的不同意味着不同城市决策部门的权力差异，可以调动的政策和资源差异，这些都会深刻影响一个城市的长期发展前景。

（二）城市战略地位的差异

2007年，由建设部(现住房和城乡建设部)上报国务院的《全国城镇体系规划(2006—2020年)》指出："国家中心城市是全国城镇体系的核心城市，在我国的金融、管理、文化和交通等方面都发挥着重要的中心和枢纽作用，在推动国际经济发展和文化交流方面也发挥着重要的门户作用。""国家中心城市应当具有全国范围的中心性和一定区域的国际性两大基本特征。"根据中华人民共和国国家发展和改革委员会的定义，国家中心城市是指居于国家战略要津、肩负国家使命、引领区域发展、参与国际竞争、代表国家形象的现代化大都市。国家中心城市是在直辖市和省会城市层级之上出现的新的"塔尖"，集中了中国和中国城市在空间、人口、资源和政策上的主要优势。

2010年2月，住房和城乡建设部发布的《全国城镇体系规划(2010—2020年)》明确提出国家五大中心城市(北京、天津、上海、广州、重庆)的规划和定位；2016年5月至2018年2月，国家发展和改革委员会及住房和城乡建设部先后发函支持成都、武汉、郑州、西安建设国家中心城市。

除了国家中心城市之外，省会城市和计划单列市也在事实上成为省域的行政、经济、文化、教育、科技等中心城市。无论经济还是人口首位度指标大多都在明显提高。在此前的研究中，我发现绝大多数省会城市的人口数量、经济规模、人均GDP、人均可支配收入等重要指标都在全省处于领先位置。

其实，在各省的“中心城市”之外，不少省还会确定省域的“副中心”城市，每个省都会集中资源发展省会中心城市和副中心城市，在这样的城市发展思路下，未来这些城市和省域其他城市的比较优势会越来越大。

城市战略地位的差异会带来政策、项目、资金、基础设施建设等方面实实在在的差别，时间长了，城市之间的分化就变大了。

(三) 城市地理位置的天然差异

中国幅员辽阔，根据地理位置特征，城市可以有几种划分，如沿海城市、内陆城市、边疆城市，再如北方城市、南方城市、中西部城市、东部城市等。地理位置对城市的影响是长期的。

内陆城市面向国内市场腹地，有国内铁路、公路、航空等交通方面的便利，人们安居乐业，思想相对比较保守，同时在对外开放方面缺乏海运的物流便利条件，发展外向型经济相对受限。

边疆城市有陆路对外开放的地理条件，但陆路相邻的国家之间对陆路边疆安全的设防是几百年，甚至更长时期沉淀的意识，在国家发展方面，一般在陆路边疆城市投入的资源也相对有限。从交通上来看，大多边疆城市都处于国家交通物流体系的末端，交通条件相对受限。

今天，全球经济发达的城市多数都是沿海城市，包括上海、深圳、香港、雅加达、曼谷、东京、横滨、大阪、神户、釜山、孟买、迪拜、特拉维夫、悉尼、墨尔本、多伦多、温哥华、纽约、洛杉矶、旧金山、西雅图、里约热内卢、开普敦、圣彼得堡、汉堡、鹿特丹、斯德哥尔摩、利物浦、尼斯、里斯本、摩纳哥、威尼斯、巴塞罗那、伊斯坦布尔等，这符合经济规律长期竞争的结果。

国家在对外开放的发展方针的指导下，在沿海城市也有侧重的政策落地，鼓励发展外向型经济，沿海城市会更多地在发展方面看到对外开放、连接世界所带来的无限机遇。从北往南比较重要的沿海城市有大连、青岛、烟台、秦皇岛、威海、唐山、天津、连云港、上海、南通、嘉兴、杭州、宁波、温州、福州、厦门、泉州、湛江、惠州、深圳、广州、珠海、北海、三亚、海口等，它们都是对外开放的模范城市，在对外贸易、吸引外来投资、引进先进技术等方面都是引领者。

(四) 城市起点的差异

“起点”包含很多内容，如经济结构、经济规模、经济竞争力、人口素质、人口规模、人口结构、财政能力、人均工资水平、基础教育质量、科技环境、交通基础设施等。

在很多人的朴素认知里，“起点”低的城市具有后发优势，可以模仿学习“发达”城市快速发展起来，这样的理论在同样制度的国家是失灵的。现实情况是，越是发达的城市，越是具有主动求变的物质基础和政策优势；越是落后的城市，任何改革都步履维艰。

近年来，北京、上海、杭州、深圳、武汉等这些发达大城市的变化要明显超过一些小城市的变化。支撑小城市购买力的主要是公务员、教师、医生等，其他市场经济大多不成大气候。这些年，由于房地产的快速发展，小城市的房地产业大多都成了城市的重点支柱产业，地方政府对土地财政的依赖也越来越严重。一旦房地产繁荣周期谢幕，小城市的财政收入、经济活力、可持续发展等会面临比较严峻的转型挑战。这些情况对北京、上海、广州、深圳这样的大城市的影响没那么严重。

具体到房子，起点的不同意味着当前购买力的不同，意味着未来城市发展前景的不同，房地产未来长期价值也会因此而不同。

二、哪些城市的房产更出色

前文我们分析了中国的城市会有各种政治地位、战略定位、自然条件、资源禀赋等方面的差异，而且这些差异很难通过城市自身的努力来改变，某种程度上是一种被固化的城市特征。随着时间的推移，城市竞争地位的差异逐步放大，这最终也会体现在房价上。

表8-1是来自中国房价行情平台325个城市2021年、2011年二手住宅平均挂牌价格的排名，平均挂牌价格反映了全市域(包括市区和郊县)所有挂牌二手住宅的平均价格。我同时整理了这10年所有城市房价涨幅及排名，这能够反映最近10年这些城市房价变化的情况。

表8-1　中国325个城市二手住宅挂牌价格及涨幅(2011—2021)

2021年房价排序	城市名称	2021年平均单价(元/m²)	2011—2021年涨幅排序	2011—2021年房价涨幅(%)	2011年房价排序	2011年平均单价(元/m²)
1	深圳	71188	2	274	6	19010
2	上海	67662	6	173	3	24828
3	北京	66739	8	165	2	25194
4	厦门	50563	3	266	10	13799
5	广州	44139	5	202	8	14618
6	三亚	37533	110	84	4	20414
7	杭州	37171	106	85	5	20143
8	南京	34187	18	139	9	14326
9	福州	26600	23	133	15	11408
10	天津	26314	82	94	11	13543
11	宁波	25815	144	72	7	15015
12	珠海	[illegible]	[illegible]	[illegible]	[illegible]	10411
⋮	⋮					⋮
317	博州	3723	—	—	—	—
318	铁岭	3719	286	0	197	3723
319	张掖	3328	291	-9	206	3651
320	七台河	3310	293	-22	150	4242
321	吐鲁番	3307	—	—	—	—
322	石嘴山	3255	289	-3	233	3346
323	大兴安岭	3057	288	-3	255	3138
324	双鸭山	2923	292	-22	193	3730
325	鹤岗	2141	295	-40	215	3555

扫描二维码
获取详细数据 >>

数据来源：中国房价行情网

从表8-1可以看到房价表现出典型的“马太效应”，强者恒强、弱者恒弱。

2021年全国房价排名前20位的城市，绝大多数在2011年的时候房价也排名在前20位，而且涨幅也绝大多数排在全国城市的前20位；2021年房价排名最后50位的城市，在10年前绝大多数也是排名在后50位，从涨幅来看，也是绝大多数排在全国城市的倒数50位左右。

另外，经过10年时间，全国城市房价的差异明显拉大，如2011年时，房价垫底的三个城市永州市、咸宁市、绥化市的平均房价分别为2316元/平方米、2456元/平方米和2502元/平方米，房价靠前的北京市、上海市、三亚市的平均房价分别为25 194元/平方米、24 828元/平方米和20 414元/平方米，大约是房价垫底城市的10

倍。但到了2021年，房价垫底的三个城市鹤岗、双鸭山和大兴安岭的平均房价分别为2141元/平方米、2923元/平方米和3057元/平方米，房价靠前的三个城市深圳、上海和北京的平均房价分别达到了71 188元/平方米、67 662元/平方米和66 739元/平方米，大约是房价垫底城市的20多倍。10年时间，不同城市房价已经呈现出惊人的分化。

买房，投资的就是一个城市的未来。我们必须清醒地看到，经济增长、货币发行、城市人口增长、城镇家庭房屋自有率等各方面的指标都表明，未来数年的房地产将从过去20年供不应求的黄金时代进入一个供求平衡、局部过剩的分化白银时代，未来整体平均房价的涨幅将开始回落。

具体到不同城市住宅未来10年价格的预期，这里可以提供一个粗略的框架供参考：第一梯队城市(房价前30位)的房价涨幅将比过去温和，但大概率能够跑赢GDP增速，如年化名义增速为6%～10%；第二梯队城市(房价第30～60位)的房子仍将跑赢大多数资产，大约相当于GDP增速，如年化名义增速为6%左右；第三梯队城市(房价第60～100位)的房子大概率仍是抗通胀的优质资产，都能跑赢通货膨胀率CPI，如年化名义增速为2%～6%；第四梯队城市(房价第100～200位)只有不足30%的好房子具有投资价值，如年化名义增速为2%～6%，其他主要表现为满足居住功能的消费品属性，房价涨幅大约和CPI相当(年化2%左右)，但流动性风险开始上升；第五梯队城市(房价第200位以后)的房产主要表现为满足居住功能的消费品属性，房价反映基本的重建成本，除了个别特殊位置的房产外，从投资的角度看，大多数房子已经没有太大意义，流动性(把房子变现)风险成为最大的风险。

如果从投资的角度做更精细的筛选，您可以在参考以上房价数据的基础上，首先从房价排名前60位的城市里优先选择国家中心城市、副省级城市、省会城市和海南省的城市；其次从房价排名前100位的城市里，优先选择省会城市、长三角城市群、大湾区城市群和京津冀城市群中的城市。这些城市的房产在未来大概率既具有稳健性，又不失成长性，当然，个别城市还可能成为黑马。从金融的角度考量，这些城市的房产将是未来10年中产家庭的优质资产。

也许有读者会问，难道房价排名靠后的城市就一定不会“逆袭”超车吗？答案当然是“会的”，而且“一定会”，因为过去10年城市房价变迁的经验告诉我们的确有这样的城市，但是，您必须明白其数量会很少。您可以看一下，2011年房价排名60位以后的城市有多少在2021年的时候逆袭进入前60位呢？它们又具备什么特点呢？

特别需要说明的是，以上分析仅供参考，不排除以上参考的数据信息有疏漏和不准确的地方。影响未来国家发展的外部因素和影响房地产市场的内部政策因素具有不确定性，这些都可能给分析结论带来较大影响。

09 选房要领：位置和流动性

“房产投资看什么：位置、位置、位置”，这句话已经妇孺皆知。房子是不动产，所以位置对房子格外重要。

房子具有金融属性，在家庭所接触的各类资产中，房子几乎是流动性最差的资产，这也是房子与生俱来的另一个特点。房产投资，除了尽量选好的位置，还要格外关注房子的流动性风险。

买房怎么选位置？哪些房子的流动性风险会更大？本节将一起讨论这两个问题。

一、买房选位置

每个城市的布局千差万别，每个家庭的实际情况也很不同，所以无法绝对地讲“临近地铁站的位置就是好位置”“临近公园的位置就是好位置”“机场附近的位置就是好位置”等，但是对于大多数城市来说，对位置的判断还是有一些共性的规律的。

(一) 优选政务区

优先选择靠近省委省政府、市委市政府的政务区。在一个城市里，通常政务区是一个城市的脸面，其地理位置、交通网络、教育医疗、文化设施、市容市貌、社会治安和人群素质在一个城市里往往是比较好的。

在省会城市，通常省委省政府办公地和市委市政府办公地不在一个区，一般省委省政府所在地是城市的核心政务区，也是宜居资源条件好的区域，市委市政府所在区就要逊色一点。

最近10来年流行政府搬迁，一些城市的行政中心从传统的老城区搬到一些新的城区，这也是地方政府从战略上保证城市均衡发展的考量。一旦出现这种情况，通常，原来的政务区的房价将在未来跑输整个市场，新的政务区会成为未来10年、20年房价领涨的主要区域。

(二) 次选文教区

中国人对教育的重视并不是这两年的一阵风，而是有几千年深刻思考和深厚传统的。今天大城市的“学区房”现象，不过是重视教育的厚重文化基因在“就近入学”的政策环境下，在房地产的土地上结出的果实。根据我的观察，几乎所有阶层都重视这几件事儿：孩子上学，亲人看病，本人和家人工作事业。为此，各个阶层都会付出巨大的精力和成本。

在大城市，关于孩子上学的事儿还真不少，而且对家庭来说都是“大事儿”：公立幼儿园入园问题，优质小学入学问题，进优质“学区”问题，优质初中入学问题，孩子上学接送问题，等等。当然，除此之外，选择国际教育路线的家庭，也面临优质私立学校入学问题、出国问题、陪读问题、志愿问题等。

《中华人民共和国义务教育法》第二章第十二条规定：“适龄儿童、少年免试入学。地方各级人民政府应当保障适龄儿童、少年在户籍所在地学校就近入学。”对绝大多数中产家庭来说，无论是从获得优质公立教育机会，还是从孩子学习的便利性方面考虑，居住在好的文教区，尤其是好的学区，会带来很大方便。

2021年针对“学区房”问题和矛盾，北京、上海等大城市纷纷完善了“小升初多校划片”“初升高校额到校”等教育政策。这些政策短期可能会对打击“学区房”炒作有帮助，但长期来看，只要中考、高考选拔性教育制度不变、不均衡教育资源不变、就近顺位入学的义务教育基本政策不变，学区房仍然是热门的。

(三) 三选商务区

商务区一般是城市的经济、金融中心，是企业总部积聚地。在北京、上海、广州、深圳等大城市，一般都会有专门的“商务区”，甚至不止一个，但在一些中小城市，商务区和政务区常常是合二为一的。

商务区是一个城市的经济发动机，一般就业人口比较密集，人均收入水平比较高，青年就业人群数量比较多。但在大城市里，由于通勤要花费太多时间，在商务区就业的部分人群倾向于在附近租房居住，这样可以节约很多时间。

商务区租房需求活跃，房租普遍比较高，所以从投资买房的角度来说，商务区的房产出租也是比较稳健的回报模式，而且从长期看，租金是长期上涨的。

商务区的缺点是人流密度比较大，教育医疗等资源配套一般比较差，小区的物价水平一般比较高。

（四）四选工业区

每个城市都有工业园区，主要是生产制造业、仓储物流业的中心。通常工业园区都处于城市的城乡接合部或者比较偏远的位置。

城市在做工业园区规划的时候，主要考虑的是土地的集约发展、制造业的聚集效应等，所以在工业园区都能看到连片的厂房车间、仓储库房，但很少看到大型超市、电影院、摩天大楼，也很少看到学校、医院、公园、博物馆和文化设施。整体来说，工业区的宜居环境会稍微差一点，这是与一个区域的功能定位有关的。

另外，工业区一般产业工人占比较高，人均可支配收入水平在一个城市里与不同区域相比普遍偏低。由于工业企业的周期性比较强，外来务工人员的工作稳定性也会稍微差一点，他们通常都不会在这里买房，而企业通常会负责外来员工的住宿问题。

大多数工业区的房产，由于位置较偏，宜居环境稍差，人们购买力稍弱，区域的房价表现通常都不算太出色。

最近几年，随着城市的发展，地方政府开始注重工业区的宜居配套问题，学校、医院、公园等公共服务设施也越来越多，环境有所改善，但如果和城市其他区域，尤其是和上文谈到的政务区、文教区和商务区相比，工业区还是明显差一些。

（五）最后选风景旅游区

一个城市的风景旅游区一般都在远、近郊区，最近几年郊区游的确很火。但如果在这些地方买房的话，还是要三思而后行。

在假期扶老携幼到郊区风景区走一走、看一看，放松心情，这是大多数在都市生活的人的普遍感受，也很容易头脑一热，就在售楼员的劝说下拍板买一套房子。每一个在郊区的风景旅游区买房的家庭，最初无不对未来的郊区旅游度假生活充满向往，但很多人忽略了这里的“错配”问题。风景旅游区的观光体验是“低频”体验，让人心动，而如果真的买房住在其中，会很容易审美疲劳，感觉到单调，但恰恰买房是一种长期投资，必须考虑长期价值。

由于风景旅游区的人流具有明显的季节性、周期性特征，平时上班时间人流很少，周末时间多，夏秋时期多，冬春时期会很少。所以，这些地方大部分的房子如果出租的话，空置时间太久；如果出售的话，流动性通常比较差。

不可否认，个别城市的风景旅游区房产非常火爆，无论出租、出售都很便利，这通常与该风景旅游区的位置、交通、自然条件、宜居条件等有关系。但从投资的角度，大多数都是陷阱。

二、房产的流动性风险

房子最大的缺点是流动性比较差，也许您今天买房完全是为了“刚需”居住，或者您今天计划做长期投资，不考虑变现的需求。但是，您任何一次买房决定都要考虑“流动性”的风险。这样不但是因为房地产市场会变，您的家庭情况通常也是一个重要变量，正所谓人无远虑，必有近忧。哪些房子的流动性风险比较大呢？下边我们分类做一个讨论。

(一) 小产权房流动性风险大

小产权房是在农村集体土地上建设的房屋，未缴纳土地出让金和相关税费，其产权证依据不是由国家房屋管理部门颁发，而是由乡镇政府或者村集体颁发。小产权房也没有国土部门颁发的土地证。按照当前国家的相关规范，小产权房是非法的，不得确权发证，小产权房的交易和房产不受法律保护。

新修订的《土地管理法》中规定“允许集体经营性建设用地在符合规划、依法登记，并经本集体经济组织三分之二以上成员或者村民代表同意的条件下，通过出让、出租等方式交由集体经济组织以外的单位或者个人直接使用。同时，使用者取得集体经营性建设用地使用权后还可以转让、互换或者抵押”。对此，有不少朋友觉得这不是和原来的小产权房一样吗？是否意味着小产权房要合法化？

《土地管理法》的解释是集体用地只能用于建设“租赁房”和商业地产、工业用地等，但不能用于建设有产权的民用住宅。另外，集体土地入市建设需要向国土规划、发展改革及建设等相关主管部门申请办理项目预审、规划、立项、用地等批准手续，集体建设性用地建设租赁房强调在规划上要符合国土空间规划。目前，国土空间规划已经替代此前的土地总体规划和城乡规划。这是与以往小产权房开发不同的地方，集体用地租赁房是必须走与商品房完全一样的申请手续流程的，这就意味着证件也要齐全，同时必须依法缴税，而且房子只能租赁，没有产权。

当前，小产权房在有的城市占比还比较大，如深圳，在解决弱势群体居住问题上起到了很大的作用，也一定程度上抑制了房价的大幅上涨。随着未来房地产税立法的进展，小产权房最终也需要找到一种解决的办法平稳落地，如相应修改规划、补交相关税费等，如果长期拖下去，对购买合法商品住宅的群体也是一种不公平。

正是由于当前小产权房在法律和手续上的瑕疵，其在二手房市场很难出售，欲购房者往往担心未来的政策风险，所以从投资的角度看，不建议大家购买这种房产。

（二）小城市的房子流动性风险大

2021年第七次人口普查公布的数据显示，大多数小城市的人口数量是在持续减少的。由于四、五线小城市和县城的人口总量已经不再增加，尤其是有购买力、有购买需求的青年劳动力人口在持续流失，但房地产的供给还没有停止，总体上看，这些地区的房子已经从供求平衡向供大于求转变。

此前专门讨论过中国城市的差异、城市竞争的差异，小城市和大城市的差距实际上是在逐步拉大的。今天，不少小城市在产业集聚、企业竞争力、研发、人才、资本等方面不具备优势，引不来人才、留不住企业成为小城市中比较普遍的现象，城市的发展受到长期影响。正是由于企业相对较弱，地方政府对土地财政的依赖会更严重，这样也会导致长期土地的供给过剩。

年轻人和有购买力的人口数量流失以及潜在的供应过剩，是小城市和县城房子未来流动性风险比较大的主要原因。

（三）远郊区房子的流动性风险

未来一、二、三线城市的房产整体上来说仍然是中产家庭压箱底儿的优质资产，但也要警惕这些城市不同位置房子的分化，尤其是城市偏远位置的房产。

过去20年，由于人口数量的增加及城镇化的发展，城市的体量、边界也在快速扩展。但需要看到，随着人口增加变缓，城市扩张的速度也会慢下来，不少城市边缘地带不会像过去20年那样实现从空城到繁荣的快速巨变。

城市房地产供应的惯性仍然很大，不排除部分城市的房产在未来10年内也会陆续开始相对过剩，但由于新建的房子主要在远离中心城区的边缘地带，从出租的角度看，无论租金还是空置率都相对比较高。

在房子整体供求平衡的时代，即使在一、二、三线城市，也尽量要选择好位置的房子，这在过去20年似乎影响不大，但在未来20年，流动性的问题就会比较凸显。

（四）商铺写字楼的流动性风险

家庭所接触的房产主要包括住宅、公寓、别墅、商铺、写字楼等多种类型。这些不同类型的房子流动性差异也很大。

整体来说，写字楼的流动性风险是最大的，最主要的原因是供应过剩，另外一个原因是互联网办公对写字楼办公方式的冲击。最近10年，大多数城市写字楼的租金水平非但没有上涨，反而还下降了，写字楼的空置率也居高不下。根据戴德梁行的数据，内地一线城市写字楼的租金收益率水平大体维持在3%，而且多年没有增长。

商铺的流动性风险仅次于写字楼。和写字楼的原因类似，一方面是互联网的冲击，使商铺零售业态的经营受到持续的极大冲击，另一方面商铺的供应过剩。最近十年，绝大多数城市的商铺租金是下降的。购买商铺赚钱的时代已经过去了。由于2020年新冠肺炎疫情的影响，商铺的空置率也在快速提高。

别墅的流动性在住宅类房产中是最差的，一方面是由于户型面积较大，总价较高，持有成本较高；另一方面是由于大多数别墅的位置都相对比较偏远，只能作为第二居所考虑，某种程度上并不属于“刚需”。再加上人们对山雨欲来的房产税的担忧，无论从面积还是容积率等因素考虑，别墅的税负成本可能都会增加。但也需要看到，低密度别墅类产品在很多城市已经不再供给，存量别墅也都成了“稀缺品”，未来别墅的需求仍然是确定的，只是群体较小，变现难度比较大。

由于历史上最严厉的房地产调控政策，有的城市公寓也受到严厉的限购、限售等的影响，从2016年至今是公寓最近20年来最困难的时期。但我个人的看法是，公寓的政策利空已经基本上反映出来了，价格的风险也基本上都已经释放了，目前最大的问题仍然是流动性风险。我们知道，公寓属于“商业地产”，土地性质和使用年限、采光通风、容积率等诸多指标和住宅相比都没有竞争力，也不能落户就近入学，再加上不能像住宅一样享受交易环节的税费优惠，按揭购买时首付款、利率水平也比住宅要求更高。这都是影响公寓流动性的重要因素。但由于公寓所处的位置一般都比较好，出租相对都比较便利，仍然会有一部分投资客选择这种产品，但整体上购买群体相对较小，流动性不如住宅。

(五) 不同户型的流动性风险

关于购买房产的目的，有的人是为了有房子住，是刚需；有的人是为了住得更好，是改善性需求。房产的流动性既与人们的购房动因有关，也与人们的购买力有关。

比如，在北京、上海、广州、深圳这样的大城市，房价水平已经比较高，比较活跃的购房交易主要集中在140平方米以下的中小户型，如果面积过大，虽然房子住起来会更舒服，但通常由于总价比较高等原因，购买人群还是比较少，流动性也会差一些。以北京为例，三环边上很好的小区，150平方米以上大户型的房子通常一年也就成交两三套，大量的房子是难以成交的。

在中小城市，由于房价总体水平还不太高，全社会房子自有率也比较高，人们的需求主要是改善型的，对相对大户型的需求会更加旺盛一点，反而是市场上一居、两居等小户型购房流动性会稍微差一点。

另外，同一个小区，同一种户型，一般来说板楼的流动性会更好，塔楼就差一些。南北向的房子流动性就好一点，东西向的就差一点；有电梯的房子就比楼梯房的流动性好一点；中间层的就比底层和顶层的流动性好一点。这些差别选房的时候也要注意。

10 房子是长期抗通胀的优质资产

在竞争性的货币政策背景下，全球各主要经济体都自觉不自觉地卷入了“货币超发”的游戏，长期货币超发使通货膨胀成了全球的一个共同挑战。2020年以来，在新冠肺炎疫情危机的影响下，除了货币超发，各国保护主义和逆全球化的浪潮使全球自由贸易、产业链全球化、资本和人才全球自由流动的局面开始有计划地倒退，这一趋势也进一步加剧了全球通货膨胀。

跑赢通胀，成为包括中国在内的全球中产家庭面临的长期共同挑战。在中产家庭所接触的大类资产中，房地产是一种长周期跑赢通胀的优质资产。

一、中国的通胀和房价

中国的房地产市场化是从1998年开始的，从此之后，中国的经济发展虽然历经挑战，房地产政策也经历了大起大落，但整体来看全国平均住宅价格仍然保持了持续的上涨。从2000年到2021年，全国新建商品住宅平均价格的涨幅远超同期通货膨胀率CPI的涨幅。2000—2021年中国居民消费价格指数走势(1978=100)，如图10-1所示。

根据国家统计局的数据，从2000年到2021年的21年里，中国居民消费价格指数从434(1978年基础100)累计涨到692.7，累计涨幅59.6%，应该说这期间中国的通货膨胀率还是比较温和的。

由于1998年房地产市场化大幕刚刚拉开，所有城镇常住人口的主要住房需求被推向了市场，再加上城镇化的快速发展、经济的快速发展、独特的土地制度和资本项目的管制等多种因素，从2000年到2021年中国的房价涨幅还是比较大的。2000—2021年中国新建商品住宅平均价格走势，如图10-2所示。

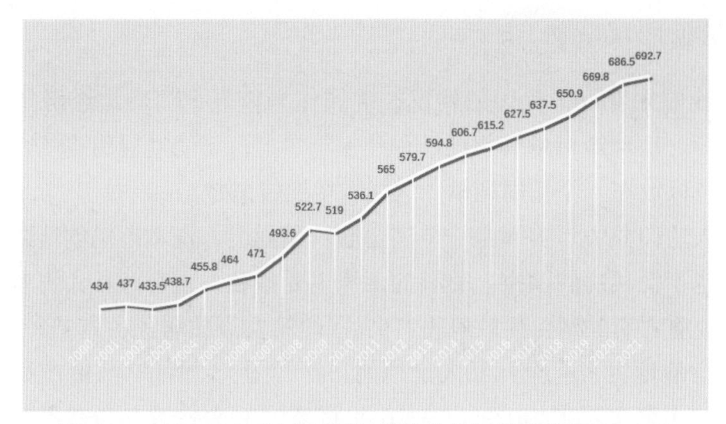

图10-1　2000—2021年中国居民消费价格指数走势(1978=100)

数据来源：国家统计局

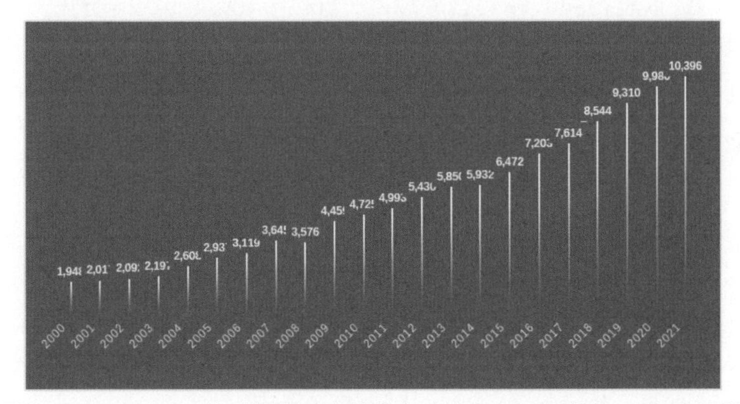

图10-2　2000—2021年中国新建商品住宅平均价格走势(单位：元/平方米)

数据来源：国家统计局

从国家统计局所公布的公开数据可以看到，2000年的时候，全国新建商品住宅的价格只有1948元/平方米，到2021年的时候已经上涨到10 396元/平方米，21年累计上涨了434%，房价的涨幅跑赢了在此期间中国绝大多数资产价格的涨幅，当然也明显跑赢了通货膨胀累计59.6%的涨幅。

二、全球的通胀和房价

也许您会觉得中国的房地产市场化时间只有20多年，时间还太短，房价的表现更可能是房地产市场化初期的单边上涨行情，不足以反映在一个成熟的房地产市场中长期房价和通胀的关系。下面我们来看一下国际上房地产市场相对比较成熟的主要国家房价和通货膨胀的长期关系。

(一) 美国的通胀和房价

首先，我们来看一下美国的情况。美国作为世界上第一大经济体，无论工业化、资本市场、房地产市场等都已经有几十年、上百年的发展历史了，所有资产的价格规律都可以放在一个长周期里，这样看得比较清楚。

在很多人的印象中，美国是一个鼓励创新和创造、资本市场创造财富效应、人们宁愿租房也不愿买房的国家。美国的土地主要是私人占有，私人占有美国国土的60%，联邦政府占有28%，州政府占有9%，印第安原住居民占有3%。2017年，美国十大私人土地地主占有全部私人土地的1%。美国各州都有房地产税，税率由每个州自己确定，名义税率为0.3%～3%，根据家庭的实际情况会有不同，也会有一定折扣。租房和卖房分别需要缴纳个人所得税和资本利得税，其中卖出持有1年以上的房子缴纳资本利得税，超额累进税率为20%～40%。美国遗产税实行21级的超额累进税率，为8%～50%。

截止到2021年12月，美国家庭的住房自有率为65.5%，在相当长的时间里，美国的住房自有率徘徊在65%左右。在美国典型中产家庭，房子也是家庭的核心资产。2022年4月，由于房地产异常火爆，房贷利率也比两年前有了明显提高，现在30年的房贷利率已经达到4.4%左右(根据个人信用和贷款额度不同会有较大差别)。

我们下面看一下来自国际清算银行的数据，即从1971年到2021年美国名义房价指数的趋势。这个指数以2010年的房价作为基础指数(100)，各年的具体房价指数以2010年的房价和指数作为参考，房价对比后得出历年的房价指数。所谓名义房价，就是实际房价加上通货膨胀后的房价表现。1971—2021年美国名义房价指数(2010=100)，如图10-3所示。

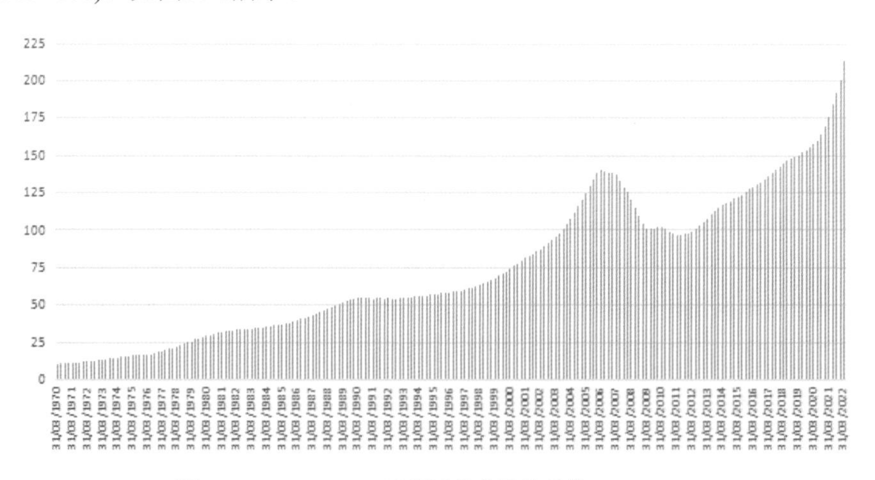

图10-3　1971—2021年美国名义房价指数(2010=100)

数据来源：国际清算银行

根据国际清算银行的数据，从1971年四季度到2021年四季度，美国住宅的名义价格指数从12.02上涨到200.64，虽然历经2008年次贷危机破坏性的大幅调整，但在危机后11年再创历史新高，在50年时间里累计涨幅15.69倍。我想这个涨幅大概率也出乎了大多数读者朋友的预料吧。从以上美国的房价走势可以看到，像其他资产的价格一样，在金融危机等特殊时期，房子的价格也会发生大幅波动。比如，美国2006年一季度房价指数140.23，在次贷危机后的2011年二季度跌到了96.25，近5年跌幅达到31.4%！但是到了2017年三季度，美国房价指数重新达到140.36，创造了历史新高。

如果扣除通胀因素，在这50年期间，美国的实际房价指数表现怎么样呢？1971—2021年美国实际房价指数(2010=100)，如图10-4所示。

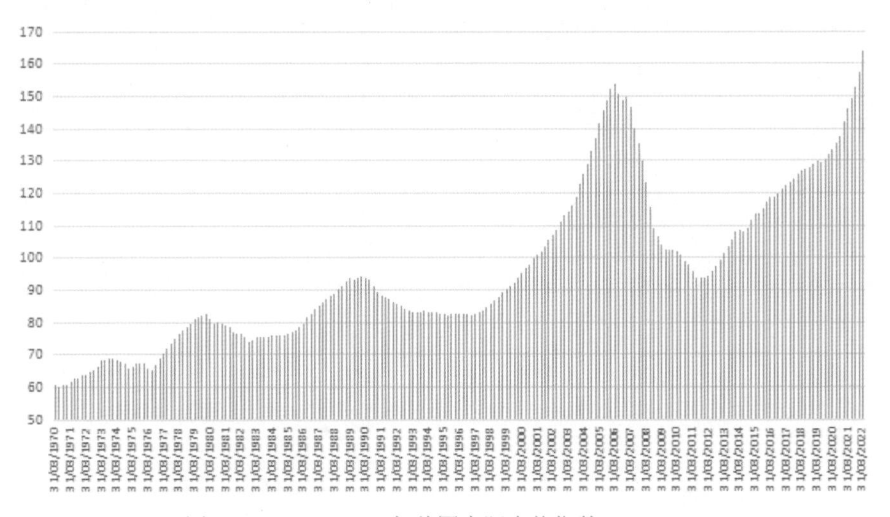

图10-4　1971—2021年美国实际房价指数(2010=100)

数据来源：国际清算银行

根据国际清算银行的数据，扣除通胀因素，我们可以看到，从1971年四季度到2021年四季度，美国的实际房价指数从64涨到157.50，50年累计涨幅146%，很明显，房价的表现在长周期里跑赢了通货膨胀。

(二) 英国的通胀和房价

英国是一个具有长期世界影响的典型发达国家，从工业革命到全球贸易，再到金融市场，英国在近现代史上很长时间都居于中心地位。今天伦敦是全球重要的金融中心和航运中心，英镑是全球仅次于美元、欧元的国际货币，英联邦的影响力遍及世界五大洲、四大洋。

英国历史上土地曾经是王室所有，后来经历过多次土地革命后，今天80%的土地已经是私人土地，但其中40%被贵族阶层占有，另外19%的土地由政府和国有企业持有，还有1%由王室持有。但英国政府对环保和乡村保护有很高的标准，住宅用地常年供应稀缺。截止到2021年12月，英国城镇居民家庭的住房自有率为65.2%，和美国基本相当，房子也是英国中产家庭的重要核心资产。英国平均购房首付款比例通常为20%～30%，按揭贷款年限平均在25年左右，多数是浮动利率，2022年4月房贷利率在2%左右，具体根据个人信用、首付款比例、贷款年限和贷款额度会有不同。另外，英国房地产税率是累进税率，具体由各郡确定，大体上在1.5%左右，根据房屋的价值差异会有不同。除此之外，英国在交易、租赁、继承和赠予环节有较高的税负，如交易环节的资本利得税，基本纳税人税率18%，高薪纳税人税率28%，租赁环节租金收入纳入个人所得税四级累进税率0、20%、40%、45%缴纳，遗产税率40%，等等。英国最近10年外来移民增加很快，有的年份新增移民人数超过50万。

下面我们看一下英国在长周期里住宅房价和通货膨胀的关系。1971—2021年英国名义房价指数(2010=100)，如图10-5所示。

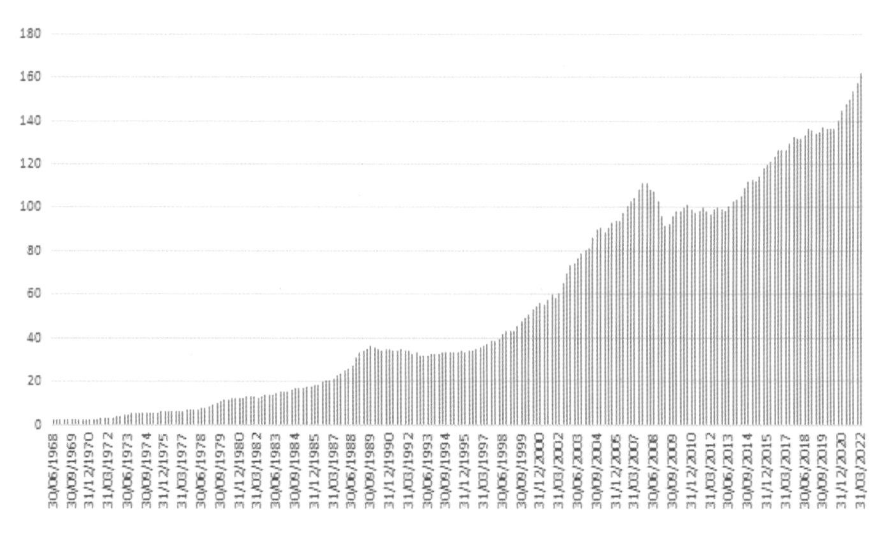

图10-5　1971—2021年英国名义房价指数(2010=100)

数据来源：国际清算银行

根据国际清算银行的数据，1971年四季度英国的名义房价指数是2.90，到了2021年四季度，英国的名义房价指数已经涨到了159.37，50年累计涨幅54倍，如图10-6所示。这个涨幅实在是太大了。如果扣除通货膨胀因素，英国的实际房价到底表现怎么样呢？

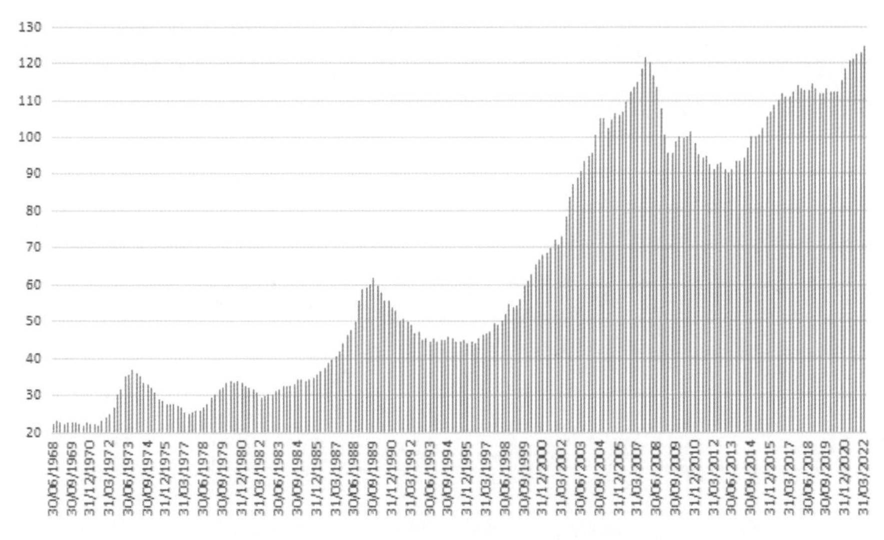

图10-6　1971—2021年英国实际房价指数(2010=100)

数据来源：国际清算银行

扣除通胀因素后，英国1971年四季度的实际房价指数是23.88，2012年四季度的实际房价指数是124.59，50年实际房价指数累计上涨422%。英国的房价表现跑赢了通货膨胀，最近50年的房价涨幅也明显跑赢了美国。

(三) 德国的房价和通胀

德国是具有严谨的工程师精神的国度，也是当今世界发达的经济大国和工业强国。截至2020年底，德国城镇居民家庭的房屋自有率50.2%，这个比例怎么这么低呢？有一些经济学家曾经建议中国的房地产政策要学习德国，那么德国的房地产政策有什么特点呢？

简单来说，第一，德国通过交易环节的税收设计，鼓励购房人长期持有，对多套房征收额外税收；第二，德国有严密的保护租房人权益的法律，租赁合同默认是无限期合同，出租人只有具有合理的理由才可以结束租约，在租赁期不能随便涨价；第三，继承和赠予房屋时，在扣除免税额度后，多余的部分需要按照累进税率缴纳遗产税或赠与税。

根据国际清算银行的数据，我们看一下德国1971—2021年的名义房价走势，估计这个走势会让那些提议学习德国房地产市场经验的专家学者大吃一惊，尤其是最近两年德国的房价涨幅相当之大。1971—2021年德国名义房价指数(2010=100)，如图10-7所示。

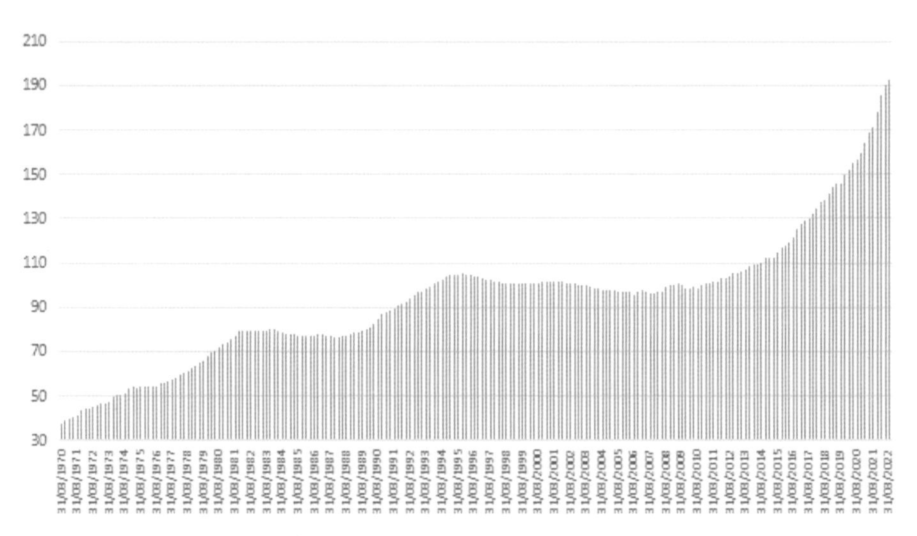

图10-7　1971—2021年德国名义房价指数(2010=100)

数据来源：国际清算银行

1971年三季度，德国的名义房价指数是44.1，到了2021年三季度涨到184.2，名义房价50年涨了318%。但从图10-7中可以看到，2010年以来，德国的房价涨了184.2%，最近两年，德国房价涨幅很大，2019年三季度名义房价指数是144.2，2021年三季度已经涨到184.2，疫情这两年时间涨幅27.7%。如果扣除通胀因素，德国的实际房价走势会怎么样呢？会有增长吗？1971—2021年德国实际房价指数(2010=100)，如图10-8所示。

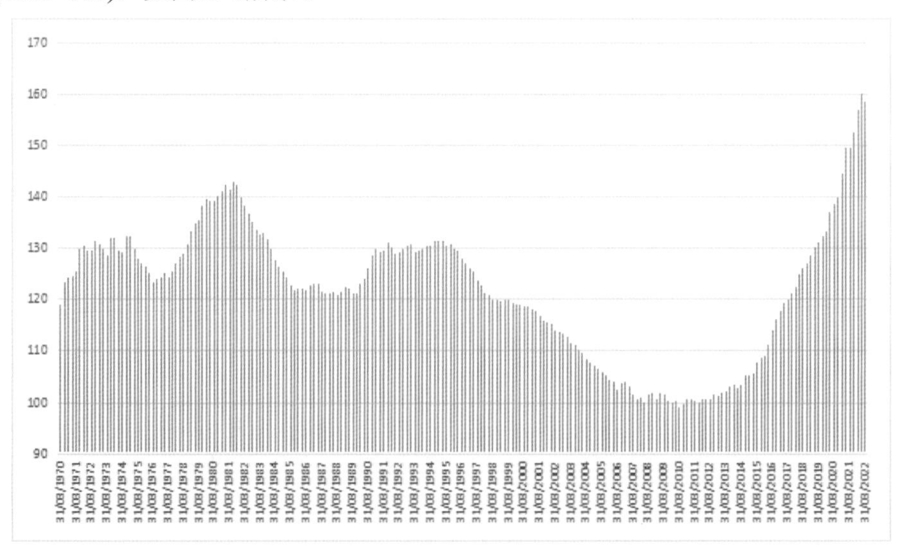

图10-8　1971—2021年德国实际房价指数(2010=100)

数据来源：国际清算银行

从图10-8中可以看到，德国的实际房价在相当长的时间里没有上涨，从1971年三季度到2021年三季度这50年的时间里，德国的实际房价指数从130.51涨到156，涨幅只有19.5%，但是从2010年开始，截至2021年三季度实际房价上涨56%。德国的房价也跑赢了通货膨胀，尤其是最近10年更加明显。

(四) 日本的通胀和房价

下面我们看一下日本的房地产市场价格走势，这可能是很多朋友很关注的。日本是世界上第三大经济体，也是典型的发达国家、制造业强国。提起日本，很多朋友可能首先想起“老龄化”“人口负增长”“失去的三十年”这些标签。我们来看一下日本最近几十年名义房价的走势。1960—2021年日本名义房价指数(2010=100)，如图10-9所示。

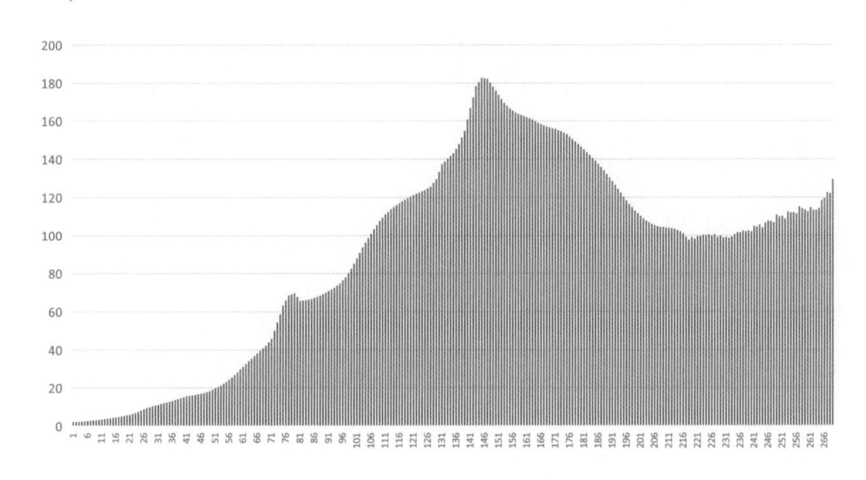

图10-9 1960—2021年日本名义房价指数(2010=100)

数据来源：国际清算银行

根据国际清算银行提供的数据，日本的房价历史从1955年开始到2021年三季度，比其他国家的历史都要长一点。下面我们就观察一下从1960年三季度到2021年三季度61年时间里日本名义房价的走势。

在1961年三季度，日本名义房价指数是6.86(2010=100)，2021年三季度日本名义房价指数是122.61，在最近的61年时间里，日本名义房价上涨了16.9倍。但如果仔细观察您就会发现，日本最近61年房价的高点在1991年一季度，当时名义房价指数达到182.79。从20世纪90年代初开始，伴随着日本经济泡沫的破灭，日本的GDP规模、房地产价格和股票市场的指数都出现了至今30年的调整。目前日本的GDP规模、日经225指数和房价都还没有回到泡沫破灭前的水平。但如果您仔细观察也能发现，从2015年开始，日本的股票市场指数、房价指数结束长期调整后都已经因素重新上涨，尤其最近两年涨幅还比较明显。

如果扣除通货膨胀因素，日本的实际房价走势又会怎么样呢？这也是我们讨论日本房价是否跑赢通货膨胀的最简单明了的观察指标。1971—2021年日本实际房价指数(2010=100)，如图10-10所示。

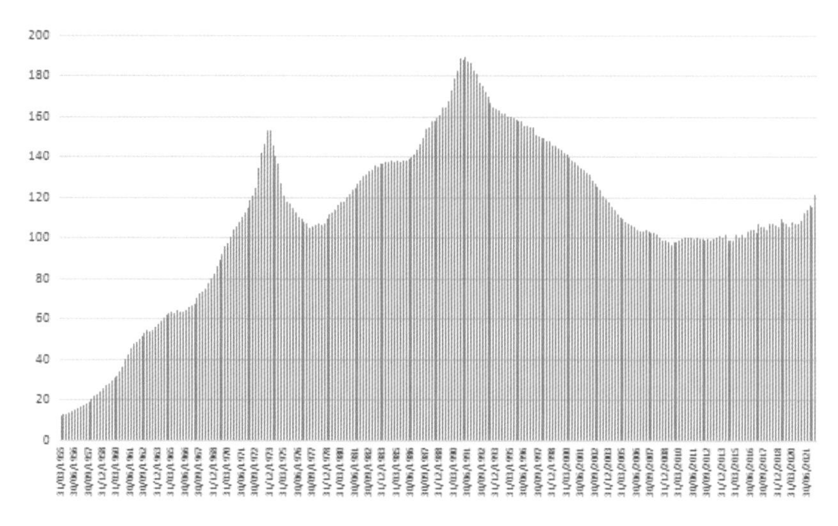

图10-10　1971—2021年日本实际房价指数(2010=100)

数据来源：国际清算银行

根据国际清算银行的数据，如果以2010年的实际房价指数为基数100，则1960年三季度日本实际房价指数是36.53，2021年三季度的实际房价指数是116.45，扣除通货膨胀因素后，日本最近61年的实际房价累计上涨了219%，其中从2010年的基数算起至2021年三季度末上涨了16.45%。很明显，日本的房价也跑赢了通货膨胀，而且最近11年日本的实际房价涨幅甚至跑赢了日本的GDP。这些数据恐怕也出乎了很多朋友的意料。

(五) 全球主要经济体通胀和房价

以上这些实证数据告诉我们，在长达50～61年的周期里，成熟的经济体如美国、英国、德国、日本等主要发达国家的房价的长期走势都远远跑赢了通货膨胀。其实，这样的现象是具有全球意义的。

下面我们看一下全球主要经济体2010年至2021年三、四季度的名义房价走势数据，您会发现，最近11年左右的时间，除了中国内地之外，世界主要经济体用本币表示的名义房价几乎都是上涨的，有一些国家涨幅甚至比中国还要高。打开国际视野，对于理解中国房地产市场的现在和未来都会有启发和帮助。2010—2021年全球主要经济体本币名义房价指数，如图10-11所示。

国家和地区	年度名义房价指数（2010=100）					季度名义房价指数（2010=100）				
	2017	2018	2019	2020	2021	Q1 21	Q2 21	Q3 21	Q4 21	Q1 22
澳大利亚	141.3	139.3	133.6	140.9	165.4	151.7	161.9	170	178	181.6
奥地利	147.1	157.2	163.4	174.9	195.5	188.1	192.7	197.4	203.7	211.4
比利时	115.7	119	123.8	129	138.2	134.3	136.8	140.8	141	142.9
巴西	149	149.7	154.7	166.5	182.2	176.6	180.5	184.1	187.4	190.3
保加利亚	109.9	117.2	124.2	129.9	141.1	137.7	138.2	142.6	146	153.6
加拿大	171.9	177.8	179	190.3	214.4	200.9	214.3	218.9	223.4	251.8
智利	201	220	236.3	253.6	283.8	272.5	283.7	287.2	291.8	—
中国	123.3	129.8	137.6	140.9	144.9	143.7	145.4	145.9	144.7	143.5
哥伦比亚	181.6	191.6	202.6	207.7	221.4	214.2	220.2	223.9	227.1	229.4
克罗地亚	94.8	100.6	109.6	118.1	126.6	121.5	125.8	128	131.3	137.9
塞浦路斯	74.6	76.1	78.1	79.3	80.3	79.6	79.9	80.3	81.3	82.2
捷克共和国	125.7	136.5	149	161.6	193.5	177.4	186.5	199.3	210.7	221.2
丹麦	121.3	126.3	129.6	136.2	152.2	148.9	153.2	154.9	151.8	158.9
爱沙尼亚	172.9	183.1	196	207.8	239	226.7	232.6	240.5	256.2	274.3
芬兰	109.3	110.8	111.7	113.7	118.8	116.6	119.3	119.5	119.9	121.5
法国	104.5	107.5	111.1	116.9	124.4	120.5	122.8	126.5	127.8	128.9
德国	133.6	142.5	150.8	162.5	181.3	171.4	177.9	185.4	190.4	192.5
希腊	63.2	64.4	69	72.1	77.4	74.8	76.8	78.8	79.3	81.2
中国香港特别行政区	221.3	250	253.8	252.6	260.2	255.4	260.4	263.6	261.4	255.3
匈牙利	135.8	155.3	181.6	190.6	221.8	209.2	218.2	225.9	233.8	250
冰岛	184	198.5	206.5	220.8	249.5	233.4	245.9	255.1	263.5	277.9
印度	262.3	277.3	286.5	293.6	301.1	298.6	300.2	298.2	307.3	304
印度尼西亚	147.4	152.2	155	157.4	159.7	158.7	159.5	160	160.5	161.6
爱尔兰	112.4	123.9	126.8	127.2	137.8	130.6	133.7	140.5	146.4	150.1
以色列	156.4	155.1	158.1	162.9	176.6	169.1	173.7	178.4	185.5	194.9
意大利	84	83.5	83.4	85	87.2	85.6	87	88	88.1	89.6
日本	109.9	112	113.8	113.9	120.7	118.5	119.6	122.6	122.1	129.4
韩国	117.6	120.2	121.9	126.6	143.7	136.1	140.9	146.4	151.5	153.3
拉脱维亚	146.9	160.9	175.3	181.4	201.2	186.7	198.5	205.7	213.8	219
立陶宛	136.3	146.3	156.3	167.7	194.6	182.5	188.7	198.9	208.3	217.5
卢森堡	139.7	149.5	164.7	188.6	214.8	208.6	210.5	216.1	223.9	230.6
马来西亚	185.7	191.9	196.1	198.4	200.7	199.2	200.5	200	203	199
马耳他	121.9	129	136.9	141.5	148.7	143.7	147.6	151	152.7	153.2
墨西哥	149.7	163	176.9	187.2	200.8	196	196	204.1	207	211.2
摩洛哥	110.6	110.8	110.9	109.7	105.2	109.9	103.9	103.4	103.8	103.5
荷兰	101.4	111	119	128.1	147.4	137.7	143.2	151.5	157.1	164.4
新西兰	166.8	172.8	178.2	196.3	248.3	232	240.4	252.9	267.8	263.2
北马其顿	92.5	95	98.1	100.1	106.2	102.1	105.2	105.9	111.5	114.7
挪威	146.9	149	152.7	159.2	175.9	170.9	179.1	178.5	175.1	183.2
秘鲁	168	168.4	172	173.6	173.6	175.1	176	173	170.5	171.4
菲律宾	178.8	183.8	195.3	213.7	211.7	203.1	212.8	214.4	216.7	214.5
波兰	100.2	106.8	116	128.2	139.9	133.7	137.8	141.4	146.9	151.8
葡萄牙	109	120.2	132.2	143.8	157.3	150.6	155	159.6	163.9	170.1
罗马尼亚	93.9	99.4	102.7	107.5	112.3	109.6	112.1	112.1	115.5	117.2
俄罗斯	88.5	90.7	97.3	106.7	121.4	114.2	119.1	123.2	129.1	151.3
塞尔维亚	115.3	126.4	116.9	119	127.8	127.2	129.8	127.9	126.1	—
新加坡	103.4	111.5	114	115.8	125	122.1	123	124.4	130.6	131.6
斯洛伐克	116.7	125.3	136.7	149.8	159.4	150.7	155.6	162.9	168.7	172
斯洛文尼亚	95.4	103.7	110.7	115.7	129.1	121.7	127.3	130.7	136.7	142.3
南非	145.4	150.9	156.2	160.1	166.8	164.1	165.6	167.9	169.5	170.7
西班牙	82.6	88.1	92.7	94.8	98.2	95.2	97.5	99.5	100.8	103.3
瑞典	156.1	154.6	158.4	165.1	181.9	174.3	180.4	185.1	187.8	192.2
瑞士	125.4	129	132.9	137.7	147	142.8	145.5	148.7	151	154.4
泰国	135.4	142.5	143.9	150.5	152.5	149.9	151	153.5	155.4	156.1
土耳其	214.8	229.5	242	302	422.2	352.9	384.4	424.1	527.5	741.4
阿拉伯联合酋长国	148.3	137.5	127.1	117.9	122.6	117	120.7	125.2	127.6	131
英国	130	134.1	135.4	139.3	152.1	147.3	150.1	153.6	157.5	161.7
美国	139.4	147.1	152.9	162.8	188.3	176.3	184.3	191.9	200.6	213.7
补充：										
所有报告的国家和地区（平均	136.1	142.5	148.5	155.5	168.6	162.6	166.6	170.5	174.6	180.8
欧元区（平均）	108.1	113.4	118.2	124.5	134.4	129	132.5	136.7	139.4	141.7
发达经济体（平均）	125.9	131.4	135.6	142.6	159	151.2	156.4	161.8	166.4	174.2
新兴市场经济体（平均）	146.5	153.7	161.5	168.7	178.7	174.3	177.3	179.7	183.5	188.5

图10-11　2010—2021年全球主要经济体本币名义房价指数

数据来源：国际清算银行

如果扣除通货膨胀因素，我们可以看到以2010年的房价指数作为基数100，2010年至2021年，全球几乎所有主要经济体的实际房价指数都是正增长(跑赢各经济体的通货膨胀)。2010—2021年全球主要经济体本币实际房价指数，如图10-12所示。

国家和地区	年度实际房价指数（2010=100）					季度实际房价指数（2010=100）				
	2017	2018	2019	2020	2021	Q1 21	Q2 21	Q3 21	Q4 21	Q1 22
澳大利亚	122.2	118.2	111.5	116.6	133	123.6	130.9	136.5	141	140.9
奥地利	129.1	135.2	138.5	146.1	158.8	155.5	157.6	159.8	162.4	165.1
比利时	102.3	103.1	105.7	109.4	114.4	113.2	114.4	116.2	113.7	111.5
巴西	95.7	92.8	92.4	96.4	97.4	97.8	98.1	97.5	96.1	95.2
保加利亚	101.8	105.6	108.5	111.6	117.4	117.3	116.5	118.7	117.3	118.3
加拿大	153.5	155.3	153.3	161.8	176.2	168.4	177.1	178.8	180.6	199.5
智利	160.1	171	179.6	187.1	200.3	196.6	202.9	202.2	199.7	—
中国	103.3	106.7	109.8	109.7	111.8	110.6	112.6	113	111.1	109.3
哥伦比亚	137.7	140.7	143.7	143.8	148	146.3	147.8	148.6	149.3	145.3
克罗地亚	88.3	92.3	99.8	107.3	112.2	110	112.1	113.2	113.7	117.3
塞浦路斯	74	74.5	76.2	77.9	77	78.5	77.1	76.2	76.1	76.2
捷克共和国	113.4	120.5	127.9	134.5	154.9	145.2	151.2	158.5	164.8	162.8
丹麦	111.7	115.3	117.5	122.9	134.9	133.6	136.4	136.8	132.6	135.9
爱沙尼亚	149.7	153.3	160.4	170.9	187.8	184.6	186.4	187	193	197.9
芬兰	99.4	99.6	99.5	100.9	103.2	102.5	104	103.6	102.6	101.8
法国	97.7	98.8	101	105.7	110.7	108.3	109.6	112.2	112.5	111.8
德国	122.2	128.1	133.5	143.2	154.8	149.5	152.6	157	160.3	158.7
希腊	62.5	63.3	67.7	71.6	76	75	75.6	77.8	75.5	75.8
中国香港特别行政区	173.1	191.1	188.5	187.1	189.8	186.5	189.7	193.7	189.4	183.6
匈牙利	118.7	131.9	149.3	151.7	167.8	162.6	166.1	169.9	172.6	179.5
冰岛	150.8	158.5	160.1	166.4	179.9	171.9	178.2	183.2	186.5	192.8
印度	172.6	175.5	174.9	168.1	164	167.5	165	160.8	162.5	160.4
印度尼西亚	104	104.1	102.9	102.4	102.2	102.1	102.2	102.5	102.2	101.6
爱尔兰	107	117.3	119	119.8	126.7	122.6	123.7	128.6	131.7	133.2
以色列	147.1	144.7	146.2	151.6	161.9	157.1	159.6	162.6	168.4	175.2
意大利	77.2	76	75.4	77	77.5	76.9	77.7	78	77.2	76.2
日本	105.7	106.7	107.9	108	114.7	112.5	114.1	116.4	115.7	121.8
韩国	104	104.8	105.9	109.3	121.1	115.8	119.3	123.1	126.1	125.7
拉脱维亚	132.5	141.6	150	154.9	166.2	158.8	165.6	169.4	171.2	170.5
立陶宛	121	126.5	132	140	155.1	150.9	152.6	157.7	159	157.6
卢森堡	125.4	132.2	143.1	162.5	180.5	177.9	177.7	181.5	184.8	186.5
马来西亚	155.4	159	161.4	165.2	163.1	162.6	162.9	163.2	163.7	158.9
马耳他	110.5	115.6	120.6	124	128.3	126.1	127.5	129.9	129.8	129.1
墨西哥	115	119.3	125	127.9	129.8	129.7	127.9	131.4	130.3	130.2
摩洛哥	101.7	99.8	99.7	98	92.8	98.2	91.7	91	90.2	88.9
荷兰	91.3	98.2	102.7	109.2	122.2	116.4	119.7	125.5	127.2	129.4
新西兰	150.7	153.7	156	168.9	205.4	196.9	201.3	207.2	216.3	208.8
北马其顿	83.3	84.5	86.5	87.2	89.6	88.1	89.3	88.6	92.2	91.9
挪威	128.3	126.6	127	130.7	139.6	137.4	143.4	140.9	136.6	141.9
秘鲁	134	132.5	132.6	131.3	126.4	130.1	129.8	124.8	121	119.9
菲律宾	148.6	145.2	150.5	161	153.4	148	155.3	155	155.4	151.2
波兰	91	95.3	101.3	108.3	112.4	110.3	111.6	113.3	114.6	114.1
葡萄牙	99.8	109	119.5	130	140.4	136.3	138.3	142.4	144.4	147.7
罗马尼亚	82.4	83.3	83	84.6	84.2	84.2	85.1	83.6	83.8	82.6
俄罗斯	52.7	52.4	53.8	57.1	60.9	58.9	60.3	61.5	62.8	70
塞尔维亚	83.1	89.3	81.1	81.3	83.9	86	86	83.5	80.3	—
新加坡	91.3	98	99.6	101.4	107	105.7	105.9	106.4	110	109
斯洛伐克	106.5	111.6	118.5	127.5	131.4	127.1	129.5	133.3	135.7	132.8
斯洛文尼亚	88.8	94.9	99.6	104.3	114.1	110.4	113	114.6	118.3	121.7
南非	99.8	99	98.4	97.7	97.3	97.9	97.3	97.1	97	96.3
西班牙	76.2	80	83.5	85.7	86.2	85.6	85.8	87.4	85.8	86.2
瑞典	146.5	142.4	143.4	148.6	160.3	155.6	160.1	162.7	162.7	164
瑞士	127.6	130	133.5	139.3	147.9	144.7	146.5	149.4	151.1	153.3
泰国	121.6	126.7	127.1	134	134.1	133.3	133.4	135.3	134.5	132.6
土耳其	122.8	113.2	103.2	114.6	133.3	121.5	127.3	134.2	150.5	164.9
阿拉伯联合酋长国	130.9	117.7	111	105.1	109.1	105.2	107.9	111.4	112	114
英国	112.5	113.2	112.3	114.5	121.9	120.7	121.2	122.7	123.1	124.8
美国	124	127.7	130.4	137.2	151.4	146.1	149.2	152.9	157.4	164
补充：										
所有报告的国家和地区（平均	112.3	114.6	116.5	119.5	125.2	122.9	124.6	126.2	127.1	128.5
欧元区（平均）	98.9	102	105	110.4	116.1	113.6	114.9	117.9	118.1	117.6
发达经济体（平均）	114	116.7	118.7	123.9	133.9	130	132.5	135.6	137.4	141
新兴市场经济体（平均）	111	112.8	114.6	115.9	118.4	117.2	118.4	118.9	119.1	119.1

图10-12　2010-2021年全球主要经济体本币实际房价指数

数据来源：国际清算银行

根据国际清算银行的数据，在以上58个主要的国家和地区，从2010年至2021年用本币表示的实际房价数据，除了巴西、塞浦路斯、希腊、意大利、摩洛哥、北马其顿、罗马尼亚、俄罗斯、塞尔维亚、南非、西班牙11个经济体外，绝大部分都保持了上涨，也就是跑赢了通货膨胀。如果观察周期从2000年开始，几乎所有国家的实际房价都是增长的，也就是说都跑赢了通货膨胀。

从国际清算银行的分类数据可以看到，2021年三季度全球所有报告的国家中，扣除通告膨胀因素后的实际平均房价比2010年上涨了26%，其中欧元区平均上涨了18%，发达经济体平均上涨了35.3%，新兴经济体平均上涨了18.9%。整体来看，无论发展中经济体还是发达经济体2010年以来扣除通货膨胀因素后的实际房价都上涨了，也就是房价都跑赢了通货膨胀。

(六) 最近两年全球高通胀与房价

2020年以来，为了战胜新冠肺炎疫情危机，全世界的主要经济体都向市场上释放了大量货币，再加上全球产业链受到疫情的影响，世界主要经济体都出现了几十年来几乎最严重的通货膨胀。在这种通货膨胀比较严重、特殊的情况下，这两年时间，全球主要经济体扣除通货膨胀因素后的实际房价涨幅都再次跑赢了恶性通货膨胀。这对我们思考未来的房价有很现实的启发和意义。2010—2021年全球主要经济体本币实际房价指数，如图10-13所示。

从国际清算银行的数据可以看到，在最近几十年最严重的全球通货膨胀环境下，欧元区2020年扣除通货膨胀因素后的实际房价同比2019年上涨6.3%，2021年三季度同比2020年三季度再次上涨6.1%，这都是2016年以来涨幅最大的时期。全球发达经济体2020年扣除通货膨胀因素后的实际房价同比2019年上涨6.3%，2021年三季度扣除通胀后的实际房价同比2020年3季度上涨了9.2%，这也都是2016年以来涨幅最大的时期。全球新兴经济体2020年的实际房价同比2019年上涨了2.2%，2021年三季度的实际房价同比2020年三季度上涨了4%。

这些多角度、长镜头的实证数据穿越了几十年来人类历史上遇到过的各种黑天鹅事件、经济和金融危机的挑战。结论清晰地表明：无论中国还是全球其他主要发达经济体、发展中经济体，在长周期里房价都表现为上涨，用本币计量的房价涨幅都跑赢了通货膨胀，甚至在最近两年全球几十年不遇的高通胀时期，全球主要经济体的房价更是出现了普遍大幅上涨，明显大幅跑赢恶性通胀。换句话说，无论在什么样的房地产制度下，房地产都是长周期跑赢通胀的优质资产。

国家和地区	房价年度同比涨幅（%）					房价季度同比涨幅（%）				
	2017	2018	2019	2020	2021	Q1 21	Q2 21	Q3 21	Q4 21	Q1 22
澳大利亚	6.3	-3.3	-5.5	4.5	14.1	6.3	12.4	18.1	19.5	13.9
奥地利	1.7	4.8	2.4	5.5	8.8	10.9	9	7.1	8.1	6.2
比利时	1.5	0.8	2.5	3.5	4.6	6.4	5.9	5.4	0.8	-1.5
巴西	-5.2	-3.1	-0.4	4.3	1.1	4.3	1.9	-0.3	-1.7	-2.7
保加利亚	6.5	3.7	2.8	2.8	5.2	7.5	6.5	4.7	2.2	0.9
加拿大	13.8	1.2	-1.3	5.6	8.9	7.2	9.8	9.9	8.8	18.4
智利	6.2	6.9	5	4.2	7.1	6.2	7.6	9.2	5.2	—
中国	5.4	3.3	2.9	-0.1	2	3.2	2.4	2.4	-0.1	-1.1
哥伦比亚	2.4	2.2	2.1	0	3	0.5	5.3	2.9	3.2	-0.7
克罗地亚	2.7	4.5	8.2	7.5	4.6	4.2	4.3	5.7	4.1	6.6
塞浦路斯	0.7	0.7	2.4	2.2	-1.1	2.3	-2	-3.1	-1.8	-3
捷克共和国	9.1	6.3	6.1	5.1	15.2	10.9	13.9	17.3	18.5	12.1
丹麦	3.4	3.3	1.8	4.7	9.8	13.2	13.5	9.2	3.4	1.7
爱沙尼亚	2.1	2.4	4.6	6.5	9.9	5.9	12.6	11.1	10.1	7.2
芬兰	0.5	0.3	-0.2	1.5	2.3	2.6	2.9	2.7	0.9	-0.7
法国	2.1	1.1	2.2	4.7	4.7	4.8	4.6	5.3	4	3.2
德国	4.5	4.8	4.3	7.2	8.1	7.8	9	8.5	7.2	6.2
希腊	-2.1	1.2	6.9	5.8	6.1	6.3	6.5	6.7	4.8	1
中国香港特别行政区	15.1	10.5	-1.3	-0.7	1.4	1	1.7	1.4	1.6	-1.6
匈牙利	9.6	11.1	13.3	1.6	10.7	6.3	11.1	11	14.2	10.4
冰岛	17	5.2	1	4	8.1	4.1	7.9	9.9	10.5	12.2
印度	5	1.7	-0.4	-3.9	-2.5	-2.1	-3.4	-2.6	-1.8	-4.3
印度尼西亚	-0.6	0.1	-1.2	-0.5	-0.1	-0.1	0	-0.2	-0.3	-0.5
爱尔兰	10.5	9.8	1.4	0.7	5.7	3.2	4.1	7.5	8.1	8.7
以色列	3.7	-1.6	1	3.7	6.8	4.7	6.3	7.2	9	11.5
意大利	-2.3	-1.7	-0.7	2	0.7	1.1	-0.8	1.9	0.4	-1
日本	2.1	0.9	1.1	0.1	6.2	3.9	6.2	8.3	6.3	8.3
韩国	-0.6	0.7	1	3.2	10.8	8.7	10.3	12.3	11.7	8.5
拉脱维亚	5.7	6.9	6	3.3	7.3	3	9.6	8.3	8.4	7.4
立陶宛	5.1	4.5	4.4	6	10.8	11	9.7	12.8	9.7	4.4
卢森堡	3.8	5.4	8.2	13.6	11.2	15.7	10.9	10.5	7.6	4.8
马来西亚	2.6	2.3	1.5	2.4	-1.3	0.2	-3	-1.1	-1.2	-2.3
马耳他	3.9	4.6	4.4	2.8	3.5	4.2	4.1	3.8	2	2.4
墨西哥	1.7	3.8	4.8	2.3	1.5	2.5	-0.6	2.7	1.5	0.4
摩洛哥	4.4	-1.8	-0.2	-1.7	-5.3	-0.2	-3.8	-7.5	-9.8	-9.4
荷兰	6.1	7.6	4.6	6.3	11.9	9.3	10.8	14.3	13.3	11.2
新西兰	4.7	2	1.5	8.3	21.7	20.9	24.4	22.6	18.9	6.1
北马其顿	-3	1.3	2.4	0.8	2.7	1.2	1.2	2.2	6.4	4.3
挪威	3.1	-1.3	0.3	2.9	6.8	7.9	9.3	6.7	3.2	3.3
秘鲁	-0.5	-1.1	0	-0.9	-3.7	-0.3	-1.2	-5.1	-8.4	-7.9
菲律宾	0.7	-2.3	3.8	7.4	-4.3	-7.9	-12.9	2.1	1.3	2.2
波兰	1.8	4.7	6.3	6.9	3.8	4.2	3.7	3.3	3.9	3.5
葡萄牙	7.7	9.2	9.6	8.8	8	6.2	7	9.9	9	8.3
罗马尼亚	4.2	1.1	-0.4	2	-0.5	-2.2	-0.5	0.8	-0.2	-2
俄罗斯	-7	-0.4	2.6	6.1	6.6	5.2	7.9	7.2	6.1	18.8
塞尔维亚	1.5	7.5	-9.2	0.2	3.3	5.3	5.5	4.4	-2.2	—
新加坡	-1.6	7.3	1.7	1.8	5.5	5.8	4.7	4.9	6.6	3.1
斯洛伐克	4.5	4.8	6.2	7.6	3.1	1	2.5	4	4.9	4.5
斯洛文尼亚	6.7	6.9	5	4.7	9.4	7.8	8	10.5	11.1	10.3
南非	-1	-0.8	-0.6	-0.8	-0.4	1.5	0	-1.1	-1.9	-1.7
西班牙	4.2	5	4.5	2.6	0.6	0.4	0.7	0.7	0.5	0.6
瑞典	4.8	-2.8	0.7	3.7	7.8	5.6	9	9.2	7.5	5.4
瑞士	0.4	1.9	2.6	4.4	6.2	6.2	6	6.5	6	5.9
泰国	1.1	4.2	0.3	5.5	0.1	0.9	-1.8	1.3	0	-0.5
土耳其	-0.8	-7.8	-8.5	11	16.3	14.2	10.4	13.7	26.9	35.7
阿拉伯联合酋长国	-4.1	-10.1	-5.7	-5.2	3.8	-1.9	2.6	7.2	7.3	8.3
英国	1.9	0.6	-0.8	2	6.5	7.6	7.9	6.5	4	3.4
美国	3.6	3	2.1	5.2	10.4	9.3	10.2	11.3	10.6	12.3
补充：										
所有报告的国家和地区（平均）	2.9	2	1.7	2.6	4.7	4.6	4.7	5.3	4.5	4.6
欧元区（平均）	2.8	3.1	3	5.1	5.2	5	5.2	6	4.6	3.5
发达经济体（平均）	3.5	2.3	1.8	4.4	8	7.1	8.1	9	7.8	8.5
新兴市场经济体（平均）	2.4	1.7	1.6	1.1	2.2	2.5	1.9	2.3	1.8	1.6

图10-13　2016—2021年全球主要经济体每年本币实际房价同比涨幅

数据来源：国际清算银行

11 房产投资的10个建议和忠告

“人无远虑，必有近忧”，有一些“刚需”买房的朋友认为自己买房子完全是为了居住，不是用来投资的，甚至很反感那些社会上投资买房的人，认为正是他们抬高了房价，这种看法实际上是错误的，也是短视的。

房子天然具有居住功能的消费品属性，同时具有资产特征的金融属性，这是市场经济中房子这种商品与生俱来的特点，房子的这种属性和您买不买没有关系。在现实生活中，拥有多套房的家庭都是从购买第一套“刚需”居住的房子开始的，因为改善性需求购买更多或者更大的房子的时候，此前购买的“刚需”房产自然就成了投资性的房产，尤其是当您需要卖出此前的第一套“刚需”房子换更大的房子的时候，您就会深刻体会到房子的金融属性。刚需的朋友买房的时候，也需要尽量兼顾“投资”的思想，因为再过若干年后，您的生活水平、购买力、对更美好生活的向往一定是不断提高的。

当然了，正是由于房子具有金融属性，对有的家庭来说自然会存在投资买房的需求，这种需求是合理合法的，是正大光明的。购买房产的家庭为社会做出了更多的贡献，政府增加了收入，城市变得更漂亮、道路更加宽阔、投资环境更加有吸引力。这本来是一些基本的经济学常识，但当房价上涨的时候，掺杂了情绪的是非观念后就变得模糊了。

下面我根据自己的研究和体验为投资买房的家庭分享10个建议和忠告，也许有的内容您并不陌生，但将其完整系统地呈现给您，相信会对您有启发和帮助。

一、位置最重要

面对琳琅满目的房子和销售人员的甜言蜜语，您会发现看的每一套房子都那么让您心动。请记住，从投资的角度看房产，位置最重要，其他的因素要往后靠一靠。所谓位置，不要局限于“最后一公里”，因为当走到这一步的时候，房子的价值基本上已经确定了。

首先要选择城市，房子是不可以移动的，但人和资金是可以流动的，如果条件具备，要首先选择一线城市、中心城市的房产，因为房子本质上投资的是一个城市的未来，如果一个城市的未来前景并不明朗，房子这种资产也很难精彩。

其次要选择城市的主流、中心区域。每一个城市都是有传承、有底蕴、有灵魂的，一些花里胡哨的楼盘永远不可能成为城市的中心，多数只能是昙花一现。只有选择主流人群认可的区域、方位，才能够最大限度分享一个城市未来的价值成长。

具体来说，通常优先选择政务区。中国的文化里，行政中心总是拥有最优的资源、最大的能量、最便捷的政策工具。从长周期来看，政务区的宜居环境塑造能力超过任何一个亿万富翁和企业集团。

选择文教区。中国任何阶层的家庭都会倾注大量资源在子女的教育上，这是几千年中国文化很深刻的烙印，一时半会儿改变不了。文教区的房子，不但能够最大限度让子女后代享受最好的教育资源，而且是有孩子的家庭所追捧的资产，这就是生生不息的投资逻辑。

最后要选择商务区。商务区通常拥有最活跃的年轻人群体、最有购买力的社会中坚力量、最惜时如命的亚健康一族，区域内的房子一般都很好出租，而且租金收益率和租金未来的上涨都会激动人心。这里的房子，出租的时候，就是每月稳定的现金流；出售的时候，就是稳定的优质资产升值回报。

二、杠杆是奥妙

购买房产时尽量使用公积金或者商业银行的信贷杠杆。本书最初的篇章和朋友们分享了这是一个“财富杠杆化”的时代，从宏观经济的增长到企业价值的创造，到家庭部门的财富赛跑，再到亿万富翁雨后春笋般崛起，背后是财富杠杆化的底层逻辑。

杠杆的简单模型是：花费30万自有资金，提前享受了100万房产所带来的生活便利和社会福利，并且拥有了100万资产未来的升值收益。假设20年贷款，4.9%利率保持不变，20年后100万的房子价值300万，利息成本35万，则意味着您初期的30万投资，获得了165万的投资回报，另外还提前住了20年的房子！当然，如果是成本更低的公积金贷款，或者未来长期利率下降，就意味着您赚得更多，这也是房产投资的真正奥妙。

买房是普通中产家庭能够“大额、长期、低价”利用公积金和商业银行信贷资金不多的机会。试想一下，除了买房之外，普通自然人和中小微企业都很难从金融机构动辄获得10年、20年甚至30年的长周期信贷；资金规模动辄几十万、上百万甚至几百万；信贷利率参考基准利率，在特殊时期，甚至信贷利率还会有打折优惠。有的家庭总认为这是莫大的风险，但有的家庭认为这显然是巨大的机会。

信贷利率长期来看大概率是下行的。从1998年房地产市场化开始到2022年，整体来看，5年期以上的房贷利率是持续下降的。中国现在处于全面小康阶段，2035年的远景目标是达到中等发达国家水平。参考今天世界上主要的发达国家，如美国、日本、英国、德国、法国、意大利、加拿大、澳大利亚等，从20世纪80年代以来，其信贷利率水平整体都呈现持续下降的趋势。这背后的道理是，随着社会的发展，资金将变得越来越充裕，资金的成本也会越来越低。

也许有的所谓经济学家会讲，如果将来遇到了恶性通胀，信贷利率有可能会大幅上涨。实际上，在《房子是长期抗通胀的优质资产》一篇中已经给大家举了例子，2020年新冠肺炎疫情危机以来，中国以外的全球其他主要经济体都呈现了几十年来较严重的通货膨胀，但您发现，他们的利率水平并不高，最重要的是在恶性通货膨胀的时期，几乎所有经济体的房价涨幅都明显跑赢了通货膨胀，也跑赢了信贷利率。试想一下，如果真有一天这样的高通货膨胀来了，您除了现金外，两手空空，岂不是非常被动？

当然，利用信贷杠杆不能走向另一个极端，务必量力而行，保证还款负担不能超过家庭还款的能力。任何企业或者家庭的破产，常常都是因为现金流出现了问题，这是家庭利用信贷杠杆的红线和底线。

三、注意流动性风险

从金融的角度看，房地产最大的缺点就是流动性差，房产投资一定要时刻注意房子这个短板。在《选房要领：位置和流动性》一篇中，比较详细地和读者朋友分享了房地产流动性风险的问题。

所有的投资，最终都需要能够把资产重新变成现金回收，如果资产最终不能重新变成现金，这样的资产从投资的角度来说是一文不值的。

一般来说，大城市的房产比小城市的房产流动性好，城市中心区域的房产比远郊区县的房产流动性好，中小户型的房产比大户型的房产流动性好，住宅的流动性比公寓和别墅类的好，商铺和写字楼的流动性风险相对较大，电梯房比楼梯房的流动性好，板楼比塔楼的流动性好，南北朝向比东西朝向的流动性好，楼中层比底层、顶层的流动性好，同样位置品质高的小区流动性更好，等等。

这里特别要提醒的是：不要购买小产权房和违建的房产，慎重购买商铺和写字楼，对于位置比较偏远的旅游地产也要格外慎重。这些房子未来的风险比较大，流动性也比较差。

四、能租出去的房子才是好房子

很多朋友觉得自己无法判断所关注的房子未来能不能升值，流动性风险大不大。一个简单的判断办法就是：能租出去的房子才是好房子。您可以看一下所在小区的房子有人租吗，好出租吗，租金水平怎么样。

一般来说，投资客买房扎堆的小区，由于缺乏常住人口的支撑，房子是不好出租的，这些小区的房子未来想卖出去难度更大；如果一个小区的空置率很高，要么说明小区没有人气，要么说明周边环境不宜居，不安全、不方便，没有活跃的生态环境，这样的房子将来也不好卖出去；如果小区虽然入住率很高，但是生活、工作不方便，没有外来人口流入，这样的房子将来也并不好出售，升值的空间也不大；如果小区环境很好，周边景色很好，但缺乏活跃的经济发展，缺乏常住人口的支撑，缺乏外来人口稳定的租住需求，这样的房子将来也不好变现。这就是通过判断是不是能够出租来间接判断未来是不是能够出售的道理。

能租出去的房子才是好房子还有另一层含义。在过去的20多年，由于没有房地产税，购买房产没有持有成本，房产投资者感受不到房产投资的成本压力。最近几年，关于房地产税的讨论越来越紧锣密鼓，虽然2022年由于“稳增长”的特殊原因，房地产税试点和立法似乎又停了下来，但大概率未来还是会和社会见面的。如果房子不能租出去，房地产税落地后每个月确定性的成本就无法转嫁出去，也会给房屋的持有者带来一定的思想压力，这样的房子在房地产税落地的环境下就更不好卖出去变现了。

虽然房地产税试点和立法推迟了，但买房一定要未雨绸缪。

五、限购越严的城市，越可能是好的资产

中国有300个左右的城市，到底哪个城市的房产会更好呢？由于信息不对称，很容易两眼一抹黑，或者知道得多了，觉着眼花缭乱。一个简单粗暴的判断方法就是，现在限购越严的地方，越可能是好的资产。

经济学的原理告诉我们，供求决定价格。之所以有的城市限购得非常严格，很

重要的原因是这些城市的房产需求者甚众，而房子的供给相对有限。因此，城市管理者很担心放开限购，导致房价的非理性暴涨。所以，当经济环境发生变化了，当限购政策发生松动了，可优先关注当下限购最严格的城市的房产。

另外一个原因就是，如果一个城市的房子最近几年严格限购，则大量的需求会被人为拒之在外，通常这些城市还伴随严格的限价政策，城市的房价实际上是被人为严重压制的，房价是失真的，一旦限购政策解除，很可能伴随房价新一轮上涨。比如北京的通州行政副中心、环京周边的燕郊；再如海南自贸港，一线城市的北、上、广、深；等等。

房产投资不能着急，选好城市、选好位置是关键，如果仓促出手买了不满意的房产，调整的成本会很高，也会对长期持有的回报不满意。

六、到大城市、中心城市去

太多的朋友房产投资的视野过于局限在城市的具体位置，实际上比这更重要的是城市的选择，要尽量到大城市去，到中心城市去，到省会城市去。不同城市的房子，未来10年、2年会有完全不同的风景，这是房子未来分化的大逻辑，不可以舍大求小，螺蛳壳里做道场。

在此前的篇章《哪些城市的房子是未来的优质资产》中，比较详细地列出了全国325个城市2011年、2021年二手住宅挂牌价格和近10年的涨幅情况。您会发现，整体来看，大城市的房子价格更坚挺，涨幅更大；小城市的房子价格虽然低，但是不涨。小城市房子更大的流动性风险从价格上还没有表现出来，但是可以分析出来。

从投资的角度看，如果条件具备，就优先到一线城市，然后是国家中心城市、副省级城市、区域中心城市、省会城市，最后是区域副中心城市。

房价是城市的门票，从居住、生活、工作的角度看，您通过买房融入城市的发展，分享城市的文明和便利；从投资的角度看，买房投资的是城市的未来，您改变不了一个城市，您只是城市发展的搭车者。这和股票的投资是一样的道理，您的投资改变不了企业的发展轨迹，您只是顺势而为，分享企业的内生性成长带来的回报。

房子是不动产，但人口、资本、产业是可以移动的。从投资的角度看，今后要慎重投资四、五线小城市的房产。整体来看，未来四、五线小城市的房子主要体现为居住功能的消费属性，投资的金融属性会越来越弱化。

2021年5月，国家统计局公布了第七次人口普查数据，我们可以从中看到几个重要的信息：①总的人口增长有明显的触顶迹象，四、五线小城市的人口出生率下降很快，并非房价低出生率就会高；②大约1/2以上的城市常住人口数量相比10年前的第六次人口普查是减少的，四、五线中小城市人口普遍净流出。③老龄化日趋严重，尤其是部分四、五线城市，随着中青年劳动力人口的外流，老龄化程度甚至超过了一、二线大城市。

除了人口问题的挑战之外，四、五线小城市的产业竞争力也相对弱了很多，城市的财政能力比大城市低太多，城市财政对房地产和土地的依赖比大城市更严重。这些都对四、五线小城市未来长周期的发展潜力提出了挑战。从劳动生产率和实现自我价值的比较优势看，四、五线小城市和一、二、三线大城市的差距要大很多。

从投资回报率的角度看，此前篇章的数据告诉我们，四、五线小城市的房价整体来看缺乏成长性，出租市场需求也并不旺盛，租金上涨的动力也相对比较弱。从流动性的角度考虑，这些城市的房产未来变现的难度越来越大。当然，不排除由于地理位置、资源禀赋等原因，个别城市会有例外，但大的趋势是这样的。

七、慎重投资资源型和重化工业城市房产

资源型城市和重化工业城市的房产投资也需要慎重，从长周期来看，未来经济的转型会给这些城市带来潜在的痛楚。

也许您听说过美国五大湖周边的“铁锈地带”，这个区域是美国在20世纪80年代工业化阶段最重要的煤炭、钢铁、冶炼、化工、汽车等生产制造基地，曾经在美国经济中的分量非常重要。但随着美国经济的发展，工业的比重日渐萎缩，经济的增长主要依赖第三产业(服务业)的发展。“去工业化”20年之后，今天这些区域人口大幅流出，甚至有的地方出现了“1元空城小镇”的极端现象。当然这些地方的房价非但没有上涨，甚至还下跌了，空置房比较普遍，因为城市的经济转型难度很大，失去了产业和人口支撑，城市面临非常大的麻烦。

在中国有一些资源型城市和重化工业城市，最近10年也出现了产业转型的难题，普遍面临人口流出、房价止步不前的景象。

八、不要忽视交易成本

房子这个商品交易成本比较高，这里的交易成本包括契税、所得税、佣金等，它们的比例比较高，再加上一般总的房价基数大的缘故，所以总成本的数额比较

大，这一点和其他金融资产有很大的不同。

契税：现在购买首套房的契税标准——90平方米以下契税为1%，90～144平方米契税为1.5%，144平方米及以上契税为3%，房产性质为别墅或商业用途的、小区容积率小于2.0的、房产单价超过地方政府规定的界限的契税为3%。如果购买的是二套房，无论房子多大，通常都是3%的税率。

营业税：税率收取标准为5.5%～5.8%。对于个人购买不足5年的非普通住房对外销售的，全额征收营业税；个人购买超过5年(含5年)的非普通住房或者不足5年的普通住房对外销售的，按照其销售收入减去购买房屋的价款后的差额征收营业税；个人购买超过5年(含5年)的普通住房对外销售的，免征营业税。

所得税：对住房转让的个人，能够提供完整、准确的有关凭证，能够正确计算应纳税额的，应采取查账征收，依应纳税所得额的20%计征个人所得税；对纳税人未能提供完整、准确的有关凭证，不能正确计算应纳税额的，应采取核定征收，税率暂定为计税价格的1%。个人自用2年以上，并且是家庭唯一生活用房的房屋个人所得，免征个人所得税，非普通住房按5年计算。

交易佣金：北京地区的房屋中介机构比较普遍的交易佣金比例是房屋成交总价的2%～2.7%，全国其他城市最低也在1%以上。由于房屋总价一般都比较高，如北京平均每套房价700万，中心区域普遍超过1000万，一套房子的佣金在20万～30万元。

以上这些主要的税费佣金有的是针对卖房人征收，有的是针对买房人征收，但最终都是“羊毛出在羊身上”，一般都会计算到房屋总价款中，需要买房人来承担，这样最终会抬高房屋的实际总价。

除了以上这些之外，由于房地产税未来很大概率会实施，预计多套房、大户型房子、别墅类低密度产品的持有者也会明显增加持有成本，这一点也需要房产投资者未雨绸缪。

九、不要过高估计房价的眼前波动

计划买房的朋友，通常都非常关注房价的短期波动，总是希望能够买到最低点；一些持有多套房产的朋友，也会关注房价的短期波动，而这些波动常常让自己忐忑不安。其实，房子是一个长期资产，是否投资房产最重要的是要有准确的战略判断，不要太看重短期的波动，也不要指望自己一定能买到最低点。

房子和股票类似的地方就是价格总会有波动，但房价和具体股价不同的地方在于房子是一种生命周期长得多的资产，而股票对应的上市公司的寿命通常要短得多，股价的周期也要短很多。所以从投资的角度看房产，最根本的判断是一个城市的房子有没有未来，一个区域的房子有没有未来。因为一旦您买到房子之后，由于流动性和交易成本等多种因素，您持有的时间都是比较长的，通常都在10年以上，甚至几十年，所以对未来的判断比当前价格的波动重要得多，一定不能舍本逐末。

需要特别提醒的是，大众投资者由于缺乏专业的判断能力，通常会随波逐流，一旦短期房价出现上涨，就会认为或者担心未来还要涨很多；一旦房价出现下跌，就会认为或者期待未来房价还要跌很多。但实际上并不是这样，这些规律在不同的城市是完全不同的，千万不要过高估计眼前的价格波动。

十、调整优化家庭房产结构

房产投资不在数量多寡，而在价值差异，对于部分中产家庭来说，需要优化当前家庭的房产结构。

根据中国人民银行调查统计司的报告，截至2019年底，中国城镇居民家庭住房拥有率为96%，收入最低的20%家庭的住房拥有率也有89.1%。在拥有住房的家庭中，有一套住房的家庭占比为58.4%，有两套住房的占比为31.0%，有三套及以上住房的占比为10.5%，户均拥有住房1.5套。截止到2022年底，拥有两套以上住房的家庭数量会有新的增长，这部分家庭也许要思考是否需要优化家庭的房产结构。

一方面，由于房地产的发展阶段发生了变化，从过去的供不应求到今天的总量平衡、局部过剩的新阶段，未来房价将告别普涨，开始明显分化，甚至一部分房子的流动性风险也开始越来越凸显；另一方面，预计房地产税在将来有很大的概率落地，其中如果涉及累计税制，则有可能给多套房的家庭带来影响，尤其是三套以上住房的家庭。

面对这种情况，可以考虑减少房子的数量、优化房子的品质；尽量提前卖出四、五线城市和县城的投资性房产；如果条件具备，可以考虑置换成一、二线中心城市的房产；尽量卖出回报率低、流动性差的商铺、写字楼等资产，可以考虑置换成核心区住宅等资产；可以考虑卖出远郊区县的投资性房产，如果条件具备可置换成中心区域小而精的房产；多余的投资性房产一定要确保能够租得出去，能够产生现金流。对于个别房产持有数量在3套以上的家庭，尤其对持有十几套的深度房产投资者来说，需要把部分房产调整成权益性股票、指数基金等资产，一方面增加流动性，另一方面通过投资组合对冲部分风险。

PART 3 第三部分

顺势而为，走近股票市场

随着中国人口总量的触顶回落，城镇居民家庭的房屋自有率超过90%，城镇居民人均居住面积超过40平方米，越来越多中小城市的人口流出现象日趋严重，房产仍然具备显著财富效应的城市数量在快速减少，大多数中产家庭需要寻找房产以外的新财富赛道。

根据《中华人民共和国第十四个五年规划和2035年远景目标》，科技创新和资本市场将逐渐成为中国未来经济增长的新方式、新引擎。2019年中国科创板成立，2020年新修改的《中华人民共和国证券法》开始实施，创业板全面推进注册制改革，同时更严厉、更有效的退市制度开始逐渐发挥威力，“坏死”的公司将加速退市，一个更有效、更健康、更关注中小股东利益的资本市场正在蜕变中新生。2019—2021年中国股市沪深300指数和创业板指数的涨幅在全球主要市场呈现难能可贵的领涨局面，中国资本市场一改往日灰头土脸的旧模样！

以股票为代表的权益投资，有很大的概率成为未来10年新的财富主赛道。无论过去对中国股市持什么样的看法，或者是否关注过中国A股，未来10年，中产家庭都一定要尝试走近股票市场。

内容聚焦

12 买五粮液股票，还是买一线城市房产
13 感知股市生态：高收益、高风险
14 顺势而为：行业精选
15 股市民营企业财富效应更明显
16 价值投资的核心：成长性
17 便宜没好货，警惕低市盈率的陷阱
18 价值投资的误区：机械性长期持有
19 不会止损止盈，股票最终是一场空

12 买五粮液股票，还是买一线城市房产

对于家庭资产配置来说，总是需要给现金找到对应的优质资产。普通家庭能够接触到的优质资产最主要的就是房产、股票、基金，其他的要么像银行理财、存款、储蓄那样吸引力不大，要么像期货、期权等那样风险太高。

截至2022年4月27日，A股市场经历了一轮大幅调整，从年初至今，上证指数跌幅达到19%，深证成指跌幅近30%，沪深300指数跌幅21%，创业板指数跌幅32%，市场充满了恐慌情绪。根据过往的经验，此时也许正是布局股票市场的又一次历史时机。

2017年以来，房地产市场实行了“历史上最严厉的调控政策”。2020年9月又出台了针对房地产企业信贷融资的三道红线，2020年年底针对所有面向房地产的贷款，央行和银保监会又对商业银行提出了“五档分级制度”的信贷要求。2021年以来，以华夏幸福、中国恒大、融创中国、佳兆业、泛海建设、富力地产等为代表的民营房地产龙头企业纷纷陷入了债务兑付的危机，一时间烂尾房现象重现大江南北，房地产行业迎来了20年不遇的冬天。2022年以来，为了稳增长，越来越多的城市开始放松房地产调控政策，一线城市的房价呈现了新一轮领涨的苗头。

到底该投资房产，还是投资股票？本篇以今天(2022年4月27日)五粮液的股票和一线城市的房产为例做一个跨市场的对比分析，结果也许会很有趣，甚至对家庭资产配置也会有启发。

一、一线城市的房产

整体来说，由于经济、人口、购买力、资源和城市地位等多方面的优势，一线城市的房产在全国的城市中是安全性、流动性和成长性都比较好的资产。由于“限价”和“限竞房”等因素的影响，一、二线城市新房统计价格失真情况比较严重，我们参考中国房价行情平台一线城市二手房挂牌价格，看一下一线城市2011—2021

年二手房价格走势。2011—2021年一线城市二手房挂牌价格走势，如表12-1所示。

表12-1 2011—2021年一线城市二手房挂牌价格走势

城市名称	2021年二手房挂牌平均单价(元/平方米)	2011年二手房挂牌平均单价(元/平方米)	2011—2021年房价涨幅(%)	2011—2021年年化复合涨幅(%)
深圳	71 188	19 010	274	14.10
上海	67 662	24 828	173	10.50
北京	66 739	25 194	165	10.20
广州	44 139	14 618	202	11.68
平均值	62 432	20 913	199	11.56

数据来源：中国房价行情平台

根据中国房价行情网数据，北、上、广、深四个一线城市二手房挂牌平均单价从2011年的20 913元/平方米涨到了2021年的62 432元/平方米，10年累计涨幅203%，年化复合涨幅11.56%。在这10年时间，中国的名义GDP从48.8万亿元涨到了114.4万亿元，10年累计涨幅134%，年化复合涨幅8.9%；中国的广义货币发行量从累计85.2万亿元增长到238.3万亿元，10年累计涨幅179%，年化复合涨幅10.8%。我们可以看到，在2011—2021年，一线城市的平均房价涨幅跑赢了广义货币发行量的涨幅，当然也跑赢了名义GDP的涨幅。

预计未来10年，经济增长、货币发行和房价的涨幅都将下一个台阶。根据目前比较主流的预期，在不发生大的黑天鹅事件的情况下(如牵涉到中国的战争)，未来10年中国经济的名义年化增速将会回落到5%～6%，广义货币发行量年化增速大约在7%～8%。考虑到房地产税等未来潜在因素的影响，大致可以判断北、上、广、深四个一线城市未来10年的房价年化增速大体上和广义货币发行量的增速7%～8%相当。

房产的投资回报，除了房价上涨带来的收益之外，还有房租的收益。在最近10年时间，一线城市的住宅租金收益率大体保持在1.5%的水平，但是每年和GDP大约同比增长(6%左右)，只是不少做房产投资的朋友似乎还不是特别看重这部分收益。

二、五粮液股票

之所以选择五粮液股票来做对比，一方面是因为五粮液既是深证成指的权重成分股(截至2022年4月27日权重2.5%，排名第2)，又是沪深300指数的权重成分股(截至2022年4月27日权重1.58%，排名第6)；另一方面是因为五粮液产品和业绩多年表现稳健，主要市场在国内，受国际环境因素影响比较小。我们先看一下五粮液股票截至2022年4月27日最近10年的走势，如图12-1所示。

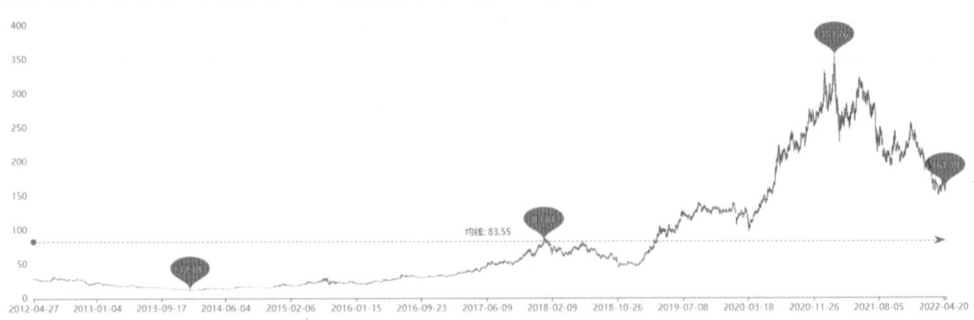

图12-1　最近10年五粮液股票价格走势(前复权)

数据来源：深圳证券交易所

从2012年4月27日到2022年4月27日，五粮液股票价格(前复权)从28.58元涨到161.39元，10年累计涨幅459.6%，年化复合回报率18.9%。在此期间，沪深300指数的涨幅48.34%，五粮液的股价涨幅远远跑赢了沪深300指数，也跑赢了任何一座一线城市的房价涨幅。虽然过去的10年时间，股票市场整体的财富效应似乎并不明显，但是五粮液凭借产品和品牌优势，在消费结构升级的背景下，企业利润和公司股价为股东和二级市场的投资者带来了稳健的回报，这一点非常类似一线城市的房产。

我们知道，影响股价的因素为基本面和外部环境，从长期来看，基本面是影响公司股价的最根本因素。最近10年五粮液的股价涨了459.6%，那么企业的利润表现怎么样呢？下边我们来看一下五粮液最近10年的利润变化。最近10年五粮液归母净利润走势，如图12-2所示。

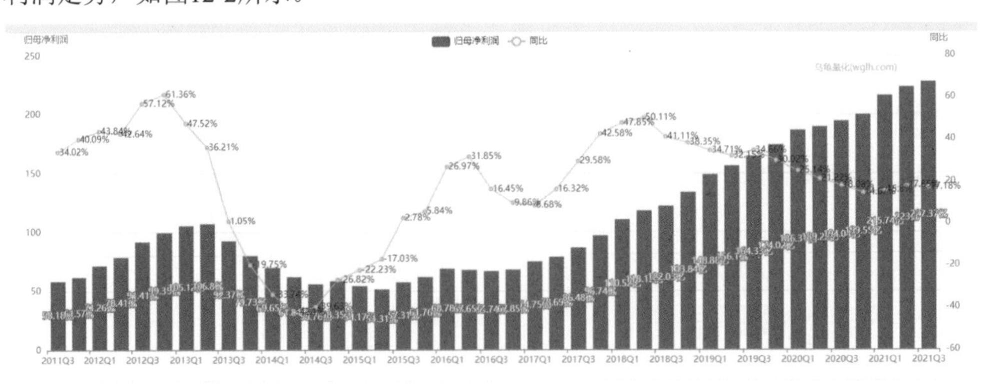

图12-2　最近10年五粮液归母净利润走势

数据来源：东方Choice、乌龟量化

2011年五粮液上市公司全年归母净利润大约61.57亿元，2021年归母净利润233.5亿元，增长了2.79倍，年化利润增长14.3%，公司利润的增速也超过了一线城市房价的涨幅。2017年以来，最近5年公司每年的利润增长稳定在17%以上，2021年的利润同比增长17%。伴随着公司利润的增长，公司每年分红的比例也在不断提高。五粮液历年分红总金额和股息收益率，如图12-3所示。

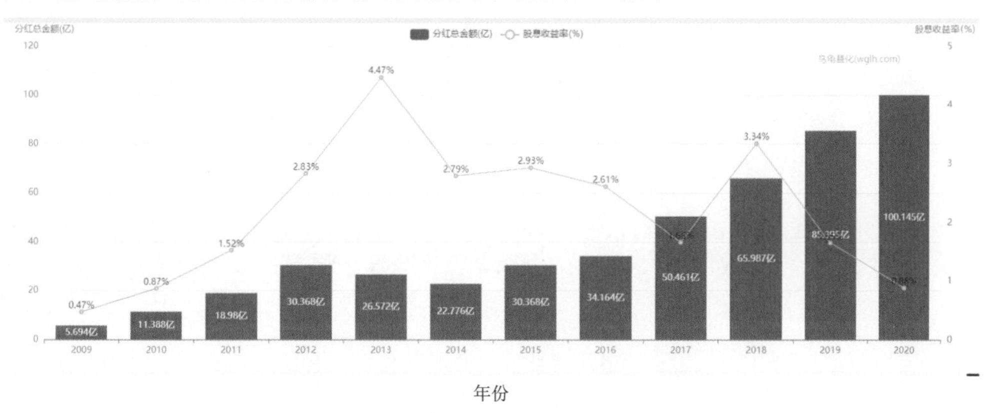

图12-3　五粮液历年分红总金额和股息收益率

数据来源：东方Choice、乌龟量化

2022年3月29日，五粮液发布公告，预计2021年度公司分红不低于115亿元(全年利润233.5亿元)，创下五粮液上市以来最高的分红纪录，派息率仍然保持50%以上，如果参考2022年4月27日的股价161.39元，每股分红3元，大体股息率在1.86%。回顾数据，2011年公司分红18.98亿元，2016年公司分红34.16亿元，2021年公司计划分红115亿元，最近10年分红增长了506%，最近5年分红增长了237%！2015年以来，五粮液每年均拿出利润的50%左右给股东分红，这一个表现非常稳健，已经成为五粮液回馈股东的一种公司文化。

如果五粮液的公司利润在今后5年仍然能够保持15%以上的平均年化增速，意味着股东分红也将保持15%左右的年化增速，大体可以预计未来5年五粮液的分红可以实现翻番，达到230亿元左右，每股分红在6元左右。实际上券商研究机构对五粮液未来两年一致性预期均保持在17%以上，随着未来新冠肺炎疫情危机逐渐解除，五粮液的公司利润预计将重回增速快车道。券商研究机构对五粮液一致性盈利预期，如图12-4所示。

时间	2018A	2019A	2020A	2021E	2022E	2023E
营业总收入(百万元)	40,030.19	50,118.11	57,321.06	66,526.70	76,879.22	88,385.99
增长率(%)	32.61	25.20	14.37	16.06	15.56	14.97
归属母公司股东净利润(百万元)	13,384.25	17,402.16	19,954.81	23,521.87	27,769.78	32,539.45
增长率(%)	38.36	30.02	14.67	17.88	18.06	17.18
每股收益(摊薄)(元)	3.4481	4.4832	5.1409	6.0587	7.1542	8.3830
市盈率	14.76	29.67	56.77	26.63	22.56	19.25
PEG	0.38	0.99	3.87	1.49	1.25	1.12
基准股本(百万股)	3,881.61	3,881.61	3,881.61	3,897.20	3,881.61	3,881.61

图12-4　券商研究机构对五粮液一致性盈利预期

数据来源：东方Choice

五粮液在股价上涨、持续分红的情况下，公司的估值水平是否会受到损害呢？我们来看一下五粮液的最近估值水平。最近5年五粮液市盈率走势，如图12-5所示。

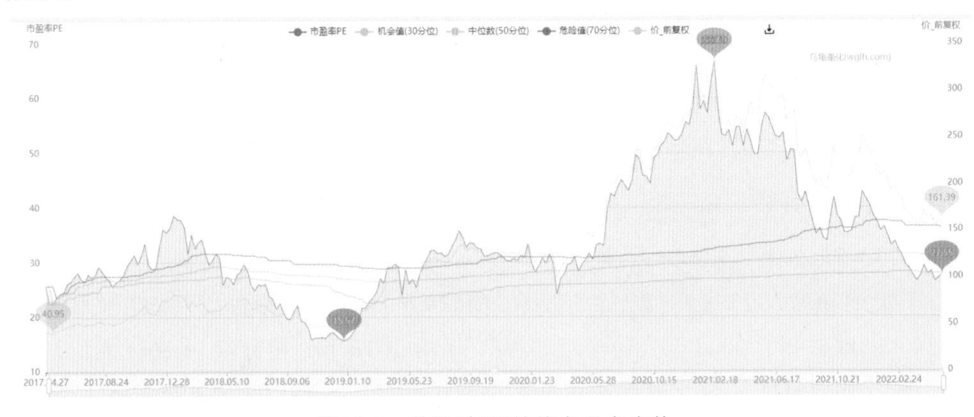

图12-5　最近5年五粮液市盈率走势

数据来源：东方Choice、乌龟量化

从2017年4月27日到2022年4月27日，经历了2018年的大熊市，2020年的市场大调整，2021年初、2022年初的大调整，五粮液的股价从2021年2月最高点的352.76元跌到了2022年4月27日的161.39元。截止到2022年4月27日收盘的TTM市盈率(滚动市盈率)水平是27.55倍，处于最近5年27.3%的百分位，预计2021年年报和2022年一季报录入后，估值水平会再降一点，在25倍左右。最近5年市盈率的中位数是31.33倍，平均值是34.17倍。从估值的角度看，目前五粮液的估值百分位低于30%的洼地线，至少说明估值处于较低水平，没有明显估值泡沫。

三、对比分析

通过以上数据您会发现，五粮液的股票和一线城市的房产最大的相似点是各自代表了股票市场和房地产市场稳健成长的优质资产。房价、股价、租金、股息均持续稳健增长，为投资者带来了丰厚的回报。

收益率和成长性不同：如果仔细比较，无论是收益率还是成长性，在水平上都有很大的不同。比如从收益率来看，一线城市的房价最近10年涨幅205%，年化复合涨幅11.56%，已经跑赢了广义货币发行量的涨幅，在房地产市场中傲视群雄。五粮液的股价涨幅更是达到了459.6%，年化复合收益率18.9%，远远跑赢了一线城市的地产。一线城市的租金收益率大体保持在1%～1.5%的水平，五粮液的股息率也保持在1.5%以上，二者大体相当；一线城市租金的涨幅大约和名义GDP的涨幅相当，为每年6%～7%的水平，五粮液股息的涨幅大体保持在15%以上的水平。利润稳健的高成长，既推动了五粮液股价的上涨，又推动了其股息的快速增长，在没有黑天鹅事件发生的情况下，未来几年五粮液的股价和分红增速也将大概率超过一线城市的房价和房租涨幅。

价格波动性风险不同：2017年以来，一线城市的房地产市场普遍实行了“历史上最严厉的调控政策”，但即使如此，北、上、广、深的房价最大年度跌幅也没有超过20%，其实全国绝大多数城市的房价也都如此，在行情不好的年份房价跌10%已经比较严重了，大多跌幅都是个位数的水平。但是我们看五粮液的股票最近5年每年的波动率都在30%～50%的范围内。最近这一轮调整更是从2021年2月的353.76元跌到2022年3月29日的149元，跌幅达到58%！所以，五粮液的股价波动性风险远远超过了一线城市的房价，五粮液股价的这个特点也代表了股票这类资产高风险的特征。

流动性不同：一线城市的房产已经代表了最好的房产的流动性水平，但是如果和五粮液的股票流动性相比，还是逊色很多，当然这是由两类资产的属性决定的。我们知道，房地产资产最大的缺点就是流动性差，即使一线城市核心区的房产变现一般也需要3个月左右的时间，稍微偏远的位置甚至需要6个月到1年的时间。股票资产最大的优点是流动性比较好，正常的股票T+1卖出到账。所以，在流动性方面，显然五粮液的股票优势明显。

交易成本不同：当前一线城市二手房的交易成本，除了3%～6%的契税、营业税之外，还有2.5%左右的二手房交易佣金，最主要的是二手房交易的价差收益还有20%的个人投资所得税。随着工商税务部门对房地产中介机构二手房交易阴阳合同打击力度的加大，这些个人所得税逃掉的难度也越来越大了。股票的交易成本相对要小得多，和二手房的交易成本相比，几乎可以忽略不计，最主要的是股票交易的资本利得税是免除的。

通过以上对比分析，我们可以看到五粮液的股票在成长性、流动性、交易成本等方面都要明显优于一线城市的房产。虽然当前五粮液的股价经过前期50%的调整，已经处于历史较低的估值百分位水平，股价的短期风险在很大程度上释放了，但这仍然改变不了未来中长期股价仍会大幅波动的特征，从某种程度上说，这是由股票市场的高波动性造成的。如果由于限购、首付款门槛等各种原因，您已经买不了一线城市的房产，或者您家庭的资产几乎全是房产，资产的结构迫切需要改善，五粮液的股票也许是一个不错的中长期选择。当然必须再次提醒，您要有承受较高波动风险的能力和心理准备，因为这是一个完全不同的赛道。

13 感知股市生态：高收益、高风险

股市就像一个生态系统，因为公司都是有生命的。有些公司在疾风暴雨中螺旋式发展，生命力旺盛；有些公司只是活着，雨水来的时候，长几天，雨水走的时候，就蔫了，每年就盼着几天雨季，股价像心跳一样，只是波动而已；有些公司曾经辉煌，但每一次长出新叶，就会有更多的枝叶枯萎，投资者靠怀念度日，但公司实际上已经没有未来，只是大家都不愿承认。

“知己知彼，百战不殆。”大多数股票市场的投资者对股市缺乏一个全局的观念，如哪些类型的股票回报率更高？哪些类型的股票代表着未来？哪些类型的股票风险更大？哪些类型的股票已经苟延残喘？明白了这些基本的道理，股票投资者才能结合自己的风险承受能力和投资目标，把有限的精力集中到水草丰盈的有限区域，做到有的放矢。

一、寻找高回报的沃土

首先，进入股票市场的朋友，面对近5000只令人眼花缭乱的股票，大多数都对到底哪些股票会给自己带来高回报，哪些股票风险更小一点感兴趣。让我们从代表“价值蓝筹”和“科技成长”的沪深300指数(红色曲线)和创业板指数(蓝色曲线)最近10年(截至2022年4月16日)的走势说起。2012/04/16—2022/04/16沪深300指数和创业板指数走势，如图13-1所示。

从2012年4月16日到2022年4月16日，沪深300指数涨幅62.33%，创业板指数涨幅242.21%。从这10年的长周期看，创业板指数的涨幅还是远远超越了沪深300指数的涨幅。可能有的朋友看图会觉得这是因为开始的几年创业板指数起点比较低，其最近几年的走势看起来并不比沪深300指数出色。

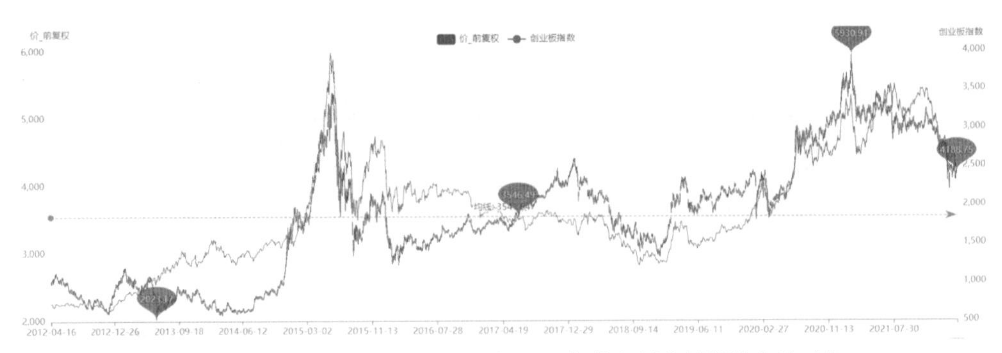

图13-1　2012/04/16—2022/04/16沪深300指数和创业板指数走势对比

数据来源：Wind、乌龟量化

我们现在把截至2022年4月16日(这是写作本篇内容时的日期，是一个随机数字)的最近10年做一个阶段分解，分别看一下“最近5年”“最近3年”“最近2年”“最近1年”沪深300指数和创业板指数走势的对比。沪深300指数和创业板指数分阶段回报率对比，如图13-2所示。

区间	收益		RPS	
	沪深300指数(%)	创业板指数(%)	沪深300指数	创业板指数
近2日	+1.18	-0.26	75.36	60.15
近3日	+0.21	-2.51	77.68	53.93
近5日	-0.99	-4.26	72.92	49.98
近1月	+5.14	-1.77	68.72	47.64
近3月	-11.38	-21.13	63.73	39.00
近6月	-15.07	-24.90	40.29	21.05
今年来	-15.21	-25.95	56.17	31.29
近1年	-15.36	-11.84	30.28	35.19
近2年	+10.31	+24.42	52.41	64.60
近3年	+5.36	+47.60	60.43	82.27
近5年	+20.14	+30.35	80.54	83.15
近10年	+62.33	+242.21	58.21	87.68

图13-2　沪深300指数和创业板指数分阶段回报率对比

数据来源：Wind、乌龟量化

通过图13-2您会发现，无论“最近10年”“最近5年”“最近3年”还是“最近2年”的阶段对比，代表科技成长的创业板指数的回报率都明显超过了代表价值蓝筹的沪深300指数。

在图13-2中，除了“收益”一栏之外，还有一栏“RPS”，它是“股价相对强度指标”，英文全称为Relative Price Strength。这个指标用来表示“在一段时间内，个股涨幅在全部股票涨幅排名中的位次值”，数值范围为1～100。RPS=100，表示该股票在价格方面的表现比其他股票都更为优秀；RPS=80，表示该股票在价格方面比其他80%的股票表现好。

从图13-2的数据可以看到，创业板指数在“最近10年”内跑赢了市场上87.68%的股票，在最近5年内跑赢了83.15%的股票，在最近3年内跑赢了82.27%的股票，在最近2年内跑赢了64.6%的股票。当然，创业板指数的这个指标也跑赢了沪深300指数。这个数据再次告诉我们，代表科技成长的创业板指数不仅跑赢了代表价值蓝筹的沪深300指数，也长期跑赢了市场中大部分个股，表现得非常出色。

有很多朋友股票投资很难坚持那么长时间，最多以“1年时间”为周期。那么在具体的1年时间内，沪深300指数和创业板指数的回报率怎么样呢？2012—2021年沪深300指数和创业板指数每年回报率对比，如图13-3所示。

区间	收益		RPS	
	沪深300指数(%)	创业板指数(%)	沪深300指数	创业板指数
2022	-15.21	-25.95	56.42	31.70
2021	-5.20	+12.02	32.06	55.29
2020	+27.21	+64.96	71.60	86.11
2019	+36.07	+43.79	70.08	75.11
2018	-25.31	-28.65	67.90	60.92
2017	+21.78	-10.67	79.65	55.94
2016	-11.28	-27.71	52.39	20.68
2015	+5.58	+84.41	12.13	62.49
2014	+51.66	+12.83	63.17	20.02
2013	-7.65	+82.73	23.24	89.38
2012	+7.55	-2.14	67.13	50.65

图13-3　2012—2021年沪深300指数和创业板指数每年回报率对比

数据来源：Wind、乌龟量化

从图13-3可以看到，在2012年到2021年这完整的10年时间内，创业板指数在2012年、2014年、2016年、2017年、2018年这5年时间竟然都没有跑赢沪深300指数，其中2022年以来截至4月16日也没有跑赢沪深300指数。如果我们观察另外一个指标RPS，可以发现同样的现象。这意味着，如果我们以“1年时间”为投资观察周期，代表科技成长的创业板指数年度跑赢沪深300指数的次数并不占优。

这是否出乎您的预料呢？又是为什么呢？这就牵涉到投资的另一个重要指标——“波动性”，它也是度量投资风险的重要指标。

二、寻找低风险的路线

“风险”和“收益”永远是投资这枚硬币的两面。每个投资者都希望在投资中找到“高回报、低风险”的机会。下边我们仍以沪深300指数和创业板指数为例，来看一下在股票市场中风险和收益的关系。

度量市场风险最常用的两个指标分别是“波动率”和“最大回撤”。波动率代表股价或者指数在某一个时间周期内的波动性，关于具体计算方法，有兴趣的朋友可以百度一下。波动率越大，通常意味着震荡的幅度越大，对投资者来说风险也越大。最大回撤是指在一个统计时间段内，股票或者基金、指数等曾经发生的最大跌幅，这是对可能的最大亏损边界的一种描述。

下边我们看一下截至2022年4月16日，最近10年沪深300指数和创业板指数的波动率和最大回撤。沪深300指数和创业板指数分阶段波动率和最大回撤，如图13-4所示。

区间	收益		RPS		波动率		最大回撤	
	沪深300指数(%)	创业板指数(%)	沪深300指数	创业板指数	沪深300指数	创业板指数	沪深300指数(%)	创业板指数(%)
近2日	+1.18	-0.26	75.36	60.15	10.22	1.70	-0.07	-0.26
近3日	+0.21	-2.51	77.68	53.93	14.15	15.84	-0.96	-2.51
近5日	-0.99	-4.26	72.92	49.98	27.76	35.52	-3.09	-4.26
近1月	+5.14	-1.77	68.72	47.64	24.95	33.98	-4.13	-9.75
近3月	-11.38	-21.13	63.73	39.00	23.83	31.11	-17.41	-22.40
近6月	-15.07	-24.90	40.29	21.05	18.76	25.26	-21.64	-29.82
今年来	-15.21	-25.95	56.17	31.29	22.68	30.39	-19.36	-25.95
近1年	-15.36	-11.84	30.28	35.19	17.98	26.50	-25.42	-30.95
近2年	+10.31	+24.42	52.41	64.60	19.33	27.87	-31.40	-30.95
近3年	+5.36	+47.60	60.43	82.27	20.04	28.05	-31.40	-30.95
近5年	+20.14	+30.35	80.54	83.15	19.46	26.78	-32.46	-37.44
近10年	+62.33	+242.21	58.21	87.68	22.38	30.46	-46.70	-69.74

图13-4　沪深300指数和创业板指数分阶段波动率和最大回撤

数据来源：Wind、乌龟量化

从图13-4可以看到，截至2022年4月16日，创业板指数“近10年”“近5年”“近3年”“近2年”“近1年”的波动率分别为30.46%、26.78%、28.05%、27.87%和26.50%，均高于沪深300指数对应的22.38%、19.46%、20.04%、19.33%和17.98%。这说明在分阶段的统计分析中，代表科技成长概念的创业板指数风险明显高于代表价值蓝筹概念的沪深300指数。

另外，通过近10年来分阶段的“最大回撤”统计发现，“近10年”“近5年”“近1年”“今年来”创业板指数的最大回撤也明显高于沪深300指数，其中在“近3年”“近2年”这两个分阶段的统计中，发现沪深300指数和创业板指数的最大回撤基本相当。“最大回撤”的指标也告诉我们，最近10年的分阶段统计分析表明创业板指数的风险高于沪深300指数。

我们进一步看一下截至2021年最近10年创业板指数和沪深300指数的年度波动率和最大回撤，如图13-5所示。

区间	收益		RPS		波动率		最大回撤	
	沪深300指数(%)	创业板指数(%)	沪深300指数	创业板指数	沪深300指数	创业板指数	沪深300指数(%)	创业板指数(%)
2022	-15.21	-25.95	56.42	31.70	22.68	30.39	-19.36	-25.95
2021	-5.20	+12.02	32.06	55.29	18.26	27.26	-18.19	-22.86
2020	+27.21	+64.96	71.60	86.11	22.44	30.82	-16.08	-20.12
2019	+36.07	+43.79	70.08	75.11	19.42	25.56	-13.49	-20.32
2018	-25.31	-28.65	67.90	60.92	21.04	27.45	-31.88	-36.59
2017	+21.78	-10.67	79.65	55.94	9.95	16.27	-6.07	-16.83
2016	-11.28	-27.71	52.39	20.68	22.05	33.65	-23.51	-30.73
2015	+5.58	+84.41	12.13	62.49	39.02	49.92	-43.48	-54.86
2014	+51.66	+12.83	63.17	20.02	18.80	24.70	-10.43	-21.31
2013	-7.65	+82.73	23.24	89.38	21.81	31.07	-22.16	-15.10
2012	+7.55	-2.14	67.13	50.65	19.93	27.62	-22.41	-25.08

图13-5　沪深300指数和创业板指数年度波动率和最大回撤

数据来源：Wind、乌龟量化

从图13-5可以看到，从2012年到2021年这10年时间，创业板指数的年度波动率全部超过了沪深300指数；除2013年之外的其余9年时间，创业板指数的年度最大回撤都明显高于沪深300指数。

数据表明，无论从长期分阶段统计分析还是按照年度观察，代表科技成长概念的创业板指数风险都明显高于代表价值蓝筹概念的沪深300指数。如果考虑选择低风险资产，也许沪深300指数所代表的价值蓝筹会是更好的选择。

三、高收益、高风险

以上分别从创业板指数和沪深300指数最近10年的收益和风险两个角度进行了对比分析，可以比较清晰地看到A股市场风险和收益的对应关系。这样的关系能否有更多的证明呢？下边我们看一下代表市场的近40个基础性指数最近10年的涨跌幅和波动性的关系。从这些指数中既可以看到哪些类型的股票长周期回报率更高，也可以看到哪些股票长周期风险更低，当然也可以进一步观察风险和收益的对应关系。2012/04/16—2022/04/16市场基础指数涨跌幅和波动率，如表13-1所示。

表13-1　2012/04/16—2022/04/16市场基础指数涨跌幅和波动率

证券代码	证券名称	区间涨跌幅 [起始交易日期]2012-04-16 [截止交易日期]2022-04-16 [单位]%	波动率 [起始交易日期]2012-04-16 [截止交易日期]2022-04-16 [计算周期]年 [收益率计算方法]普通收益率 [单位]%
801005.SWI	申万创业	283.5747	46.6328
399102.SZ	创业板综	281.2620	45.6617
399006.SZ	创业板指	242.2114	44.7905
399101.SZ	中小综指	116.6584	31.7991
800001.EI	东方财富全A(非金融石油石化)	114.0543	25.9594
399100.SZ	新指数	112.9591	28.7661
399107.SZ	深证A指	111.8845	29.9152
399106.SZ	深证综指	111.7838	29.8449
399373.SZ	大盘价值	107.1176	26.7852
399004.SZ	深证100R	100.2020	30.9349
801002.SWI	申万中小	98.6375	33.1605
800000.EI	东方财富全A(沪深)	96.6404	24.4411
399372.SZ	大盘成长	91.0684	31.0586
399344.SZ	深证300R	87.3877	28.3366
399377.SZ	小盘价值	85.8672	23.2865
801001.SWI	申万50	83.9620	30.8252
801003.SWI	申万A指	81.0697	24.4749
399314.SZ	巨潮大盘	79.6255	25.6400
399008.SZ	中小300	69.9019	30.5286
000903.SH	中证100	68.1242	27.6947
399005.SZ	中小100	67.0644	30.3462
399316.SZ	巨潮小盘	66.3835	28.4604

(续表)

证券代码	证券名称	区间涨跌幅 [起始交易日期]2012-04-16 [截止交易日期]2022-04-16 [单位]%	波动率 [起始交易日期]2012-04-16 [截止交易日期]2022-04-16 [计算周期]年 [收益率计算方法]普通收益率 [单位]%
000905.SH	中证500	65.1891	25.2701
000016.SH	上证50	64.9109	27.8408
399376.SZ	小盘成长	63.5893	29.8473
000010.SH	上证180	63.1318	25.3675
000300.SH	沪深300	62.3260	25.2752
399108.SZ	深证B指	60.8090	17.8432
801300.SWI	申万300	60.6476	25.5220
399375.SZ	中盘价值	54.1397	24.5454
399374.SZ	中盘成长	52.6344	25.2616
399315.SZ	巨潮中盘	46.1228	24.6233
000002.SH	A股指数	36.2116	22.2917
000001.SH	上证指数	36.1181	22.2342
000017.SH	新综指	35.9053	22.3092
000003.SH	B股指数	19.2086	20.8409
399001.SZ	深证成指	15.9787	27.3889
000688.SH	科创50	-2.6637	22.5851

数据来源：东方Choice

以上是近40个代表市场的基础性指数最近10年的涨跌幅和波动率。通过全市场指数对比发现，申万创业、创业板宗、创业板指这三个创业板指数最近10年的收益率为242%～285%，在全市场指数中遥遥领先，但这三个指数近10年对应的波动率均超过44%，在市场中也遥遥领先。我们可以看到上证指数、深证成指在市场中的回报率排名比较靠后，但同时可以看到其波动率比较低，风险也相对比较低。

整体来说，潜在高收益的科技成长类资产的波动性也明显大了很多；随着回报率的降低，对应的波动性风险水平也在逐渐回落。这再次告诉我们资本市场的一个基本道理：高收益、高风险。

也许您觉得自己更关心的是个股，以上的分析讨论主要是围绕市场指数，还不够生动。下边我们看一下最近一年(截至2022年4月16日收盘)沪深两市所有股票(4691只)区间最大涨幅超过400%的41只股票的涨跌幅数据，您会惊叹收益和风险相随相伴的特点。

先明确几个基本概念："区间最大涨幅"是指在指定的区间内，以某一个时点的价格买入股票，持有并曾经达到的涨幅超过区间内任何其他买卖区间的涨跌幅，这代表在区间内买卖一次这只股票所能获得的理论最大收益。"区间涨跌幅"是指在指定的区间内，以开始日期的开盘价买入股票，到区间结束日期的收盘价之间股价的涨幅，代表从始至终买入并持有这只股票所获得的最终收益。"区间自最高价以来的最大跌幅"是指区间的收盘价相对于区间的最高股价的下跌幅度，这意味着在最高点买入并持有到区间结束时的最大亏损。2021/04/16—2022/04/16区间最大涨幅超过400%的股票，如表13-2所示。

表13-2　2021/04/16—2022/04/16区间最大涨幅超过400%的股票

证券代码	证券名称	区间最大涨幅 [起始交易日期] 2021-04-16 [截止交易日期] 2022-04-16 [复权方式]前复权 [单位]%	区间涨跌幅 [起始交易日期] 2021-04-16 [截止交易日期] 2022-04-16 [复权方式]前复权 [单位]%	区间自最高价以来的最大跌幅 [起始交易日期] 2021-04-16 [截止交易日期] 2022-04-16 [复权方式]前复权 [单位]%
002432.SZ	九安医疗	1,437.7133	825.3569	-18.1800
300343.SZ	联创股份	969.0909	283.6601	-61.0368
603032.SH	*ST德新	782.3301	331.8530	-44.3167
002326.SZ	永太科技	767.8330	238.8704	-67.6075
301089.SZ	拓新药业	713.5368	923.6525	-36.7609
000422.SZ	湖北宜化	658.5202	425.0580	-53.3143
002487.SZ	大金重工	636.8008	190.2593	-56.1837
600078.SH	*ST澄星	616.3158	299.3631	-60.3919
605117.SH	德业股份	602.6271	489.1034	-49.8540
603396.SH	金辰股份	596.1128	93.4714	-73.8698
300619.SZ	金银河	590.4839	257.2422	-55.2124
603399.SH	吉翔股份	585.2868	509.1787	-23.1302
300437.SZ	清水源	557.6380	153.4430	-60.6676
000537.SZ	广宇发展	547.5973	148.6493	-56.5009
300827.SZ	上能电气	544.4149	98.3961	-70.7081
300077.SZ	国民技术	539.2097	158.1363	-58.1401
300432.SZ	富临精工	511.5515	110.5384	-69.0734
000762.SZ	西藏矿业	506.9504	135.2048	-59.7781
300261.SZ	雅本化学	501.7033	230.9215	-47.8815
002006.SZ	精功科技	498.6395	230.8475	-48.5227
603176.SH	汇通集团	497.5510	517.0588	-40.1869

(续表)

证券代码	证券名称	区间最大涨幅 [起始交易日期] 2021-04-16 [截止交易日期] 2022-04-16 [复权方式]前复权 [单位]%	区间涨跌幅 [起始交易日期] 2021-04-16 [截止交易日期] 2022-04-16 [复权方式]前复权 [单位]%	区间自最高价以来的最大跌幅 [起始交易日期] 2021-04-16 [截止交易日期] 2022-04-16 [复权方式]前复权 [单位]%
002349.SZ	精华制药	487.9324	314.5615	-45.2083
603260.SH	合盛硅业	477.3849	111.5193	-66.7629
300052.SZ	中青宝	475.2907	204.3056	-50.5982
600860.SH	京城股份	467.4370	245.6389	-52.6042
002761.SZ	浙江建投	460.8188	207.0903	-42.2780
300584.SZ	海辰药业	458.4053	142.1636	-50.3432
300339.SZ	润和软件	456.6210	69.8718	-69.9619
000707.SZ	双环科技	455.8140	426.7176	-13.0263
688599.SH	天合光能	451.5175	177.8336	-47.1249
605020.SH	永和股份	446.6934	218.9033	-60.0806
002529.SZ	海源复材	443.4439	93.4524	-64.7371
300672.SZ	国科微	441.5890	82.9599	-69.3176
600734.SH	*ST实达	433.1267	416.0210	-9.5923
002374.SZ	中锐股份	430.5310	104.6025	-65.7915
002865.SZ	钧达股份	419.2438	290.6901	-32.8041
300769.SZ	德方纳米	415.9421	296.4493	-33.7758
002667.SZ	鞍重股份	410.5125	155.4545	-69.7507
000736.SZ	中交地产	407.6923	295.7403	-14.8239
688556.SH	高测股份	405.7758	218.5767	-42.1988
002895.SZ	川恒股份	404.0816	137.5122	-61.9618

数据来源：东方Choice

表13-2是截止到2022年4月16日最近一年时间沪深两市“区间最大涨幅”超过400%的41只股票，意味着在最近一年内，以上这些股票(个别次新股除外)在合适的时机买入、卖出可以最多获得超过14倍的投资收益，是不是回报率相当惊人？！

进一步观察，您还可以发现，同样是这41只“高回报的股票”，在最近一年内如果您买在了股价的最高点，持有到2022年4月16日收盘的时候会平均亏损50.6%！甚至有15只亏损超过60%，比例达到36.5%。这些实证数据再次向我们揭示了股票市场的高收益背后往往伴随着高风险。同样的周期、同样的股票，交易节奏不同，最终的投资业绩大相径庭，高回报的资产通常都在酝酿着高风险，指数是这样，个股也是这样。

以上实证分析告诉我们：如果您更愿意追求更高的回报，同时能够承受较高的风险，结合中国A股市场的指数特征，可以长期重点聚焦创业板科技成长类的股票。这反映了股市的长期价值和企业的成长性关系密切，但您必须警惕这些股票随时“翻脸”后疾风暴雨的调整，需要遵守止损止盈的投资纪律。

如果您是风险厌恶型，不愿意承受高风险，只希望追求合理的稳健回报，以沪深300指数为代表的价值蓝筹类股票也许会是您的长期朋友，当然也需要从中挑选具备稳健成长性的资产，最好在估值处于低位的时候持有。

对任何涨幅巨大的股票，都一定要提防股价随时出现的大幅调整。从以上41只股票样本中可以看到，这种调整的概率极大，而且调整幅度超出您的想象。

“高收益、高风险”，投资者一定要牢记这个基本道理，这也是今天中国股市的生态环境。

14 顺势而为：行业精选

趋势的力量无法阻挡，所有的投资都讲究顺势而为。高景气的行业赛道蒸蒸日上，不断创造新的财富神话；夕阳产业除非开始新一轮技术革命，否则会持续上演财富湮灭的故事。在正确的行业赛道里，即使您最终没有能够位列三甲，没有打中十环，但大概率仍将成为赢家，这背后是行业机遇给您的红利。

行业都有周期性，每一轮周期常常都伴随着新的产业革命或者政策颠覆，要么蜕变新生、再次繁荣，要么被替代、被革命。行业周期轮替的重要标志是行业产销量的反转和行业利润的潮涨潮落，在资本市场我们能看到的是行业指数涨跌和龙头企业股票的财富效应。

在行业的周期里，上市公司就像赛道上行驶的车辆，随着道路的此起彼伏而上下颠簸。通常，公司的生命周期由于激烈的外部竞争和自身内部瓶颈会比行业的生命周期短暂得多。大多数情况下，行业龙头呈现强者恒强的马太效应，当龙头崛起的时候，通常宣告新能源革命的扑面而来，如2021年的宁德时代、隆基股份；当龙头倒下的时候，通常也是行业景气反转的一个信号，如2021年的华夏幸福、恒大地产。

哪些行业在景气繁荣的周期里？哪些行业开始触顶回落？哪些行业已经奄奄一息？资本市场的行业指数回报率蕴含着丰富的信息。这篇内容，我们将聚焦股票市场124个申万二级行业的表现，从中寻找答案。

一、十年长跑，哪些行业最具财富效应

首先，需要了解几个重要的市场参考标杆。2011—2021年这10年间，上证指数累计涨幅65.5%，深证成指累计涨幅66.6%，沪深300指数累计涨幅110.6%，创业板指数累计涨幅355.5%，这是几个比较重要的市场基础指数，可以作为对比的标杆。

除此之外，还有几个经济数据可以参考：这10年时间，GDP累计增长了

134%，通货膨胀率CPI累计增长了22.6%，如果按照5%年化利率计算资金成本，则10年时间累计资金成本63%。上证指数和深证成指正好和10年累计资金成本差不多，这是一个很有趣的事情。

谈到对行业的观察，显然不能用一个季度、一年的波动来做判断，通常行业的运行周期要更长一些，除了周期性极强的大宗商品之外，大多数都需要三五年，甚至更长的时间。我们先用10年的长镜头观察资本市场124个申万二级行业截至2021年底回报率的表现。2011—2021年124个申万二级行业指数回报率，如表14-1所示。

表14-1　2011—2021年124个申万二级行业指数回报率

排序	证券代码	证券名称	区间涨跌幅 [起始交易日期]2011-12-31 [截止交易日期]2021-12-31 [单位]%
1	801056.SWI	能源金属(申万)	1,299.9787
2	801737.SWI	电池(申万)	1,023.1488
3	801081.SWI	半导体(申万)	720.8366
4	801735.SWI	光伏设备(申万)	706.9673
5	801156.SWI	医疗服务Ⅱ(申万)	699.5338
6	801125.SWI	白酒Ⅱ(申万)	655.4640
7	801085.SWI	消费电子(申万)	497.0561
8	801078.SWI	自动化设备(申万)	492.5076
⋮	⋮	扫描二维码 获取详细数据 >>	⋮
118	801962.SWI	油服工程(申万)	-21.5085
119	801951.SWI	煤炭开采(申万)	-24.9123
120	801133.SWI	饰品(申万)	-25.4245
121	801995.SWI	电视广播Ⅱ(申万)	-31.7815
122	801015.SWI	渔业(申万)	-37.4122
123	801039.SWI	非金属材料Ⅱ(申万)	—
124	801785.SWI	农商行Ⅱ(申万)	—

数据来源：东方Choice

结合表14-1，我们可以看到，除了两个行业缺乏数据之外，在122个行业中，有15个行业长期持有的回报率是负的，可以理解为这些行业过去10年已经成为财富的黑洞。其中，移动互联网带来的颠覆性影响是巨大的，传统出版、通信服务、电视广播很大程度上被替代了；在互联网电商这10年的狂欢盛宴里，专业连锁、一般零售日渐式微；在阿里、京东、拼多多这三家海外上市的电商的大树下，其他国内电商平台基本上很难生长；成本增加，但产品和服务价格受到严格计划和管制的铁路、公路、燃气、通信服务、煤炭开采等行业已经成为夕阳产业，需要远离。

9个行业没有能够跑赢通货膨胀率CPI的22.6%，这通常是投资活动设定的一个最低的盈利目标，说明这些行业也面临很大的问题。旅游及景区显然受到了2020年以来新冠肺炎疫情危机的持续影响，等待疫情结束，大概率仍然会有希望；轨道交通、工业金属、焦炭、国有大型银行、汽车服务、多元金融大多已经需求触顶，告别增长，这是行业开始横盘甚至步入长期衰退的重要信号。教育本来是一个有想象力、有强劲刚需的行业，但2021年对教育行业雷霆万钧的整顿，如新东方、学而思等的凋谢，代表着一个行业由盛转衰的信号，您需要做的只是顺势而为。

如果参考上证指数、深证成指和资金成本这三个基本相当的对比标杆，在122个(具备有效数据)申万二级行业中，只有83个行业具备投资价值(回报率超过67%)。其中，67个行业的回报率超过了沪深300指数(110.6%)，53个行业的回报率跑赢了GDP的累计增速，大约占到全部申万二级行业的一半，您可以理解为大约一半的行业为投资者创造了超额回报。

最需要关注的是跑赢创业板指数(355.5%)的18个行业，其代表资本市场最富有生机的行业赛道。进一步分析您会发现，这18个行业可以归纳为几个明确的概念和方向：①新能源革命的颠覆力量，包含能源金属、电池、光伏设备、其他电源设备、乘用车5个二级行业赛道；②代表智能高科技革命的电子领域，包含半导体、消费电子、自动化设备、电子元件、电子化学品、军工电子、软件开发等7个二级行业赛道；③代表更健康的生活方式的医疗医药概念，包括医疗服务、生物制品2个二级行业赛道，排在第19位的医疗器械也属于这个领域。④全面小康阶段消费结构升级概念，包括白酒、调味发酵品、白色家电3个二级行业赛道。

二、行业景气周期在转变

10年是一个比较长的时间，也是观察行业景气周期的放大镜，从中能够看到行业景气度日积月累的巨大落差。但其也有一个局限，就是看不清行业周期正在发生的强弱转变，这对投资来说当然很重要。

为了洞察行业周期强弱的转变趋势，我们有必要对比一下最近5年和上一个5年行业指数回报率的差异，重点是了解最近5年哪些行业正在崛起。同样，在观察这些差异的时候，我们有必要看一下基础市场指数的回报率差异，也就是矫正一下我们对比思考的基准线。2011—2016年沪深300指数涨幅41%，创业板指数涨幅169%；2016—2021年沪深300指数涨幅49%，创业板指数涨幅69%。整体来说，沪深300指数所代表的价值蓝筹表现得比较稳健，两个阶段的涨幅相差不大；创业板指数所代表的科技成长最近5年的涨幅不如上一个5年。2011—2021年124个申万二级行业指数分阶段回报率，如表14-2所示。

表14-2　2011—2021年124个申万二级行业指数分阶段回报率

排序	证券名称	区间涨跌幅 [起始交易日期]2016-12-31 [截止交易日期]2021-12-31 [单位]%	区间涨跌幅 [起始交易日期]2011-12-31 [截止交易日期]2016-12-31 [单位]%
1	白酒Ⅱ(申万)	471.9527	32.0851
2	光伏设备(申万)	425.0689	53.6879
3	能源金属(申万)	362.8432	202.4736
4	电池(申万)	306.2687	176.4546
5	非金属材料Ⅱ(申万)	305.4797	—
6	半导体(申万)	232.4158	146.9307
7	其他电源设备Ⅱ(申万)	229.0485	47.8249
8	调味发酵品Ⅱ(申万)	193.9870	82.7883
9	小金属(申		
⋮	⋮	扫描二维码 获取详细数据 >>	⋮
	多元金融Ⅱ(申万)		
118	渔业(申万)	-52.4321	31.5758
119	装修装饰Ⅱ(申万)	-53.1952	95.0668
120	电视广播Ⅱ(申万)	-53.7450	47.4835
121	农商行Ⅱ(申万)	-56.3089	—
122	房地产服务(申万)	-56.4638	199.1436
123	影视院线(申万)	-56.6914	259.8333
124	饰品(申万)	-58.6089	80.1727

数据来源：东方Choice

行业景气度严重分化。如果把2011—2021年这10年时间分成两个阶段，分别是2011—2016年和2016—2021年各5年，从表14-2各阶段的行业指数回报率表现可以看到，2016—2021年这5年时间，在124个申万二级行业中，竟然有52个行业回报率是负的，回报率超过100%的行业只有15个；而在2011—2016年这5年时间，只有4个行业回报率是负的，有68个行业回报率超过了100%。这说明最近5年行业的景气度严重分化，具有赚钱效应的行业机会越来越少，越来越集中。

多数行业景气度明显回落。在上一个5年，有13个行业曾经跑赢创业板指数，在全部行业中处于领跑地位，包括影视院线、房地产服务、游戏、广告营销、工程咨询、家居用品、塑料、房屋建设、IT服务、物流、文娱用品、厨卫电器、计算机设备等，但在最近的5年时间，其景气度快速反转，成为全市场表现最疲软的组合。从中能看到几个重要的线索，如房地产业的衰退至少殃及了：房地产服务、工程咨询、家居用品、塑料、房屋建设、厨卫电器6个行业，对游戏、教育的整顿影响到游戏、文娱用品2个行业，新冠肺炎疫情暴发影响到影视院线、物流2个行业。除了这“盛极而衰”的13个行业外，最近5年共有52个行业指数是下跌的，说明这些行业当前由于产业周期、政策周期、技术周期、疫情危机等多种原因处于衰退的阶段，从投资的角度看，除非有明确的景气反转理由，否则还是要慎重。

聚焦最近5年回报率超过创业板指数的28个行业，认真观察，这些行业和最近10年领跑市场的18个繁荣行业赛道基本上完全契合，可以高度概括为以下四个主题和方向：①以光伏太阳能、动力电池为代表的“碳达峰、碳中和”绿色能源上下游产业链；②以高端白酒、食品饮料、乳品、调味品为代表的消费结构升级主题；③以半导体、电子、元器件为代表的智能化、数字化、高科技主题；④以医疗服务、生物制品为代表的健康产业。当然，其中也有一些杂音，如最近一年来大宗商品价格上涨背景下的冶金原料、玻璃纤维等上游个别强周期行业，还有和房地产关联密切的工程机械、白色家电产业，预计在未来景气度很难持续下去。

2022年以来，受美联储加息、俄乌冲突等外部因素和中国经济增长放缓、新冠肺炎疫情等的影响，中国股票市场出现了较大的调整。截至2022年4月20日，沪深300指数跌幅近18%，创业板指数跌幅近30%，所涉及的新能源、电子、医疗医药、消费等行业的股票价格也出现了较大调整。但静心思考，这些行业的内在逻辑并没有变化，市场短期的大幅调整更多反映了资本市场的高风险特征，等待市场企稳后，这些行业仍然是值得期待的高景气赛道。

投资者要顺势而为，把有限的精力聚焦在这些高景气的行业，享受行业持续繁荣的资本红利。

15 股市民营企业财富效应更明显

2021年以来，“防止资本野蛮生长”和“资本红绿灯”成了一个新的提法，一时间，民营企业发展面临巨大压力，甚至有不少人对民营经济前景的信心开始动摇。我认为大可不必悲观，我国的经验教训一再证明，只有对外开放、对内改革，只有发展民营经济、利用市场经济才能够实现大国崛起。也许今天正是全社会认识民营经济战略重要性的又一次机遇。

现实中，股票市场的大众投资者很难参与到公司的战略、管理、经营中去，当然也无法改变公司的制度、文化和重大决定。从这个意义上说，股票市场的投资并不创造价值，而是顺势而为，发现价值，找到好的公司。从根本上说，各行各业都有好公司，好公司是干出来的，必须有干事业的领袖、管理团队、激励制度和文化基因。

一个真正的“好公司”，董事会一定是战略核心，依靠成员的专业影响力、战略洞见能力为公司绘制发展蓝图，设计激励制度，引领公司未来的发展，而绝不是只挂虚名、不问经营，只做一枚在其位不谋其政的橡皮图章；一个真正的“好公司”，经营管理层一定是专业敬业、分工清晰、责任明确、激励到位的有事业心的团队组合，能者上，庸者下，对于经营管理层的考核最终主要是业绩说话，不是不思进取，论资排辈，更不是搞利益输送，中饱私囊；一个真正的“好公司”，监事会也是重要的，如果一个上市公司的监事会只拿薪酬、超然事外，不忠实履行股东赋予的职业责任和使命，公司迟早会出现经营管理上的大风险。

对于中产家庭来说，在股票市场，您要格外关注民营企业为中小投资者带来的财富效应，这是这些年股票二级市场的一个显著特点。

一、民营企业的战略重要性

今天，民营企业在国民经济中的作用早已经不是可有可无的“补充”角色了。

对于国民经济的稳定增长、财政税收、结构转型、创新创造、促进就业这些重大的战略性问题，民营企业已经当仁不让成为主角。2018年11月1日，习近平总书记在主持召开民营企业座谈会时指出："概括起来说，民营经济具有'五六七八九'的特征，即贡献了50%以上的税收，60%以上的国内生产总值，70%以上的技术创新成果，80%以上的城镇劳动就业，90%以上的企业数量。"这是对民营经济地位和作用新变局做出的最高权威评价，客观冷静地反映了民营经济的极端重要性。

1. 民营企业税收贡献超50%

民营企业税收贡献超50%，接近60%，是政府税收和国家财力的最大贡献者。1985年，在全国工商税收中，全民所有制占比71.7%，集体所有制占比24.1%，个体经济仅占3.0%；2021年，在全国工商企业税收中，民营企业占比59.6%，国有企业占比24.7%，外资和合资企业占比15.7%，民营企业已经成为税收的主力军。国有企业、民营企业、外资企业税收数据，如表15-1所示。

表15-1 国有企业、民营企业、外资企业税收数据

项目	2010年	2012年	2015年	2020年	10年增长	年均增长	2021年
全国	77 395	110 740.0	136 021.5	16 999.7	80.0	6.1	188 737
国有控股	24 000	33 996.5	43 185.5	40 327.5	47.5	4.0	46 586
占比(%)	31.0	30.7	31.7	24.3			24.7
私营企业	8237	10 807.8	13 012.2	29 133.2	209.0	12.0	34 883
占比(%)	10.6	9.8	9.5	17.6			18.5
涉外企业	16 390	21 753.3	24 763.0	26 625.6	35.0	3.0	29 704
占比(%)	21.2	19.6	18.2	16.0			15.7
全部民营	37 000	54 990.3	68 073.0	99 046.7	93.7	6.8	112 447
占比(%)	48.0	49.7	50.0	59.7			59.6

数据来源：国家统计局、《财经》杂志

2. 民营企业GDP贡献超60%

截至2020年，民营企业连续几年贡献了GDP的60%；民间投资占比长期超60%，制造业投资中占比接连超80%，民营企业是投资的最大推动力。1980年，全社会固定资产投资中，国有经济占比81.9%，集体经济占比5.0%，个体经济占比13.1%。2012年以来，民间投资占全国固定资产投资的比重连续5年超过60%，最高的时候达到65.4%；尤其是在制造业领域，民间投资的比重超过80%，民间投资已经成为投资的主力军。到了2019年，民间投资占全国固定资产投资的比重下降至56.4%；2021年，民间投资占比进一步下降至55.6%。因为民营企业在第三产业中占比较高，新冠肺炎疫情危机是一个比较重要的影响因素。

2021年，全国规模以上工业企业的营业收入为127.9万亿元，其中国有控股工业企业占比25.7%，外资控股工业企业占比22.5%，全部民营工业企业占比51.8%。2021年，规模以上工业企业利润中，国有企业占比26.1%，外资企业占比26.2%，民营企业占比47.7%。规模以上不同所有制工业企业营业收入数据，如表15-2所示。

表15-2　规模以上不同所有制工业企业营业收入数据

项目	2010年	2015年	2020年	10年增长	年均增长	2021年
全国工业	697 744	1 109 853	1 083 658	55.3	4.5	1 279 227
国有控股	194 340	241 669	279 707	43.9	3.7	328 916
占比(%)	27.9	21.8	25.8			25.7
私营企业	207 838	386 395	413 564	99	7.1	509 166
占比(%)	29.8	34.8	38.2			39.9
外商及港澳台控股	188 729	245 698	243 189	28.9	2.6	287 986
占比(%)	27	22.1	22.4			22.5
全部民营	314 675	622 486	560 762	78.2	5.9	662 325
占比(%)	45.1	56.1	51.8			51.8

数据来源：国家统计局、《财经》杂志

3. 民营企业发明专利占比超75%

民营企业发明专利占比超75%，民营企业是中国科技创新的主力军。2010—2020年，规模以上工业企业各类专利和发明专利出现爆炸式增长，专利和发明专利年均增长都在20%左右。其中，国有企业发明专利年均增长在15%左右，外资企业增速在10%左右；私营企业则年均增长近34%，远高于其他类型企业，全部民营企业增速在25%左右。2020年，我国规模以上民营工业企业专利申请数占比81.4%，发明专利申请数占比78.1%，有效发明专利数占比79.4%。

国家知识产权局数据显示，2020年，我国发明专利授权量前10名中，民营企业占据7名，华为技术有限公司位居榜首。2020年，企业研发投入中，国有企业占20%左右，民营企业占60%左右，外资企业占20%左右；新产品销售收入中，国有企业占15%左右，民营企业占65%左右，外资企业占20%左右。

4. 民营企业就业存量占比近80%

民营企业就业存量占比近80%，增量占比超90%，民营企业是当今城镇就业的最大保障。1978年城镇就业人数9514万，其中国有单位和城镇集体单位分别为7451万和2048万，而个体经济仅有15万，占比0.16%。2017年城镇就业人数42462万，其中私营企业和个体经济占比53.4%，全部民营企业占比近80%，增量占比更是超过90%。2010年、2015年和2020年，城镇就业中，民营经济分别占76%、77.7%和

83%，国有经济分别占18.8%、15.4%和12%，外资经济分别占3%、3.6%和2.6%。2010—2020年不同所有制企业就业数据，如表15-3所示。

表15-3 2010—2020年不同所有制企业就业数据

	2010年	2015年	2019年	2020年	10年增长	年均增长
全国城镇	34687	40410	44247	46271	33.40	2.92
国有控股	6516	6208	5473	5563	-14.63	-1.57
占比(%)	18.79	15.36	12.4	12.02		
私营控股	6071	11180	14567		(140)	(9.0)
占比(%)	17.50	27.67	32.9			
港澳台控股	770	1344	1153	1159	50.52	4.17
占比(%)	2.22	3.33	2.6	2.50		
外商控股	1053	1446	1203	1216	15.48	1.45
占比(%)	3.04	3.58	2.7	2.63		
个体单位	4467	7800	11692		(162)	(11.3)
占比(%)	12.9	19.3	26.4			
全部民营	26348	31412	36418	38333	45.49	3.82
占比(%)	75.96	77.73	82.3	82.84		

数据来源：国家统计局、《财经》杂志

5. 民营企业数量占比超95%

民营企业数量占比超95%，民营企业是中国经济微观基础的最大主体。1978年，全国个体工商户只有15万户，没有私营企业。 但到了2020年，在全国企业法人中，国有企业法人占比1.17%，民营企业法人占比98%，外资企业法人占比0.41%。改革开放以来，民营企业获得了大发展。

国有控股企业法人，2010年为25万家，占比为3.83%；2015年为29.13万家，占比为2.31%；2020年为29.4万家，10年增长17.6%，年均增长1.6%，占比为1.17%，10年下降了2.66个百分点。

外资(港澳台和外商)控股企业法人，2010年为18.8万家，占比为2.9%；2015年为20.1万家，占比为1.6%；2020年为23.4万家，占比为0.93%，10年下降了近2个百分点。

全部民营控股企业法人(除国有控股和外资控股之外的其他全部企业法人)，2010年为512.6万家，占比为78.7%；2015年为1068万家，占比为85%；2020年为2390.3万家，10年增长了3.66倍，年均增长16.6%，占比为95.4%，10年上升了16.75个百分点。全部民营企业法人占比由2010年的93%多上升为2020年的近98%。

二、股市民营企业的财富效应

根据东方Choice数据，截至2021年12月31日，沪深A股上市公司一共4600家。其中，民营企业3066家，占比66.65%；国有企业1230家(包括中央国有企业430家和地方国有企业800家)，占比26.74%；外资和合资企业292家，占比6.35%；集体企业12家。

2019—2021年是资本市场改革力度比较大的3年，上证指数累计上涨45.71%，深证成指累计上涨104.66%，沪深300指数累计上涨63.75%，创业板指数累计上涨165.68%，市场基础性指数普遍出现了大幅度上涨，是财富效应比较明显的3年。我们看一下这3年时间内沪深两市哪些企业的股价为投资者带来了5倍以上的回报，即所谓的“三年五倍股”。2019—2021年沪深A股“三年五倍股”名单，如表15-4所示。

表15-4　2019—2021年沪深A股“三年五倍股”名单

序号	证券代码	证券名称	区间涨跌幅 [起始交易日期]2018-12-31 [截止交易日期]2021-12-31 [复权方式]前复权 [单位]%	组织形式	首发上市日期
1	603392.SH	万泰生物	3446.69	民营企业	2020-04-29
2	300782.SZ	卓胜微	2916.64	中外合资经营企业	2019-06-18
3	603290.SH	斯达半导	2900.41	民营企业	2020-02-04
4	601865.SH	福莱特	2833.28	民营企业	2019-02-15
5	300763.SZ	锦浪科技	2509.63	民营企业	2019-03-19
6	605358.SH	DR立昂微	2341.93	民营企业	2020-09-11
7	300769.SZ	德方纳米	2042.74	民营企业	2019-04-15
8	002791.SZ	坚朗五金	1762.91	民营企业	2016-03-29
9	300759.SZ	[illegible]	[illegible]	[illegible]企业	2019-01-28
⋮	⋮		扫描二维码 获取详细数据 >>		⋮
153	601208.SH	东材科技	512.68	民营企业	2011-05-20
154	688768.SH	容知日新	511.63	民营企业	2021-07-26
155	688665.SH	四方光电	509.39	民营企业	2021-02-09
156	301046.SZ	能辉科技	507.91	民营企业	2021-08-17
157	300083.SZ	创世纪	505.08	中外合资经营企业	2010-05-20
158	601919.SH	中远海控	501.51	中央国有企业	2007-06-26

数据来源：东方Choice

2019—2021年，沪深两市A股一共有158家上市公司为投资者累计创造了5倍以上的回报，占比3.43%。其中，民营企业121家，占比76.58%；国有企业20家，占比12.66%；外资和合资企业17家，占比10.76%。很明显，在“三年五倍股”中，民营企业和外资企业的占比远远高于它们在全部沪深A股上市公司中的比例，它们为投资者带来了显著的财富效应。

我们再往前追溯，看一下2016年12月31日—2021年12月31日5年间，为投资者带来10倍以上回报率的上市公司，即所谓的“五年十倍股”。这是一个更长的周期，我们把回报率也提高了一个量级。2019—2021年沪深A股“五年十倍股”名单，如表15-5所示。

表15-5　2019—2021年沪深A股“五年十倍股”名单

序号	证券代码	证券名称	区间涨跌幅 [起始交易日期]2016-12-31 [截止交易日期]2021-12-31 [复权方式]前复权 [单位]%	组织形式	首发上市日期
1	300601.SZ	康泰生物	4440.30	民营企业	2017-02-07
2	603501.SH	韦尔股份	4352.56	民营企业	2017-05-04
3	300604.SZ	长川科技	3896.22	民营企业	2017-04-17
4	300661.SZ	圣邦股份	3879.89	中外合资经营企业	2017-06-06
5	603127.SH	昭衍新药	3488.58	民营企业	2017-08-25
6	603392.SH	万泰生物	3446.69	民营企业	2020-04-29
7	300672.SZ	国科微	3419.00	民营企业	2017-07-12
8	300725.SZ	药石科技	3104.25	民营企业	2017-11-10
9	300782.SZ	卓胜微	2916.64	中外合资经营企业	2019-06-18
10	603290.SH	斯达半导	2900.41	民营企业	2020-02-04
11	300595.SZ	欧普康视	2885.30	民营企业	2017-01-17
12	601865.SH	福莱特	2833.28	民营企业	2019-02-15
13	603690.SH	至纯科技	2723.58	民营企业	2017-01-13
14	300763.SZ	锦浪科技	2509.63	民营企业	2019-03-19
15	605358.SH	DR立昂微	2341.93	民营企业	2020-09-11
16	300638.SZ	广和通	2334.83	民营企业	2017-04-13
17	300750.SZ	宁德时代	2247.99	民营企业	2018-06-11
18	603638.SH	艾迪精密	2116.51	中外合资经营企业	2017-01-20
19	300769.SZ	德方纳米	2042.74	民营企业	2019-04-15
20	300751.SZ	迈为股份	1963.14	民营企业	2018-11-09
21	300593.SZ	新雷能	1788.42	民营企业	2017-01-13
22	300655.SZ	晶瑞电材	1783.94	民营企业	2017-05-23

（续表）

序号	证券代码	证券名称	区间涨跌幅 [起始交易日期]2016-12-31 [截止交易日期]2021-12-31 [复权方式]前复权 [单位]%	组织形式	首发上市日期
23	300759.SZ	康龙化成	1755.11	中外合资经营企业	2019-01-28
24	600809.SH	山西汾酒	1752.49	地方国有企业	1994-01-06
25	300671.SZ	富满微	1724.45	中外合资经营企业	2017-07-05
26	603039.SH	泛微网络	1637.83	民营企业	2017-01-13
27	603707.SH	健友股份	1592.68	中外合资经营企业	2017-07-19
28	603032.SH	*ST德新	1572.04	民营企业	2017-01-05
29	300630.SZ	普利制药	1569.84	民营企业	2017-03-28
30	603882.SH	金域医学	1523.09	民营企业	2017-09-08
31	601012.SH	隆基股份	1502.88	民营企业	2012-04-11
32	603345.SH	安井食品	1486.98	民营企业	2017-02-22
33	300014.SZ	亿纬锂能	1453.85	民营企业	2009-10-30
34	300850.SZ	新强联	1448.30	民营企业	2020-07-13
35	603613.SH	国联股份	1397.00	民营企业	2019-07-30
36	300685.SZ	艾德生物	1387.71	中外合资经营企业	2017-08-02
37	300618.SZ	寒锐钴业	1373.48	民营企业	2017-03-06
38	300598.SZ	诚迈科技	1336.90	中外合资经营企业	2017-01-20
39	603893.SH	瑞芯微	1326.61	民营企业	2020-02-07
40	300274.SZ	阳光电源	1317.16	民营企业	2011-11-02
41	301025.SZ	读客文化	1306.45	民营企业	2021-07-19
42	002812.SZ	恩捷股份	1304.45	民营企业	2016-09-14
43	603659.SH	璞泰来	1291.72	民营企业	2017-11-03
44	603605.SH	珀莱雅	1290.59	民营企业	2017-11-15
45	301071.SZ	力量钻石	1290.40	民营企业	2021-09-24
46	300767.SZ	震安科技	1275.98	民营企业	2019-03-29
47	300748.SZ	金力永磁	1249.38	民营企业	2018-09-21
48	300677.SZ	英科医疗	1224.69	民营企业	2017-07-21
49	603129.SH	春风动力	1220.47	民营企业	2017-08-18
50	603505.SH	金石资源	1208.87	民营企业	2017-05-03
51	002371.SZ	北方华创	1208.30	地方国有企业	2010-03-16
52	603259.SH	药明康德	1205.94	中外合资经营企业	2018-05-08
53	605111.SH	新洁能	1155.47	民营企业	2020-09-28
54	603267.SH	鸿远电子	1155.25	民营企业	2019-05-15
55	688390.SH	固德威	1117.57	民营企业	2020-09-04
56	603713.SH	密尔克卫	1105.36	民营企业	2018-07-13

(续表)

序号	证券代码	证券名称	区间涨跌幅 [起始交易日期]2016-12-31 [截止交易日期]2021-12-31 [复权方式]前复权 [单位]%	组织形式	首发上市日期
57	603960.SH	克来机电	1101.62	民营企业	2017-03-14
58	300708.SZ	聚灿光电	1082.52	民营企业	2017-10-16
59	688202.SH	美迪西	1071.85	中外合资经营企业	2019-11-05
60	300628.SZ	亿联网络	1054.59	民营企业	2017-03-17
61	300666.SZ	江丰电子	1040.69	民营企业	2017-06-15
62	688298.SH	东方生物	1009.54	民营企业	2020-02-05

数据来源：东方Choice

根据东方Choice数据，2016—2021年5年间，一共有62家“五年十倍股”，占比0.2%。其中，民营企业50家，占比80.65%；中外合资企业10家，占比16.13%；国有企业2家，占比3.22%。民营企业在“五年十倍股”中的占比达到80.65%，远高于民营企业在全部沪深A股中66.65%的占比；外资和中外合资企业的占比也非常亮眼，虽然总数并不多，但所占比例远远高于其在全部沪深A股中所占的比例。

管中窥豹，如果说第一部分扎扎实实的数据清楚地告诉我们民营经济在整个国民经济中的战略性地位，是一个观察民营企业的宏观视角，那么第二部分“三年五倍股”和“五年十倍股”的实证数据则从微观的角度再次告诉我们民营企业凭借激励制度、创新能力和实干精神，在资本市场相对国有企业表现出更显著的财富效应。

如果您对自己的投资是认真的，在股票市场，就要格外关注民营企业的潜在机会。

16 价值投资的核心：成长性

价值投资的核心是要买入“好公司”的股票。衡量“好公司”有很多指标，在我看来，从投资的角度讲，最重要的指标就是公司利润的成长性。

股价是对公司未来的预期，购买股票投资的是公司未来的成长性。这一篇内容将用实证分析的方法揭示公司利润成长性和股价之间如影随形的密切关系。

一、利润增长攸关股价表现

影响个股股价的因素很多，通过观察具体个股的股价不太容易看清楚共性的规律，要想洞察影响股价的根本性因素，就需要连续对比观察同一指标的变化对全市场股票股价的影响规律，进而得出结论。

由于A股市场最近几年变化很大，其中包括2019年科创板成立、2020年新修改的《中华人民共和国证券法》开始实施、创业板全面注册制改革、2021年北交所成立、2022年大概率注册制全面推行。经过一系列大力度的改革后，公司上市门槛大幅降低，同时公司退市节奏明显加快，这保证了市场中是“流动的活水”，加上北上资金的参与，股票市场迎来了新的发展阶段，今天的股票市场和5年前、10年前相比，已经有了根本性的变化。

下边我们通过实证研究来观察一下2018—2021年沪深两市上市公司每年不同“每股收益同比增长率”水平和“平均股价涨跌幅”之间的关系。在实证研究中筛选指标时，有几个地方需要特别说明一下：

(1) 把“每股收益同比增长率”作为“自变量”数据。这里用到“每股收益同比增长率”而不是“归母净利润同比增长率”主要是考虑了公司增发所带来的每股利润及其增速的摊薄因素。公司的定向增发实际上会摊薄老股东未来的潜在每股利润，上市公司定向增发在最近几年时间时有发生。

(2) 剔除“次新股”的干扰因素。通常新股发行后第一个交易日相对于发行价都会有大幅溢价，但对二级市场的投资者来说这个溢价主要反映了此前IPO(首次公开募股)参与者的收益，而并非二级市场投资者的回报。为了剔除“次新股”上市后短期股价大幅波动的干扰，每一年的数据均剔除当年新上市的公司，也就是说，只选取上一年“12月31日”之前已经上市的公司。

(3) 考虑到市场最近几年的深刻变化，实证研究的持续观察周期选取2019年以后的数据；额外增加2018年的样本是因为这一年是最近10年来最大的熊市，有必要观察在“大熊市”市场普跌的环境下利润增长和股价有没有关系。

(一) “熊市”利润成长性和股价涨跌幅的关系

2018年是最近10年(2012—2021年)来沪深A股跌幅最大的一年，是最大的一个熊市。其中，上证指数跌幅24.59%，深证成指跌幅34.42%，创业板指数跌幅28.65%，沪深300指数跌幅25.31%，中证500指数跌幅33.32%。我们通常会认为在大盘大跌的熊市里，市场完全不会顾及企业的基本面，而完全由情绪主导市场调整，实际情况其实并不是这样。2018年沪深A股每股收益同比增长率对应股价涨跌幅，如图16-1所示。

2018年基本每股收益同比增长率：%	数量	基本每股收益涨幅中位数：%	基本每股收益涨幅平均值：%	股价涨跌幅中位数：%	股价涨跌幅平均数：%
<=0	**1682**	**-44.0**	**-354.8**	**-38.9**	**-37.8**
>=0	**1801**	**28.7**	**76.1**	**-29.1**	**-25.3**
其中，>=0，<=10;	417	4.8	4.5	-30.9	-29.5
其中，>=10，<=20;	321	14.7	14.6	-27.3	-25.4
其中，>=20，<=30;	202	24.3	24.6	-24.2	-19.0
其中，>=30，<=50;	282	38.9	39.1	-27.1	-22.4
其中，>=50，<=100;	250	66.5	68.9	-28.4	-24.5
其中，>=100	382	150.0	261.8	-30.4	-26.9
全部沪深A股上市公司	**3413**	**1.3**	**-134.7**	**-33.8**	**-31.7**

备注：由于Choice系统设置筛选条件时，只有 “<=” 和 “>=” 的状态，所以相邻两行不同收益率水平的公司“数量”会有个别公司被重复计算，不同分类的公司数量相加也会略微大于全部样本公司的真实数量，但这种统计方法不影响分析结论。

图16-1　2018年沪深A股每股收益同比增长率对应股价涨跌幅

数据来源：东方Choice

从图16-1的数据我们可以看到，在2018年“大熊市”的环境下，所有3413家2017年12月31日之前上市的沪深A股平均跌幅31.7%，其中每股收益同比零增长和负增长的1682家公司股价平均下跌37.8%，每股收益同比零增长和正增长的1801家公司平均股价跌幅25.3%。这一组实证数据告诉我们，每股利润缺乏成长性的公司股价整体明显比大盘更弱一些，每股利润具有成长性的公司平均股价涨幅跑赢市场平均水平，“每股收益同比增长率”对股价的影响还是比较明显的。

进一步观察发现，“每股收益同比增长率”为20%～30%的上市公司股价表现似乎最出色，“每股收益同比增长率”为20%～100%的上市公司股价表现跑赢了沪深300指数和中证500指数，当然也跑赢了“每股收益同比增长率”大于等于0的1801家公司的平均水平(25.3%)。出乎预料的是，公司每股收益同比暴涨100%以上的382家公司的平均股价涨幅并不是最高的。

2018年的数据还告诉我们另外一个重要的发现：“倾巢之下没有完卵”，每一只个股都是股票市场整体走势和市场情绪的一粒尘埃，在一个“大熊市”的环境下，无论公司基本面利润表现多出色，随着市场暴跌，市场整体的估值水平大幅回落，所有的股票都会面临股价重估的下跌风险。在“大熊市”中，“每股收益的成长性”虽然无法逆转市场的方向，但能够实现每股收益增长20%～100%的公司股价明显跑赢市场的平均水平(所有股票的平均股价涨跌幅)，也跑赢大盘指数，成长性指标仍然有用！

(二)“牛市”利润成长性和股价涨跌幅的关系

经历过2018年的“大熊市”之后，2019年A股迎来了一个“小牛市”。2019年6月13日，科创板正式开板，7月22日，科创板首批公司上市；2019年12月28日，十三届全国人大常委会第十五次会议表决通过了新修订的《中华人民共和国证券法》。这一年上证指数涨幅22.3%，深证成指涨幅44.08%，沪深300指数涨幅36.07%，创业板指数涨幅43.79%。我们来看一下2019年沪深两市不同“每股收益同比增长率”对应的股价涨跌幅表现，继续观察每股利润增长和股价表现之间的关系。2019年沪深A股每股收益同比增长率对应股价涨跌幅，如图16-2所示。

2019年基本每股收益同比增长率：%	数量	基本每股收益涨幅中位数：%	基本每股收益涨幅平均值：%	股价涨跌幅中位数：%	股价涨跌幅平均数：%
<=0	**1547**	**-42.9**	**-283.7**	**7.5**	**13.4**
>=0	**2040**	**33.8**	**97.6**	**24.9**	**37.3**
其中，>=0，<=10;	394	4.6	4.6	16.9	24.6
其中，>=10，<=20;	335	14.3	14.6	17.8	27.7
其中，>=20，<=30;	239	24.7	24.6	23.9	33.8
其中，>=30，<=50;	285	38.7	39.5	38.1	47.2
其中，>=50，<=100;	302	69.2	71.6	34.5	45.7
其中，>=100	543	134.1	288.4	26.1	44.2
全部沪深A股上市公司	**3518**	**7.3**	**-68.1**	**16.0**	**27.1**

备注：由于Choice系统设置筛选条件时，只有“<=”和“>=”的状态，所以相邻两行不同收益率水平的公司“数量”会有个别公司被重复计算，不同分类的公司数量相加也会略微大于全部样本公司的真实数量，但这种统计方法不影响分析结论。

图16-2　2019年沪深A股每股收益同比增长率对应股价涨跌幅

数据来源：东方Choice

根据图16-2的数据，2019年初沪深两市一共有3518家上市公司，股价中位数涨幅16%，平均数涨幅27.1%；每股收益同比零增长和负增长的公司共1547家，股价中位数涨幅7.5%，平均数涨幅13.4%，明显低于全体样本的平均水平；每股收益同比零增长和正增长的公司共有2040家，股价中位数涨幅24.9%，平均数涨幅37.3%，明显跑赢全体样本的股价涨幅，更是显著跑赢每股利润没有增长的样本企业的表现。每股收益同比增长率在30%以上的公司，股价的平均涨幅最出色，在全市场中遥遥领先。

以上实证数据显示：在一个“小牛市”的环境中，公司每股利润的成长性表现和公司股价的涨跌幅密切相关，每股收益缺乏成长性的公司股价大幅跑输市场平均水平，每股收益具有成长性的公司在牛市里股价表现显然更加出色，明显跑赢全体市场样本的平均水平。每股收益增长30%以上的公司股价大幅领先整个市场，但是在每股收益同比增长超过30%的区间，股价的涨幅并没有因为每股收益的同比增速的提高而继续提高，这是一个有趣的现象。

2020年是中国经济历史上不平凡的一年。2020年新冠肺炎疫情席卷全球，3月份全球主要股票和大宗商品市场价格出现暴跌，全年全球经济增长遭受重创，主要经济体GDP普遍大幅负增长，中国全年经济同比增速2.6%，创造了改革开放以来最低的增速水平。为了对抗新冠肺炎疫情危机，世界主要经济体都实行了极度宽松的货币政策，其中以美国、欧元区、英国、日本、澳大利亚、加拿大等西方发达经济体表现最为突出。

2020年也是中国股票市场改革力度最大的一年。2020年3月1日新修订的《中华人民共和国证券法》开始实施，股票注册制发行、信息披露、保护中小投资人利益、大幅提高股市违法成本以及更严厉的退市制度等都有了全新改革；2020年8月24日，创业板注册制首批企业上市，标志着创业板全面注册制发行制度改革正式落地。

2020年A股虽然在年初遭遇突如其来的新冠肺炎疫情重创，但全年震荡上行，仍然是一个“小牛市”。2020全年上证指数涨幅13.87%，深证成指涨幅38.73%，创业板指数涨幅64.96%，沪深300指数涨幅27.21%。我们继续观察这一年沪深两市每股收益同比增长率和公司股价涨跌幅之间的关系。2020年沪深A股每股收益同比增长率对应股价涨跌幅，如图16-3所示。

2020年基本每股收益同比增长率：%	数量	基本每股收益涨幅中位数：%	基本每股收益涨幅平均值：%	股价涨跌幅中位数：%	股价涨跌幅平均数：%
<=0	**1679**	**-42.9**	**-411.8**	**-7.5**	**1.0**
>=0	**2112**	**41.4**	**106.3**	**11.3**	**31.5**
其中，>=0，<=10;	370	4.1	4.2	3.9	13.4
其中，>=10，<=20;	305	14.3	14.6	9.8	21.3
其中，>=20，<=30;	219	25.0	25.0	17.0	32.0
其中，>=30，<=50;	295	38.9	39.4	15.5	33.6
其中，>=50，<=100;	354	67.6	70.3	17.5	44.1
其中，>=100	617	145.6	290.4	13.2	38.9
全部沪深A股上市公司	**3721**	**6.2**	**-125.5**	**3.0**	**18.3**

备注：由于Choice系统设置筛选条件时，只有“<=”和“>=”的状态，所以相邻两行不同收益率水平的公司“数量”会有个别公司被重复计算，不同分类的公司数量相加也会略微大于全部样本公司的真实数量，但这种统计方法不影响分析结论。

图16-3　2020年沪深A股每股收益同比增长率对应股价涨跌幅

数据来源：东方Choice

根据图16-3的数据，2020年之前沪深两市一共有3721家上市公司，股价中位数涨幅3%，股价平均涨幅18.3%。其中，每股收益没有增长的公司数量为1679家，这类公司的股价中位数跌幅7.5%，平均股价涨幅1%；每股收益实现增长的公司数量为2112家，其股价中位数涨幅11.3%，平均股价涨幅31.5%。每股收益没有增长的公司，无论中位数还是平均股价涨幅都明显跑输全市场的中位数和平均股价涨幅，能够实现每股收益同比增长的公司，无论中位数还是平均股价涨幅都大幅跑赢全市场的中位数和平均股价涨幅。这再次验证了上市公司每股收益是否能够实现同比增长直接影响到公司全年股价的表现。

其中，每股收益同比增长超过20%的公司平均股价涨幅明显领先每股收益同比增幅低于20%的公司；但有趣的事情再次上演，虽然每股收益同比增长和股价呈现密切关系，但是当公司每股收益同比增幅超过20%以后，公司的股价涨幅并没有再次表现出明显分化，每股收益同比增幅超过100%的617家公司股价中位数涨幅竟然小于每股收益同比涨幅为20%～100%的公司，平均股价涨幅也低于每股收益同比增幅为50%～100%的公司。这似乎反映了随着公司收益的大幅上涨，投资者慎重追高的特点。总体来说，随着公司每股收益同比增长率的提高，公司的平均股价涨幅也不断提高，但当每股收益涨幅超过100%的时候，股价涨幅反而略微有所回落。

（三）“分化市”利润成长性和股价涨跌幅的关系

2021年A股市场是一个风格分化的市场，由于大宗商品价格上涨、中国经济增速回落、普遍预期欧美央行收紧货币政策等因素的影响，主要股票市场的指数在最后一个季度都开始呈现回调，中国A股也不例外。全年上证指数上涨4.8%，上证50指数下跌10.06%，深证成指上涨2.67%，创业板指数上涨12.02%，沪深300指数下跌5.2%，中证500指数上涨15.58%。很明显，中小盘股票、高科技高成长股票表现稍好，大盘股、蓝筹股表现萎靡，市场风格明显分化。

截至2022年5月1日，所有沪深上市公司均已经公布2021年公司年报，我们来看一下在一个分化的市场，2021年沪深A股每股收益同比增长率对应的公司股价涨跌幅情况是否和此前的大体规律是一致的。2021年沪深A股每股收益同比增长率对应股价涨跌幅，如图16-4所示。

2021年基本每股收益同比增长率：%	数量	基本每股收益涨幅中位数：%	基本每股收益涨幅平均值：%	股价涨跌幅中位数：%	股价涨跌幅平均数：%
<=0	**1749**	**-44.6**	**-279.3**	**-0.1**	**9.6**
>=0	**2418**	**43.5**	**122.0**	**16.9**	**34.3**
其中，>=0，<=10;	364	5.2	4.8	5.7	14.4
其中，>=10，<=20;	344	14.6	14.8	11.5	22.2
其中，>=20，<=30;	275	24.4	24.6	14.7	27.2
其中，>=30，<=50;	358	39.6	39.6	15.2	30.2
其中，>=50，<=100;	412	70.5	71.3	20.7	33.6
其中，>=100	713	151.9	336.7	35.1	55.2
全部沪深A股上市公司	**4117**	**10.0**	**-47.1**	**9.9**	**24.0**

备注：由于Choice系统设置筛选条件时，只有“<=”和“>=”的状态，所以相邻两行不同收益率水平的公司“数量”会有个别公司被重复计算，不同分类的公司数量相加也会略微大于全部样本公司的真实数量，但这种统计方法不影响分析结论。

图16-4　2021年沪深A股每股收益同比增长率对应股价涨跌幅

数据来源：东方Choice

2021年股市是一个分化的市场，这一点和此前3年的情况都不太一样。根据图16-4的数据，2021年之前，沪深两市共有4117家上市公司，当年股价中位数涨幅9.9%，平均涨幅24%。其中，1749家公司每股收益同比减少或者没有增长，这些公司的股价中位数下跌0.1%，股价平均上涨9.6%，这个水平低于全市场的中位数和平均数水平；2418家公司每股收益同比增长或者没有减少，这些公司股价中位数涨幅16.9%，股价平均上涨34.3%。很显然，每股利润同比具有成长性的公司股价无论中位数、平均数都明显跑赢沪深全市场股票的水平。总体来看，每股利润成长性是影响股价的重要变量。

2021年市场风格分化，公司每股收益同比增长超过100%的713家公司股价中位数涨幅35.1%，平均数涨幅55.2%，领涨全市场平均水平和各主要市场基础性指数。每股收益同比增长50%～100%的412家公司股价涨幅次之，中位数涨幅20.7%，平均股价涨幅33.6%。2021年的数据非常清晰地呈现了随着每股收益同比增长率的提高，公司的股价中位数、平均数涨幅都相应上升，每股利润成长性和股价的涨跌幅之间表现出了惊人的正相关。

(四) 总结

以上实证研究跨越了2018年的“大熊市”，2019年、2020年的“小牛市”和2021年的“分化市”，应该说从市场大环境来看具有较好的包容性。根据东方Choice数据分析，总体来看，无论是熊市、牛市还是分化的市场环境中，公司每股利润同比增长率和公司股价涨跌幅之间都关系密切，大体上呈现以下关系：

(1) 在任何大的市场环境下，每股利润同比缺乏成长性的公司股价表现都明显弱于市场整体水平，每股利润同比保持成长性的公司股价表现明显强于市场整体水平。

(2) 整体来看，每股利润的成长性和公司股价涨跌幅大体呈现了正相关的关系，利润成长性是股票投资的核心参考变量，价值投资的核心逻辑是成立的。

(3) 具体来看，公司每股利润同比增幅20%似乎是一个分水岭。每股利润同比增幅在20%以下的公司股价表现明显不如每股利润同比增幅20%以上的公司。

(4) 公司每股利润同比增速超过30%后，公司股价的涨幅整体来看比较稳定，并没有随着每股利润同比涨幅大幅提高而出现大幅攀升。但在分化的市场环境下，每股利润同比高成长的股票，股价表现明显更突出一些。

二、成长性选股策略

以上实证研究告诉我们，“利润成长性是影响公司股价涨跌幅的核心变量”。也许有的朋友会提出这样的问题：公司未来一年的经营和财务数据还没有发生和公告，投资者无法判断公司未来一年利润同比成长性的水平，在具体的投资实践中怎么来选择股票呢？

我在《股市逻辑思维：势、道、术》一书中，曾做过“成长性策略”选股的实证研究。在股票市场选择股票的时候，虽然我们还不知道未来一年企业“成长性”的确定表现，但通过选择过去一年在市场上能够保持利润明显高增长的公司，继续持有一年，每年更新一次，未来的投资组合有较大的概率能跑赢大盘指数。

例如，在2018/12/31—2021/12/31，每年最后一天等权买入沪深两市当年净利润同比增速最高的100家样本公司的股票组合，持有一年时间，到年底最后一个交易日卖出上一年的组合，再按照同样的标准等权买入新的组合。重复同样的投资策略3年时间，第一年回报率28.69%，第二年回报率13.95%，第三年回报率31.71%，3年累计回报率93.14%！具体计算公式：[(1+28.69%)×(1+13.95%)×(1+31.71%) – 1]。与同期代表大盘的沪深300指数66.37%的回报率相比，坚持“成长性”策略3年回报率明显跑赢了沪深300指数。

为什么上一年利润同比增长靠前的投资组合，在下一年股价涨幅大概率比较出色呢？我想可能主要有两个原因：①上一年利润增速比较靠前的公司，有较大的概率下一年利润增速也会比较出色，除了极个别周期性极强的行业之外，大部分行业或者公司的高景气度会持续不止一年时间；②上一年利润增速显著靠前，要么说明公司经营发生了否极泰来的突变，要么说明行业开启了少有的高景气，具有这些特征的行业和公司一般更受市场资金的青睐。

当然，需要说明的是，每一个实证研究总有一定的“限定条件”，以上实证研究结论是在一定的样本数量、取样标准、观察周期等限定框架下得出的，不排除以上实证条件发生变化，结论会有所差异。我们只能说坚持“成长性”策略选股，每年更新投资组合，长期跑赢大盘指数的概率较大。在实际操作中，如果把公司过去一年的利润增长和未来一年的利润增长预期分析结合起来，选择保持利润高增长的公司，大概率胜算会更大一点。

17 便宜没好货，警惕低市盈率的陷阱

股票市场是一个高风险的市场，趋利避害是人的天性。在股票市场有不少投资者对“低市盈率”的公司比较着迷，最简单的原因是这些公司“便宜”“安全”，不知道您是否也有同样的看法呢？

大众投资者进入股市的目的主要还是追求潜在的“收益”，在选择“低市盈率”的投资标的时，除了风险，您当然也需要考虑潜在的收益会怎么样。是否市盈率低的公司整体上意味着处于“价值洼地”，潜在的投资回报率会更出色呢？

相信大多数大众投资者都会对这个问题感兴趣，或者说有自己长期坚持的个人判断，那您的判断是真知灼见还是长期沉迷在误区里呢？这篇实证研究将为朋友们揭开答案。

一、实证研究说明

市盈率有静态市盈率、TTM市盈率、动态市盈率等不同划分，为了数据参考意义更准确、真实，便于实际参照和操作，我们选取最近四个季度的“TTM市盈率”作为标准，实际上这个标准在专业的投资机构也更为常用。

参考此前实证研究的方法，考虑到经济发展阶段和股票市场的成熟度，我们仍然选用2019年、2020年、2021年这3年的市场数据。我们默认这3年的实证研究规律对今天和未来的投资会更有参考意义。

具体的做法仍然是参考每年12月31日沪深两市收盘的所有股票TTM市盈率数据，选取市盈率最低的100家上市公司(除去负值的所有样本，因为负值意味着每股对应的净利润是负的，公司是亏损的，实际上估值也是最贵一类)，等权买入，持有一年；然后到12月31日卖出此前的投资组合，再次根据市场最新的TTM市盈率数

据，重新买入最便宜的100家公司的组合，然后再持有一年时间。以此类推，坚持“低市盈率”策略，在2019年、2020年、2021年接力投资，坚持3年，最后看累计的投资回报率水平。

为了更生动地说明问题，我们需要找一个市场对比标杆，由于涉及沪深两个市场，我们选沪深300指数作为一个对比标杆，看“低市盈率”策略重复3年的累计投资业绩是否会更出色。

从图17-1可以看到2018年12月31日到2021年12月31日沪深300指数的回报率为66.37%，另外一个市场基础性指数中证500的回报率为78.11%。前者反映的是大盘蓝筹，后者反映的是沪深中小盘。通常，沪深300指数更常用以代表股票市场的整体回报率水平。

图17-1　2018/12/31—2021/12/31沪深300指数回报率

数据来源：东方Choice、乌龟量化

二、“低市盈率”策略

参考东方Choice数据，以2018年12月31日沪深股市收盘价为基准，选取两市TTM市盈率最低的100家公司(剔除市盈率为负值的公司样本)，等权买入，持有一年时间(到2019年12月31日)。2018/12/31—2019/12/31 TTM市盈率最低的100家公司回报率，如表17-1所示。

表17-1　2018/12/31—2019/12/31TTM市盈率最低的100家公司回报率

排序	证券代码	证券名称	TTM市盈率 [交易日期]2018-12-31	区间涨跌幅 [起始交易日期]2018-12-31 [截止交易日期]2019-12-31 [复权方式]前复权 [单位]%
1	000016.SZ	深康佳A	1.4561	38.1344
2	000932.SZ	华菱钢铁	2.6011	10.4628
3	600782.SH	新钢股份	2.8557	4.7695
4	000717.SZ	韶钢松山	3.1602	4.1758
5	600282.SH	南钢股份	3.2934	8.6770
6	600708.SH	光明地产	3.2972	4.9847
7	600569.SH	安阳钢铁	3.3015	-13.0913
8	600738.SH	丽尚国潮	3.4709	6.5594
9	002110.SZ	三钢闽光	3.5285	23.5858
10	000825.SZ	太钢不锈	3.6142	1.1901
11	601[illegible]	[illegible]	[illegible]	[illegible]
⋮	⋮	扫描二维码 获取详细数据 >>		⋮
90	000540.SZ	中天金融	[illegible]	[illegible]
91	601225.SH	陕西煤业	6.6162	25.2423
92	000410.SZ	ST沈机	6.6655	7.9239
93	000031.SZ	大悦城	6.6674	49.4532
94	002016.SZ	世荣兆业	6.6829	1.5714
95	600971.SH	恒源煤电	6.6885	34.7312
96	600426.SH	华鲁恒升	6.7235	66.9782
97	600173.SH	卧龙地产	6.7553	41.4252
98	600665.SH	天地源	6.7618	11.5715
99	600828.SH	茂业商业	6.7831	1.8696
100	000921.SZ	海信家电	6.8099	78.6013
平均值	—	—	5.3767	21.8427

数据来源：东方Choice

从表17-1可以看出，第一年“低市盈率”策略选取的100个样本公司平均TTM市盈率为5.3767倍，投资组合持有一年时间的平均回报率是21.8427%。

继续坚持“低市盈率”策略，以2019年12月31日沪深两市的股价为基准，卖出前一年的投资组合，再次等权买入两市当日TTM市盈率最低的100家公司的股票，继续持有一年，2019/12/31—2020/12/31市盈率最低的100家公司回报率，如表17-2所示。

表17-2 2019/12/31—2020/12/31TTM市盈率最低的100家公司回报率

排序	证券代码	证券名称	TTM市盈率 [交易日期]2019-12-31	区间涨跌幅 [起始交易日期]2019-12-31 [截止交易日期]2020-12-31 [复权方式]前复权 [单位]%
1	600399.SH	抚顺特钢	2.2384	354.2683
2	000055.SZ	方大集团	2.6077	-4.5996
3	600807.SH	济南高新	3.0346	-0.5571
4	600052.SH	东望时代	3.2363	-32.2949
5	600370.SH	三房巷	3.2399	-3.9790
6	600782.SH	新钢股份	3.5533	-4.6094
7	000737.SZ	南风化工	3.7308	65.2174
8	000933.SZ	神火股份	4.2362	49.2160
9	000932.SZ	华菱钢铁	4.7100	7.4436
10	000732.SZ	泰禾集团	4.7370	-47.0016
⋮	⋮	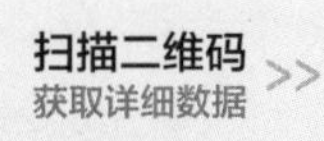		⋮
90	000498.SZ	山东路桥	7.6154	3.8355
91	000036.SZ	华联控股	7.6237	2.1886
92	600507.SH	方大特钢	7.7079	2.3251
93	600743.SH	华远地产	7.7158	-7.5472
94	600694.SH	大商股份	7.7416	-23.2033
95	600449.SH	宁夏建材	7.7446	27.9569
96	603113.SH	金能科技	7.7539	53.6654
97	000885.SZ	城发环境	7.7666	18.7781
98	600675.SH	中华企业	7.7754	-25.7411
99	600622.SH	光大嘉宝	7.7954	-10.3541
100	600502.SH	安徽建工	7.8140	-3.3168
平均值	—	—	6.1912	-0.1035

数据来源：东方Choice

第二年“低市盈率”策略选取的沪深两市100家样本公司的平均TTM市盈率水平为6.1912倍，投资组合持有一年时间的平均投资回报率是-0.1035%，看来第二年是亏损的。

继续以2020年12月31日沪深两市收盘股价为基准，卖出前一年的投资组合；再次坚持“低市盈率”策略，以当日两市收盘价为基准，等权买入当日两市

TTM市盈率最低的100家上市公司股票，持有投资组合一年时间，2020/12/31—2021/12/31TTM市盈率最低的100家公司回报率，如表17-3所示。

表17-3　2020/12/31—2021/12/31TTM市盈率最低的100家公司回报率

排序	证券代码	证券名称	TTM市盈率 [交易日期]2020-12-31	区间涨跌幅 [起始交易日期]2020-12-31 [截止交易日期]2021-12-31 [复权方式]前复权 [单位]%
1	002188.SZ	*ST巴士	1.4491	45.5224
2	600289.SH	ST信通	1.8774	−9.4505
3	002164.SZ	宁波东力	2.3504	2.8912
4	002582.SZ	好想你	2.9096	−27.1179
5	300116.SZ	保力新	3.0575	21.2871
6	002146.SZ	荣盛发展	3.2873	−28.2993
7	600466.SH	蓝光发展	3.9088	−56.3169
8	000911.SZ	南宁糖业	4.0603	39.6867
9	600657.SH	信达地产	4.1181	−7.4442
10	[illegible]	[illegible]	[illegible]	[illegible]
⋮	⋮			⋮
95	300552.SZ	万集科技	[illegible]	−5.5101
96	600668.SH	尖峰集团	7.6799	36.2339
97	603609.SH	禾丰股份	7.7053	−10.6791
98	600507.SH	方大特钢	7.7485	27.0473
99	600170.SH	上海建工	7.7637	26.0215
100	600704.SH	物产中大	7.8046	40.2488
平均值	—	—	5.8045	6.3073

扫描二维码
获取详细数据 >>

数据来源：东方Choice

第三年“低市盈率”策略选取的沪深TTM市盈率最低的100家样本公司的平均市盈率5.8045倍，投资组合持有一年时间的回报率6.3073%。

三、实证研究结论

综合以上实证研究数据，如果在2018/12/31—2021/12/31，每年初等权买入沪深两市TTM市盈率最低的100家公司的股票组合，持有一年时间，坚持重复这样的投资策略3年时间，累计回报率29.40%！具体计算公式：[(1+21.84%)×(1-0.10%)×(1+6.31%) – 1]。对比同期沪深300指数66.37%的3年累计回报率，显然“低市盈率”策略的回报率29.40%远远跑输了沪深300大盘指数。

这个实证研究是不是让您大跌眼镜呢？进入股票市场的绝大多数大众投资者(也就是我们常说的散户)，尤其是初入市场经验尚不丰富的散户朋友，都会不假思索地倾向于购买“低市盈率”的股票，一方面觉得“便宜”，股票风险小；另一方面觉得处于“价值洼地”，未来上涨空间大。殊不知，这些看起来最便宜的股票回报率却远逊色于大盘的平均水平，并非价值洼地。

为什么会这样呢？我想大概有两方面的原因：第一，金融市场的一个比较普遍的规律是“高风险、高回报，低风险、低回报”，市场上市盈率最低的公司也许股价波动的风险的确比市场的平均水平低，但正是这个原因，收益率也会比市场平均水平低很多，这实际上是正常的风险收益匹配关系；第二，资本市场给投资者带来回报的最根本逻辑是公司内在的成长性，成长性高的公司，股价的涨幅一般也会更大。“市盈率”这个指标除了反映公司的“估值”水平之外，其实还隐含着市场对公司未来成长性的判断，对于沪深两市市盈率最低的公司，市场投资者一致的判断是：这些公司未来的成长性也是市场中最差的。

当然，需要说明的是，以上实证研究结论是在一定的样本数量、取样标准、观察周期等因素限定下得出的，不排除以上实证条件发生变化，结论会有差异。所以，在思考实证研究给我们带来的启发和思考的时候，也不宜过分夸大结论的应用。

四、更有趣的进一步发现

以上实证研究结论初步揭示了资本市场“低风险、低回报”的规律，当看到这个结论后，您是否会思考另外一个更有趣的问题：反其道而行之，如果买入市场上“市盈率最高”的股票组合，是不是会获得超越大盘指数的高回报呢？

重复此前的实证研究过程，只是我们这次把买入沪深两市“TTM市盈率最低的100家公司”组合，换成买入沪深两市“TTM市盈率最高的100家公司”组合，重复执行“高市盈率”策略，3年的同期累计回报率又会怎么样呢？

显然，从人性来说，这是一个绝对疯狂的思路，也只有在看到了“低市盈率”策略的实证研究结论之后，才可能会有这样“反人性”的思维。限于文章的篇幅，这里只展示进一步延伸实证研究的结论。2018/12/31—2021/12/31TTM市盈率最高的100家公司回报率，如表17-4所示。

表17-4　2018/12/31—2021/12/31TTM市盈率最高的100家公司回报率

时间阶段	初始平均市盈率	平均回报率(%)
2018/12/31—2019/12/31	763.6928	30.2200
2019/12/31—2020/12/31	3,254.5949	1.2464
2020/12/31—2021/12/31	2,978.2676	39.1229

数据来源：东方Choice

从表17-4的数据可以看到，每次选取的沪深两市TTM市盈率最高的100家样本公司的平均市盈率的确太高了，分别达到763.7倍、3254.6倍、2978.3倍！如果没有此前“低市盈率”策略的实证研究结论启发，我想一个正常的投资者很难接受这种“只买贵的”的疯狂理念。

当然，投资最终还是要靠业绩说话，以上“高市盈率”策略延伸实证研究3年的投资回报率分别达到30.22%、1.25%和39.12%。“高市盈率”策略3年重复执行的累计回报率达到83.43%，远超“低市盈率”策略，也明显跑赢沪深300指数的66.37%，甚至跑赢了更高的中证500指数的78.11%！具体计算公式：[(1+30.22%)×(1+1.25%)×(1+39.12%) – 1]。每次选择100个样本的大样本量和连续3年重复执行的多次操作，再次向我们展示了资本市场“高风险、高收益”的特征。

实证研究的目的就是通过不带任何感情偏见的数据分析来发现规律，进而指导我们的投资实践。以上实证研究可以带给我们在股票市场做投资的启发，包括：①如果您想在股票市场获得更高的回报，就要远离平均市盈率最低的行业赛道，包括市场上市盈率最低的公司；②在同样的市场环境下，能够给投资者长期带来丰厚回报的行业和公司，市场给予的市盈率估值水平普遍会更高一点，因为它们具有更好的内生成长性，大众投资者需要克服心理障碍，走近这些富矿，做进一步的筛选，而不是远离它们。

18 价值投资的误区：机械性长期持有

股票市场投资有很多完全不同的策略和风格，如技术交易策略、事件驱动策略、趋势策略、对冲策略、量化策略、价值投资策略等。在中国股票市场上，散户投资者所追捧的常常是技术交易策略，在专业的机构投资者领域为大家所共识的主要是价值投资策略。

价值投资是从华尔街舶来的思想，中国投资者较为熟悉的代表性人物要算巴菲特了。巴菲特在二级市场的股票投资长期坚持“像股东一样长期买入好公司的股票，坐享公司成长红利”。完全机械地套用巴菲特的价值投资模式在A股市场还是水土不服的，其中有几个比较重要的原因：①中国经济快速发展，行业周期、产品周期和企业生命周期大幅缩短，如产能扩张快、产品迭代快，企业经营波动大；②强势的产业政策会改变产业的发展规律和企业的行为模式，加剧市场波动，如医药医疗集采制度、房地产调控政策、校外辅导整顿压缩政策等；③多方面因素导致企业治理团队并不关心股价和公司长期成长，如国有企业高管的激励制度问题、民营企业创始人上市套现的短期主义问题等。

从PE产业基金投资的角度讲，坚持长期持有是可以理解的，因为这时候投资的公司大多还处于初期阶段，未来都还有相对较长的成长期，但在A股二级市场做股票投资，不可以把“长期持有”的思想简单搬过来，那可能是要吃亏的。

我赞成并鼓励朋友们学习并坚持价值投资的思想，但要水土相符、顺势而为，不可以生硬照搬一些似是而非的条条框框，避免给自己的投资戴上枷锁。本篇用实证研究的方法，为您揭示为什么不建议大家以“价值投资”的名义在国内A股二级市场生硬照搬“长期持有”的策略。

一、大部分公司缺乏长期成长性

很多价值投资者认为“长期持有”是价值投资的重要特征，但这有一个基本的假设：您持有的公司具有长期成长性，也就是所谓的保持长期“内生性的增长”。您可以简单地理解为，公司未必每年都跑得最快，但需要每年有一定的加速，而且跑得久。比如，今年公司每股有1元的利润，5年后每股有1.5元的利润，10年后每股有2.8元的利润，等等。这样尽管外在市场环境发生变化，但时间站在您这一边，时间是您的朋友。

大家试想一下，以这样的逻辑选择股票，基金经理通常会更重视和人们衣、食、住、行关系密切的上市公司，因为人有欲望，人要活着，而且想健康长寿，就离不开这些东西，未来收入高了，能够支付的成本也会不断上升。这就容易理解巴菲特购买可口可乐、希诗糖果公司、吉利剃须刀、美洲航空公司、比亚迪汽车、国民保险公司等的股票的大逻辑。巴菲特除了苹果公司外，长期忌惮投资高科技公司，因为在他看来，高科技公司的未来不确定性太大。顺便说一下，在巴菲特看来，苹果也并非高科技公司，而是和人们的情感、信息交流沟通关系密切的高频消费品提供者，这一思路和投资《华盛顿邮报》、大都会广播等有类似的地方。

最近20年是人类历史上科技发展最快的时期，产业和技术革命此起彼伏，一切行业的周期都在加快。在全球化的背景下，中国又是最近20年全球经济发展最快的大国，我们用几十年时间走完了西方发达国家走了上百年的路，这就决定了在中国市场，政策、产业、科技、产品、消费者的行为和心理等都变化太快了。比如，传统燃油汽车刚刚进入家庭，就马上迎来了新能源电动汽车的革命浪潮，要知道在欧、美、日本，燃油车可是经过了100多年的发展迭代历程；再如，由于城镇化的快速发展，20年前、10年前和今天，房地产行业发展态势和社会对房子的看法都发生了天翻地覆的变化。我举了汽车和房地产的例子，是因为这两个产业在中国都是支柱性的产业，影响的上下游产业链最广泛、最庞大。

正是以上原因中国的大多数上市公司成长周期比较短，股价波动比较大，股票长期(5年以上)持有的风险反而比较大。我们下边用实证数据来看一下有多少10年前上市的公司最近10年每股收益负增长，如图18-1所示。

今天是2022年4月22日，由于2021年上市公司年报还没有完全披露，我选用了2021年的三季报数据，同时往前推了10年，选择在2011年9月30日之前上市的公司，截至2022年4月21日共有2201家在正常交易。在这2201家上市公司中，有1190家2021年的三季报每股收益和10年前相比是负增长！这说明，10年前上市的公司中有54%这10年时间已经没有了成长性。当然，其也许在上市后的最初几年曾经有过增长，但后来就从繁荣期进入了衰退期，利润就开始萎缩。

提取数据 参数修改 条件选股 清空条件 指标计算 数据统计 显示图形 删除指标 保存模板

筛选条件 指标排名 回测分析 选股社区

序号	指标名称	参数	运算符	数值	单位
#1	首发上市日期		<=	2011-09-30	
#2	区间涨跌幅	2012-04-21;2022-04-21;前复权			%
#3	每股收益EPS（基...	去年三季;10	<=	0.0000	

条件表达式 #1 AND #3 执行

序号	证券代码	证券名称	☑	首发上市日期	区间涨跌幅 [起始交易日期]2012-04-21 [截止交易日期]2022-04-21 [复权方式]前复权 [单位]%	每股收益EPS（基本）N年增长率 [报告期]去年三季 [年数]10
1190	601107.SH	四川成渝	☑	2009-07-27	34.1975	0.0000
		中位数		--	13.1660	-77.7778
		算术平均		--	39.7868	-178.3463

全部选中 全部反选 总和 算术平均 加权平均(从下拉框中选择加权因子) 最大 标准差 方差

向上剔除 向下剔除 计数 中位数 1.区间涨跌幅 最小 总体标准差 总体方差

沪深A股 共计4708条，筛选1190条，剔除0条 Choice金融终端

图18-1 10年前上市的最近10年每股收益负增长的公司

数据来源：东方Choice

那么，这些公司的股价表现怎么样呢？截至2022年4月22日，这1190家公司最近10年(2012年4月21日—2022年4月21日)“前复权”股价累计涨幅中位数13.2%，平均数39.8%。而这十年大盘基础指数沪深300指数涨幅52%，创业板指数涨幅217%，显然这些业绩缺乏成长性的公司的阶段股价表现也远远跑输了大盘指数。

如果我们看5年时间，情况又会怎么样呢？也就是在5年前(当然也包括更早时间)上市的A股公司，最近5年的业绩成长性怎么样呢？同样，我们参考2021年的三季报，往前推延5年，看看有多少在2016年9月30日之前上市的公司最近5年每股利润负增长，如图18-2所示。

在2016年9月30日之前上市目前仍然正常交易的A股公司共有2876家，与5年前的三季报相比，有1262家上市公司在2021年三季报的每股业绩萎缩，数量占比43%。这1262家公司截至2022年4月21日最近5年股价中位数下跌46.3%，平均数下跌38.3%。而在这5年期间，沪深300指数上涨15.4%，创业板指数上涨24.9%。显然，这些缺乏成长性的公司的股价表现更是远远跑输了大盘指数。

以上分别从10年、5年两个相对较长的时间周期观察了上市公司的利润增长，实证研究说明由于各种外在、内在的挑战，大多数公司不具备长期的利润成长性。

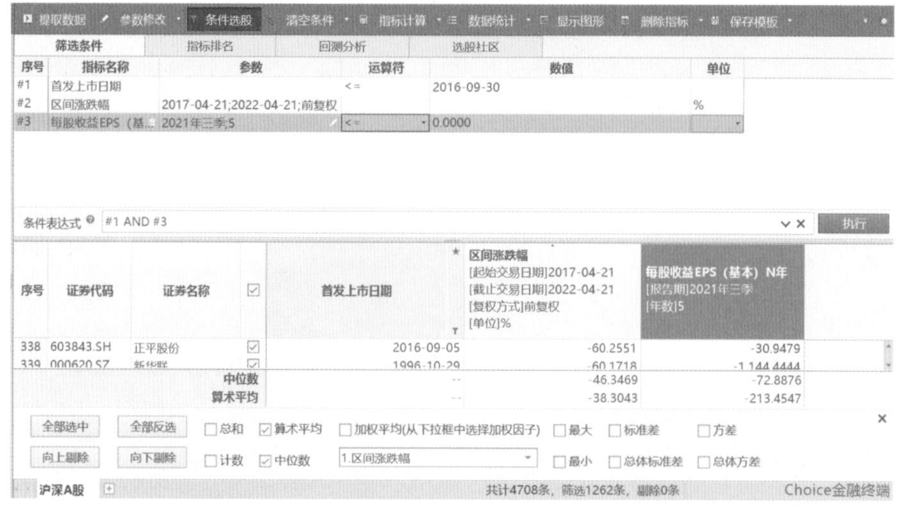

图18-2　5年前上市的最近5年每股收益负增长的公司

数据来源：东方Choice

二、大部分股票缺乏长期投资价值

如果说公司的利润增长对于股票投资者来说是一个稍微间接的指标，因为绝大多数投资者更关心股价的表现，那么到底又有多少公司具有长期的投资价值呢？这一部分我们分别用5年、10年作为周期，观察在此之前上市的公司有多少股价具有持续的投资价值。

(一) 长期绝对回报

我们先看长期绝对回报，也就是(前复权)股价有没有上涨。这里我们分别观察截至2022年4月21日，在5年前(2017年4月21日)、10年前(2012年4月21日)上市的公司，在最近这5年时间(2017/04/21—2022/04/21)股价有没有上涨。5年前上市的公司最近5年股价上涨数量，如图18-3所示。

截至2022年4月21日，A股市场5年前上市并至今仍在交易的公司数量共有3143家，相对于5年前的2017年4月21日，共有823家公司的股价高于5年前，占比达到26%。也就是说，在2017年4月21日之前购买的股票，在最近这5年时间只有26%的公司股价保持上涨，能够获得赚钱效应的股票数量比较少，长期持有并没有因此而获得财富效应。

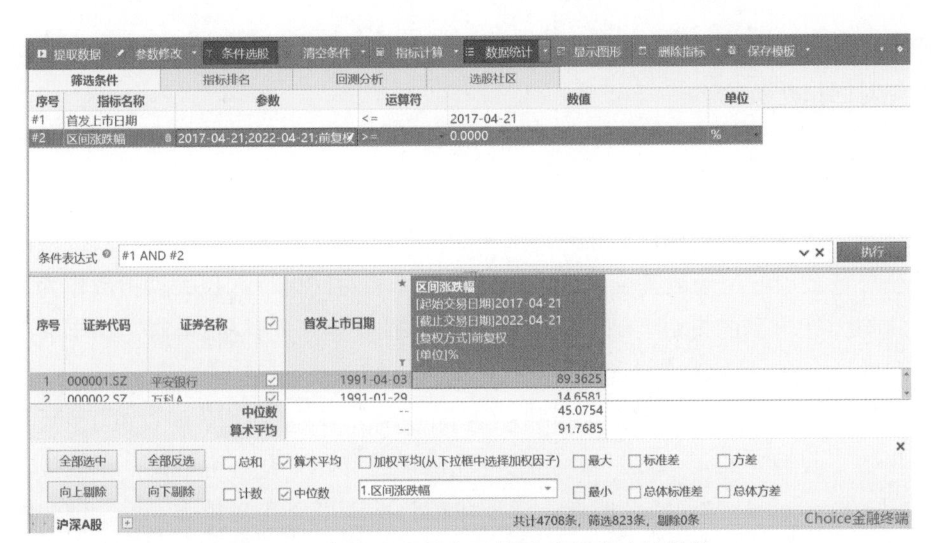

图18-3　5年前上市的公司最近5年股价上涨数量

数据来源：东方Choice

我们下边观察一下在10年前(2012年4月21日)上市的公司，如果在10年前购买，持有至今超过10年时间，那么最近5年(2017/04/21—2022/04/21)又有多少公司能够因为长期持有而获得更多的回报。10年前上市的公司最近5年股价上涨数量，如图18-4所示。

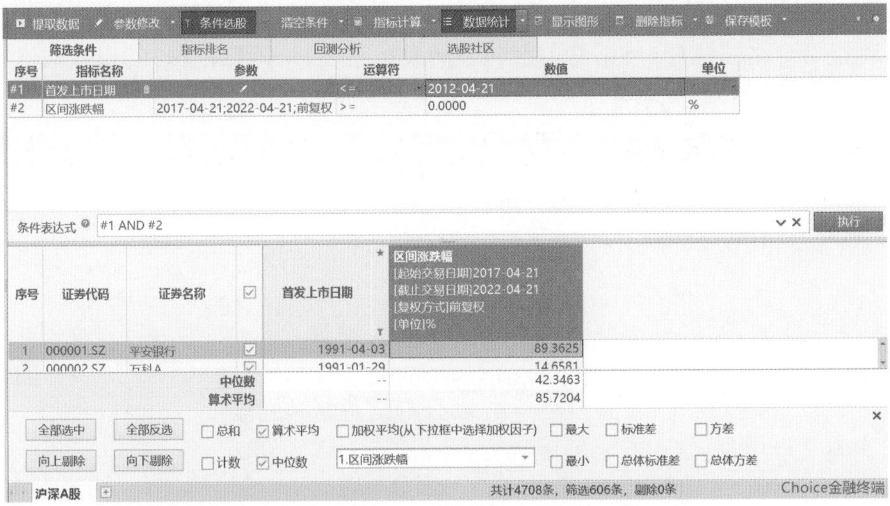

图18-4　10年前上市的公司最近5年股价上涨数量

数据来源：东方Choice

截至2022年4月21日，10年(2012年4月21日)之前上市，至今股票仍然正常交易的上市公司数量2306家，其中最近5年(2017/04/21—2022/04/21)股价上涨的公司数量606家，占比也是26%！也就是说，无论您购买的是5年前还是10年前上市的公司的股票，最近5年股价下跌的概率都达到74%，上涨的概率只有26%，大部分公司股票的绝对回报是负的。

(二) 长期相对回报

绝对回报是讨论股价涨幅的时候，把“0”作为对比标杆。在朋友们接触比较多的公募基金领域，一般基金经理考虑的都是“相对回报”，把大盘指数作为对比标杆，努力让自己的投资业绩跑赢大盘指数。那么又有多少在5年前、10年前上市的公司在最近5年能够跑赢大盘指数呢？

投资者比较熟悉的几个大盘指数包括上证指数、深证成指、沪深300指数和创业板指数。截至2022年4月22日，上证指数包含上海证券交易所主板、科创板上市时间超过1年的共1827家成分股票；深证成指包括深圳证券交易所主板、创业板上市的共500家公司的股票；沪深300指数包括上海证券交易所、深圳证券交易所上市的共300个成分股，主要反映大盘价值蓝筹的股价走势；创业板指数只包括深圳证券交易所创业板上市的100家成分股，是市场上科技成长类股票的风向标。最近5年时间(2017/04/21—2022/04/21)，上证指数累计下跌2.9%，深证成指上涨7%，沪深300指数上涨15.4%，创业板指数上涨24.9%。我们把沪深300指数最近5年的涨幅作为对比标杆，因为它横跨沪、深两个市场，具有一定的代表性，同时，它也是基金经理业绩对比的标杆。5年前上市的公司最近5年股价跑赢沪深300指数数量，如图18-5所示。

图18-5　5年前上市的公司最近5年股价跑赢沪深300指数数量

数据来源：东方Choice

2017年4月21日之前上市的A股公司3143家，其中股价在最近5年(2017/04/21—2022/04/21)涨幅超过沪深300指数(15.4%)的共有622家，占比只有19.8%，80%的公司最近5年没有跑赢沪深300指数。我们下边看一下10年前上市的公司在最近5年有多少能够跑赢沪深300指数，如图18-6所示。

图18-6　10年前上市的公司最近5年股价跑赢沪深300指数数量

数据来源：东方Choice

2012年4月21日之前上市，截至2022年4月21日仍然正常挂牌的公司数量共有2306家。从图18-6可以看到，这些公司在最近5年(2017/04/21—2022/04/21)能够跑赢沪深300指数涨幅(15.4%)的数量只有450家，占全部公司数量的19.5%，超过80%的公司持有的最近5年并没有为投资者带来超越市场的时间红利。显然，各种原因，10年前上市的公司在最近5年如果持续持有，绝大部分并没有带来额外的财富效应，反而会面临亏损的风险。

三、短期股价波动太大

说一千，道一万，价值投资的目的都是赚钱，只是在策略上是通过忽略短期波动，追求公司内生性的增长带来的长期确定性回报。此前的篇章内容告诉我们，大部分A股股票并不具备长期(超过5年)的成长性，股价也缺乏长期(超过5年)持有的财富效应。

除此之外，A股市场的另外一个特点是个股股价波动太大，这也是“长期主义者”的大敌。如果您长期持有的预期投资回报率目标是5年实现100%的回报率，大约每年15%的年化平均回报率，也不低了，但如果看了A股股价的波动，您也许会重新思考这个问题。因为大多数股票在一年之内的波动都超过30%！

截至2022年4月21日，沪深两市一共有4250只股票在一年前(2021年4月21日)上市并正常交易。其中，只有1650只股票上涨，占比38.8%，其中涨幅超过10%的一共有1144家，占比26.9%；涨幅超过30%的一共有582家，占比13.7%。另外，有2600家公司股票下跌，占比61.2%，其中，跌幅超过10%的一共有1939家，占比45.6%；跌幅超过30%的一共有806家，占比19%。这一系列数据告诉我们：最近这一年股票市场赚钱难度很大，亏损的概率很大。

但实际上，这只看到了市场的一面，如果看这4250家公司在一年时间内的最大涨幅，您会发现，所有的公司股票都曾经出现过上涨，而且最大涨幅都在10%以上。其中，3677家公司在这一年时间内曾经有过股价上涨30%以上的时期，占比86.5%；2563家公司曾经有过股价上涨50%以上的经历，占比60%；1015家公司的股票价格在这一年时间内曾经有过100%以上的涨幅，占比23.9%！这说明即使在市场环境不好的情况下，大部分股票仍然有明显的阶段性财富效应。在整体市场并不繁荣的情况下，一年内有这么大的阶段区间盈利，显然需要动态止盈，否则面对股价的调整，坚持以“价值投资”的名义持续持有，不但会坐了过山车，丧失可观的投资收益，甚至可能在一年时间之内从赚钱变成亏钱，股票资产流动性好的优势完全没有体现出来。

波动性大不仅体现在大部分股票都曾经在一年区间内有过阶段性较大的涨幅，在同样的一年时间内，大部分股票也都创造了惊人的区间最大跌幅。比如，在这一年(2021/04/21—2022/04/21)时间内，有3465家公司股价从区间最高点到2022年4月21日收盘跌幅超过30%，公司数量占比81%。其中，2339家公司股价从区间最高点到2022年4月21日收盘跌幅超过40%，公司数量占比55%；1152家公司股价从区间最高点到2022年4月21日收盘跌幅超过50%，公司数量占比27%；332家公司股价从区间最高点到2022年4月21日收盘跌幅超过60%，公司数量占比7.81%。一年时间内，曾经有80%以上的股票出现过30%以上的下跌，更有27%的股票曾经调整幅度超过50%。试想，面对这样的大幅波动，投资者如何能够做到不为所动，长期持有呢？而且，从投资风险防范的角度，显然也是需要及时止损的，而绝对不可以“价值投资”的名义坚持持股，这样的投资风险就太大了。

我们下边来看一下在2021年4月21日—2022年4月21日，沪深市场区间股价最大涨幅前100名公司的股价波动，如表18-1所示。

表18-1　沪深A股最近1年区间内股价最大涨幅前100名公司的股价波动

序号	证券代码	证券名称	区间最大涨幅 [起始交易日期] 2021-04-21 [截止交易日期] 2022-04-21 [复权方式] 前复权 [单位]%	区间自最高价以来最大跌幅 [起始交易日期] 2021-04-21 [截止交易日期] 2022-04-21 [复权方式] 前复权 [单位]%	区间涨跌幅 [起始交易日期] 2021-04-21 [截止交易日期] 2022-04-21 [复权方式] 前复权 [单位]%
1	002432.SZ	九安医疗	1437.7	−26.2	844.9
2	300343.SZ	联创股份	969.1	−62.5	272.9
3	603032.SH	*ST德新	782.3	−44.3	338.7
4	002326.SZ	永太科技	767.8	−67.6	203.1
5	000422.SZ	湖北宜化	650.1	−53.3	343.5
6	002487.SZ	大金重工	636.8	−57.1	176.9
7	600078.SH	*ST澄星	616.3	−60.4	293.7
8	605117.SH	德业股份	598.2	−49.9	308.8
9	603396.SH	金辰股份	593.9	−74.8	70.3
10	300619.SZ				223.4
⋮	⋮		扫描二维码 获取详细数据 >>		⋮
95	300035.SZ	中科电气	276.5	[illegible]	98.1
96	002268.SZ	卫士通	274.8	−42.7	116.4
97	000819.SZ	岳阳兴长	274.2	−59.6	58.2
98	300505.SZ	川金诺	273.9	−53.4	119.1
99	002453.SZ	华软科技	272.2	−42.9	134.7
100	300631.SZ	久吾高科	272.0	−60.4	38.3

数据来源：东方Choice

2021年4月21日—2022年4月21日，受到经济增速下行、美联储加息、俄乌冲突、国内疫情持续等宏观因素，以及房地产调控、教育整顿、医疗集采等系列行业政策的影响，股票市场整体表现疲软。在这一年时间，上证指数跌幅11.3%，深证成指和沪深300指数跌幅都是21.4%，创业板指数跌幅20.2%。

在沪深两市4250家上市时间超过一年的公司中，在最近这一年区间股价最大涨幅排名前100的公司的股价涨幅均超过272%，甚至有79家涨幅超过300%，100家最大涨幅的平均值达到408%。如果从一年前开始买入，持有一年不动，截至2022年4月21日收盘，则一年的平均收益比例为141%；但这些股票如果在区间最高点买入，持有到2022年4月21日，平均亏损比例达到53%，最高亏损比例达到73%。如果对比每一只股票的三组数据，您就会感到惊心动魄，面对这么大的股价波动，显然“长期持有”并非上策，无论是从风险管理还是从收益锁定的角度考虑，都需要止损、止盈。

根据我长期负责国务院发展研究中心金融研究所领导的中国注册金融分析师培养计划和大众投资者教育的经历，我是价值投资理念的坚定拥护者，但至少在当前经济和股市的发展阶段，在A股做投资还不可以把“价值投资”和简单“长期持有”画上等号。任何投资策略都不能包赚不赔，所以所有的投资都要有“止损止盈”的底线意识，要遵守纪律，切不可太机械，否则是会吃亏的。

价值投资所秉持的“以便宜的价格，买入好公司的股票，静待花开”的核心思想在A股市场是有效的，其中最核心的是买入好公司的股票，而对于好公司来说，成长性是核心。

19 不会止损止盈，股票最终是一场空

大多数个人投资者都有这样的体会，在股票市场每天面对几千只股票价格的波动，总觉得赚钱的概率至少也有50%，经常不假思索地随机决策，点击键盘买入一只“看上去不错”的股票。一旦买入，就越看越觉得自己的股票好，即使股价各种原因出现了明显的调整，仍然不愿意否定自己，对后市总是心存侥幸；最后跌得太多了，索性麻木了，彻底放弃了对这只股票的希望，甘心做起了股东。这些人最后给自己的安慰常常是：信奉价值投资，坚持长期持有。

还有不少投资者做了不少功课或者运气好的缘故，股票刚刚入手就大幅上涨，但自己对这种上涨完全没有思想准备和应对的方法，反而开始焦虑不安，生怕随时调整，吞噬了利润，然后涨5%左右就赶紧卖出，落袋为安。万万没想到，后市股价气势如虹，在一个周期内涨了60%甚至更多，但卖出之后就再也不敢上马了，总觉得恐高。选到了好公司，但自己浅尝辄止，却没有赚钱，想想总是后悔。

还有一部分投资者，股票买入后大幅上涨，但对于什么时间卖出没有章法。眼看着从买入后股价涨了40%以上，但总觉得将来很有可能会翻番，结果股价开始调整，从赚40%降到30%、20%、10%，最后更不愿意卖了，认为自己40%的收益都不满足，怎么可能只赚10%就认了呢？于是乎，股价跌回原点买入价，紧接着开始亏损10%、20%……最后坐了过山车，钱没赚到，还在“空想症”和“焦虑症”的支配下情绪越来越坏。这种投资者的最大问题就是不知道什么时间卖股票，如果学不会这个技能，在股票市场可就真是赚不到钱了。

解决这些问题的关键是建立起适合自己的“止损止盈”的投资纪律，股票一旦买入，就把交易的决策交给理性的投资纪律，而不是由自己的情绪决策。如果不会止损止盈，股票投资最终就是一场空。

一、为什么必须止损止盈

价值投资者坚信“以便宜的价格，买入好公司的股票，静待花开”，但其实价值投资者也需要遵守止损止盈的投资纪律，并不是不假思索地长期持有。

价值投资的重要逻辑都建立在“假设”的基础上。比如，到底什么是“便宜的价格”？您怎么能确定买入的一定是好公司？所有的投资都是有期限的，企业也是有生命周期的，“静待花开”的时间到底是多久？“止损止盈”的投资纪律恰恰提供了一种可操作的具体方法，用来辨识和纠正“便宜的价格”“好公司”，并最终把“静待花开”的结果落袋为安。

（一）“好公司”一年的股价波动

我在多年的投资者教育经历中，发现很多投资者有一种根深蒂固的误区：认为做价值投资，选了“好公司”，长期持有就行了，没必要做“止损止盈”这些“短线交易”。

下边我们看一下截至2022年4月30日(写此文章的日期)最近一年4714家沪深A股区间最大涨幅超过200%的公司名单，同时对比看一下持有不动的投资收益以及股价最高点以来的最大跌幅。2021/04/30—2022/04/30沪深A股区间最大涨幅超过200%的公司的股价波动，如表19-1所示。

表19-1　2021/04/30—2022/04/30沪深A股区间最大涨幅超过200%的公司的股价波动

序号	证券代码	证券名称	区间涨跌幅 [起始交易日期] 2021-04-30 [截止交易日期] 2022-04-30 [复权方式] 前复权 [单位]%	区间最大涨幅 [起始交易日期] 2021-04-30 [截止交易日期] 2022-04-30 [复权方式] 前复权 [单位]%	区间自最高价以来最大跌幅 [起始交易日期] 2021-04-30 [截止交易日期] 2022-04-30 [复权方式] 前复权 [单位]%
1	002432.SZ	九安医疗	894.6843	1,437.7133	-29.1969
2	300343.SZ	联创股份	306.3604	938.8693	-68.2274
3	603032.SH	*ST德新	436.5314	782.3301	-44.7035
4	301089.SZ	拓新药业	807.9540	731.9249	-36.7609
5	002326.SZ	永太科技	171.5517	711.9324	-73.4377
6	002487.SZ	大金重工	178.8197	636.8008	-63.5484
7	000422.SZ	湖北宜化	270.1903	622.8632	-56.0000
8	600078.SH	*ST澄星	314.0351	616.3158	-60.3919

序号	证券代码	证券名称	区间涨跌幅 [起始交易日期] 2021-04-30 [截止交易日期] 2022-04-30 [复权方式] 前复权 [单位]%	区间最大涨幅 [起始交易日期] 2021-04-30 [截止交易日期] 2022-04-30 [复权方式] 前复权 [单位]%	区间自最高价以来最大跌幅 [起始交易日期] 2021-04-30 [截止交易日期] 2022-04-30 [复权方式] 前复权 [单位]%
9	605117.SH	德业股份	333.5425	598.1848	-49.8540
10	300619.SZ	金银河	256.7108	590.4839	-56.6023
⋮	⋮				⋮
224	002885.SZ	京泉华	9.8777	202.4811	-65.6980
225	000155.SZ	川能动力	35.8475	202.1809	-64.8752
226	603595.SH	东尼电子	93.0211	201.6613	-55.0806
227	002613.SZ	北玻股份	65.6523	201.6026	-50.3719
228	300075.SZ	数字政通	62.1777	201.3045	-55.3636
229	300534.SZ	陇神戎发	29.5559	200.7590	-56.4000
230	603538.SH	美诺华	14.1965	200.6854	-52.8611
平均数	—	—	101.7800	307.5900	-58.4900
中位数	—	—	71.3600	260.3100	-59.4700

扫描二维码
获取详细数据 >>

数据来源：东方Choice

最近一年时间(2021/04/30—2022/04/30)，大盘出现了大幅调整，上证指数跌幅16.28%，深证成指跌幅25.82%，创业板指数跌幅30.20%，沪深300指数跌幅18.71%，中证500指数跌幅23.53%。

在此期间，沪深两市一共有230家上市公司股价曾经创造200%以上最大区间涨幅，占沪深两市上市公司数量的4.88%，其中更是有77家公司区间最大涨幅超过300%。这230家公司股价区间最大涨幅的平均值达到307.6%，区间最大涨幅的中位数为260.3%。

如果您很幸运，正好买到了这些公司的股票，但不做任何“止损止盈”的操作，持有这230家公司的股票到2022年4月30日，平均涨幅则降到了101.8%，中位数涨幅更是只有71.4%，其中有88家公司的股价涨幅不到50%，收益率大幅下降。

不过更大的风险是，同样是这些股票，如果在这一年时间里您买入的时机不合适，假设买在了最高价的位置，那么不但没有财富效应，反而有183家公司的最大亏损超过50%，其中11家的最大亏损超过60%，更是有41家的最大亏损超过70%。平均最大亏损达到58.5%，最大亏损的中位数达到59.5%！

从投资的角度看，无论您持有什么标准，在熊市环境下，一年内某一个区间能够有200%以上的涨幅算是很好的投资标的了，但如果不关心股价的波动，也不采取任何止损止盈的操作，即使碰上这些股票，您也不一定能够赚钱；如果买入的时机不凑巧，您可能还会有大幅亏损。

这些实证数据告诉我们，股票二级市场的波动太大了，很多上涨都呈现短线急涨的特征，涨幅常常让人吃惊；一旦股价开始调整，即使再好的股票，在情绪的驱使下股价跌幅也常常出乎大多数投资者的预料。科学的操作是：无论买入什么股票，一定要养成“止损止盈”的习惯，这样才能够守住亏损底线，活过冬天，守住盈利红线，落袋为安。否则，您的股票投资活动最终很可能是以深套割肉离场结束的。

(二)“十年十倍股”也需要止损止盈

美国著名的基金经理彼得•林奇在进行基金管理的时候，注重发现10年涨10倍的股票，因为只要组合里有一只这样的股票，就可以显著地提高全部投资组合的收益率。后来，“十年十倍股”成了投资界定义“牛股”的一个重要特征，也是投资者追求的目标。

根据中泰证券研究员王晓东曾经做过的一个统计分析，在中国的A股市场，“十年十倍股”其实也不少，但绝大多数投资者很难骑上这些千里马。

一方面，因为“十年十倍股”的波动性太大，股价跑得最快的时期，骑在马背上的多数人恐高晕眩，急于下马；股价跑得慢的时候，有些人虽然仍在马上，但发现自己骑的已经是瘸马而不是千里马。另一方面，在10年中的绝大多数年份这些股票的表现都泯然众人，投资者是否会多年如一日蹲守这些长期表现平凡的股票？或者说这样的长期蹲守是否是科学理性的投资策略呢？2005—2020年A股市场“十年十倍股”的具体特征包括每年涌现的数量、扣除涨幅最大的两年后其余8年的每年平均涨幅以及“十年”之后如果再继续持有5年的平均每年投资回报率。这些数据让人印象深刻。2005—2020年“十年十倍股”分布特征，如图19-1所示。

例如，2006年初，全市场约有1300只股票，到2015年末，10年间，股价涨幅超过10倍的股票有410多只，占比达32%(经历了2007年、2015年两轮大牛市)。但扣除每只股票涨幅最大的两年后，其余8年的平均涨幅只有7%。而其后的5年间(2016年初至2020年9月)，年平均跌幅高达11%。

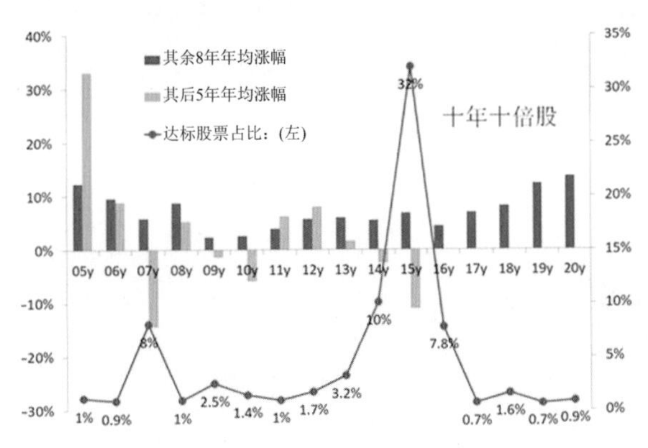

图19-1　2005—2020年“十年十倍股”分布特征

数据来源：Wind 中泰证券

又如，1998年初至2007年末这10年间，共有50多只股票10年涨10倍，占比达8%。但扣除各自涨幅最大的两年之后其余8年的平均涨幅只有5%，且其后5年间(2008年初至2012年末)的平均跌幅达到14%。

再如，1996年初—2020年9月这25年期间，全市场10年涨10倍的股票占比大约为5%(有的显然多次)，但这些股票的年均涨幅中位数只有8.6%(相当于10年130%的涨幅)；这其中只有10%的股票年均涨幅超越19.5%(相当于10年5倍的涨幅)。

也许，在很多投资者的想象里，“十年十倍股”应该是十年如一日气势如虹地一路上涨，持有10年时间，正好涨了10倍以上。通过以上这些数据，您应该会发现，从理性的角度看，对于“十年十倍股”您最需要持有的是其中的两年时间，其他8年时间基本上索然无味，绝大多数投资者也不需要在这里陪伴它们慢慢变老；另外，在10年时间实现了10倍上涨的股票，在此后的5年时间如果继续持有，不少会出现连续的大幅亏损。

即使抓住了“十年十倍股”，您也需要“止损止盈”，否则您有较大的概率是坐了过山车，甚至亏损；或者在8年的时间里忍受投资业绩平平的煎熬，这个时间对大多数投资者来说都太长了。

二、怎么止损止盈

所有的投资都是风险和收益的平衡，我们在买入股票之前做了很多功课，大多数都是为了最大概率“以便宜的价格，买入好公司的股票”，但既然是概率，就会有差错和疏漏。另外，市场瞬息万变，尤其是2020年以来黑天鹅事件接二连三，甭说一只个股会在突然的风暴中毫无征兆地改变走势，就是大盘指数也常常风雨飘摇。前文第一部分内容告诉我们在短短的一年时间内，即使涨势最好的公司，股价波动幅度之大也让我们咂舌。“止损止盈”操作就是在面对市场的瞬息万变的时候，及时纠正误判，降低持有股票的亏损风险，同时最大限度地保证区间的盈利能够落袋为安。

(一) 股价止损和时间止损

股票投资有两个成本：资金和时间。止损也需要有两个考量，分别是股价下跌止损和持有时间止损。

(1) 股价下跌止损。买入一只股票后，不论由于什么原因，股价下跌达到一个比例，如10%，就需要坚决止损清仓，这是一个基本的止损框架。这里的止损位10%是一个假设的数据，背后的逻辑既考虑了一个人承受损失的合理底线，也暗含着一只股票如果跌幅超过了10%，有较大的概率股价会发生阶段性的方向转变的判断。

每个投资者要根据自己的风险承受能力来具体设定止损位，如一些新入股市的投资者可以把止损位设置得稍微低一点，如5%左右，但不宜更低，因为市场的股价单日波动几个百分点是经常性的，如果设置的止损位太低，就可能频频触及止损位，导致被动地频繁交易，但实际上几个百分点的波动并不意味着趋势性的扭转。也不可把止损位设置得太高，如20%甚至更高，这样既起不到控制亏损的作用，也很容易在一些错误判断的股票上浪费太多机会成本。

一些更有经验的投资者，会把止损和补仓结合在一起操作。比如，根据本书前面的章节做足了功课后，初步筛选了投资标的，计划买入某公司股票100万元。第一步先试仓买入10万～20万元，如果公司股价按照自己预先设定的方向发展，在连续2～3天保持上涨，或者买入后出现放量上涨时再加仓买入20万～30万元；如果上涨趋势继续保持，观察一周左右时间，再加仓买入剩余的50%资金，这是比较顺利的试仓、加仓操作，还不涉及止损的问题。但如果设定的止损位为10%，试仓买入后，股价由于各种原因跌幅达到10%，这时候如果自己判断此前买入的逻辑没有变化，大盘的趋势也没有变化，可以选择补仓20万～30万元，以此摊低持仓成本，使持有的股票资产保持在10%止损位以上；但如果股价持续下跌，比最初买入价又跌了10%，这时候不建议再继续补仓摊低成本，而是要选择坚决止损清仓。

设定合理的止损位并坚决止损，既是匹配自己的风险承受能力，也是一种对股票买入决策的纠错机制，更是对股市潜在不确定风险的防范机制。我们大多数个人投资者在做股票投资的时候，对市场上的波动和事件常常放大贪婪和恐惧的情绪，导致交易过于情绪化，制定止损的投资纪律实际上是让我们的股票交易更加理性、冷静，更加有章法。

(2) 时间止损。投资是有机会成本的，我们经过研究初步计划买入一只股票，要对股票价格在未来一段时间的催化条件做充分的考虑，也就是说买入后大约多长时间股价会有表现的机会，然后根据提前的分析判断，设定一个机会成本止损时间，比如一个半月，如果到时候股价还纹丝不动，说明此前的分析判断有问题，就要考虑换一下赛道或者标的了。也就是说，止损除了考虑股价的调整因素外，还要考虑持有的时间成本因素。

一般来说，大众投资者在分析和筛选投资标的的时候，除了要考虑未来一年甚至两年公司的成长前景，还要判断最近一个月，最长一个季度股价是否有上涨的机会，如果没有机会，就放在股票池继续观望，而不要急于买入。这是因为股市变化太快，对未来一年、两年的长周期判断，可能在股票市场一个月的时间就会有过山车似的行情变化。

最后需要说明的是，止损卖出的股票并不等于不是好股票，也不等于不再关注了。如果自己当初研究的时候，发现股票具有长期的成长逻辑，那么等止损后股价调整重新企稳，或者出现了放量上涨的迹象，经过评估公司基本面、估值水平、未来股价催化条件、主力资金、北上资金等因素后，仍然可以继续买入，长期跟踪。

(二) 目标止盈和动态止盈

止盈的目的是买入上涨的股票能够最终落袋为安，不至于浅尝辄止，也不会坐过山车。止盈的操作主要分两种：目标价止盈和动态止盈。

目标价止盈操作相对比较简单。在买入股票的时候，根据对公司基本面的分析，参考券商等研究机构的专业分析师的一致判断，确定一个盈利的目标，如25%，那么当股价涨幅达到25%的目标位时，就落袋为安。目标价止盈的基本思路是只要我赚到了我预期的钱，股价今后的走势就和我无关了。

但是我们知道，在股票市场“牛市不言顶”，股价的演绎通常受情绪的影响很大，这些情绪是无法量化分析的，也很难准确地体现到“目标价位”里。确定了止盈的目标价位后，一种情况是，如目标价是25%收益止盈，但股价涨了22%，然后就停止了，开始调整，那么这时候是应该继续持有还是卖出落袋为安呢？另一种情况是，股价涨了25%，但丝毫没有调整的迹象，持续上攻，这时候是落袋为安还是继续持有呢？

为了解决以上固定目标价止盈的纠结和遗憾，专业投资者总结了一种更有效的动态止盈方案。动态止盈的目标价位是根据股价的演绎动态调整的，但止盈卖出的具体参考依据是确定的。

比如，买入一只股票，假设股价10元，止盈目标设置为20%收益，也就是目标价12元。如果股价涨到20%的目标价位，并不急于卖出，这时候把12元作为卖出的底线，止盈目标跟着股价继续向上移动10%，确定在13.2元。也就是说，如果股价回落到12元，止盈卖出；如果股价触及13.2元，继续向上移动止盈目标价10%，定在14.5元，把13.2元作为卖出的底线。如果股价调整回落到13.2元，止盈卖出；如果股价继续上涨到14.5元，继续向上移动止盈目标价10%，定在15.9元，把14.5元作为卖出的底线……通过这样的动态止盈设计，如果一只股票在短期内快速大幅上涨，如涨幅100%甚至更高，就可以依靠动态止盈的操作纪律骑在马背上而不至于中途掉落马下。如果没有这样的动态止盈纪律，一个投资者面对股价大幅快速上涨的时候，就很容易焦虑和恐高，当情绪决定交易的时候，基本上已经和“牛股”再见了。

还有一种情况，如果买入一只股票，假设股价10元，止盈目标设置为20%收益，即目标价12元。但是由于各种原因，股价涨了18%，到11.8元止步，然后开始调整，这时候要设置一个卖出低价的底线，如10%盈利点，也就是股价回调到11元底线时，也要动态止盈卖出，部分锁定上涨的收益。如果运气不好，买入股票的股价涨了8%就止步了，还远没有到达20%的止盈目标价，就需要确保在盈亏平衡点以上止盈卖出。也就是说，对于上涨产生收益的股票，务必保证最后的底线是盈亏平衡卖出，而不可以亏损清仓。

无论是止损还是止盈卖出的股票，都并不等于不再关注，或者说一定不再买入了。实际上如果熟悉了一些好公司的股票，经过长期跟踪，对它们的股性也比较了解，只要符合自己买入股票的标准，仍然可以在条件具备的时候，毫不犹豫地买入自己曾经卖出的股票。

如果您对自己的股票投资是认真的，请一定遵守“止损止盈”的投资纪律，否则，无论选择什么样的股票，最终都是一场空。

PART 4 第四部分

基金精选，多数家庭的最终归宿

“闻道有先后，术业有专攻。”如果亲自蹚过股市这条河，也许大多数投资者会发现基金才是家庭资产配置的更好选择。

“知己知彼，百战不殆。”基金的数量丝毫不比股票少，在基金的汪洋大海里，您首先需要认识自己：您准备动用的钱到底是什么性质的资金？您能承受的风险到底有多大？您想追求的潜在收益到底有多高？您的投资周期计划有多长？等等。然后，您需要静下心来了解市场上眼花缭乱的、成千上万的基金到底是怎么分类的，每一类基金的风险和收益水平大概怎么样。做完这些功课您就会发现您需要的基金到底是什么了。

进一步分析您会发现，在长周期的投资里，指数基金表现出了强大的生命力，策略性的精选指数基金不但可以跑赢绝大多数个股的表现，甚至可以跑赢市场上大部分基金经理的业绩。如果使用了定投的技巧，您就俨然已经成为资本市场的理财达人。

读下去吧，相信这部分内容能够给读者朋友们带来惊喜，让大多数中产家庭终身受益！

内容聚焦

20 多数家庭的最终归宿：基金

21 知己知彼，总有一款基金适合您

22 优化指数基金，跑赢股票和基金

20 多数家庭的最终归宿：基金

随着传统债务扩张推动的经济增长方式逐渐面临瓶颈，家庭住房自有率到达高位，城镇化进程逐渐变缓，创新驱动和资本市场将成为未来经济发展和财富增长的主要方式和赛道，2020年新证券法的实施也将为资本市场的长期健康发展提供更好的保障。

但对于大多数中产家庭来说，既要从战略上认识到资本市场和权益投资的机遇期，又要冷静地认识到自身参与股票投资的各种局限性，而从某种程度上说，购买基金可以很好地弥补大众投资者直接投资股票自身的不足。

这篇内容将从逻辑和数据两个角度揭示：基金会成为越来越多中产家庭的最终选择。

一、散户买股票为什么难赚钱

2019—2021年这3年时间，中国资本市场进行了较大力度的一系列改革，尽管备受散户投资者抱怨，但A股的表现在全球主要市场中仍是出众的，估计这一点很多大众投资者完全没有想到。

从2019年1月1日到2021年12月31日，A股沪深300指数64%，中证500指数76%，创业板指数165.7%。同期，法国CAC40指数54%，德国DAX指数51.6%，日经225指数46.5%，英国富时100指数9.8%，这些市场的主要指数都跑输了A股市场沪深300指数和创业板指数。在大家的印象中，美国股票市场是最强势的，同期美国标普500指数92%，纳斯达克指数140%，其中标普500指数跑赢了沪深300指数，但纳斯达克指数跑输了创业板指数！

在A股市场这么繁荣的时期， 您的股票投资赚钱了吗？散户之所以抱怨，主要的原因大概就是自己的股票投资没有赚钱。那为什么散户在股市很难赚钱呢？您思考过吗？

(一) 频繁交易的陷阱

上海证券交易所的统计年鉴，用量化数据揭示了不同投资者的交易习惯，相比较而言，散户交易太过频繁。我们分别看一下2016年和2017年沪市各类投资者的全年交易占比数据。2016年上海证券交所各类投资者交易占比，如图20-1所示；2017年上海证券交易所各类投资者交易占比，如图20-2所示。

上海证券交易所统计年鉴 2017 卷　　Shareholder 投资者

投资者交易和盈利状况
Inverstor's Trading and profits

年度各类投资者买卖净额情况
Balance of Inverstors in 2016

	买卖净额(亿元)	交易占比(%)
自然人投资者	-1896.27	85.62
一般法人	209.86	1.41
沪股通	455.11	0.75
专业机构	1231.29	12.21
其中：投资基金	489.86	3.52

图20-1　2016年上海证券交易所各类投资者交易占比

数据来源：《上海证券交易所统计年鉴》(2017卷)

年度各类投资者买卖净额情况
Balance of Inverstors in 2017

	买卖净额(亿元)	交易占比(%)
自然人投资者	-318.69	82.01
一般法人	1785.48	1.92
沪股通	629.73	1.30
专业机构	-2096.53	14.76
其中：投资基金	139.57	4.15

图20-2　2017年上海证券交易所各类投资者交易占比

数据来源：《上海证券交易所统计年鉴》(2018卷)

从上海证券交易所的官方数据可以看到，散户自然人投资者在2016年、2017年持股比例分别只有23.7%和21.17%，但是全年交易量却分别占到了全市场交易量的85.62%和82.01%，是持股筹码4倍的水平！

反观专业机构投资者，2016年、2017年持股筹码分别为15.58%和16.13%，交易量占比分别只有12.21%和14.76%，交易量都明显小于持有筹码的比例。“聪明的投资者”沪股通账户，似乎要更“活跃”一点，但交易量占比和持有筹码的比例也大体相当。

为什么频繁交易是股票市场赔钱的主要陷阱呢？我们看一下我在专栏课程和

“新年私享会”时都用到的一张PPT，非常生动，如图20-3所示。

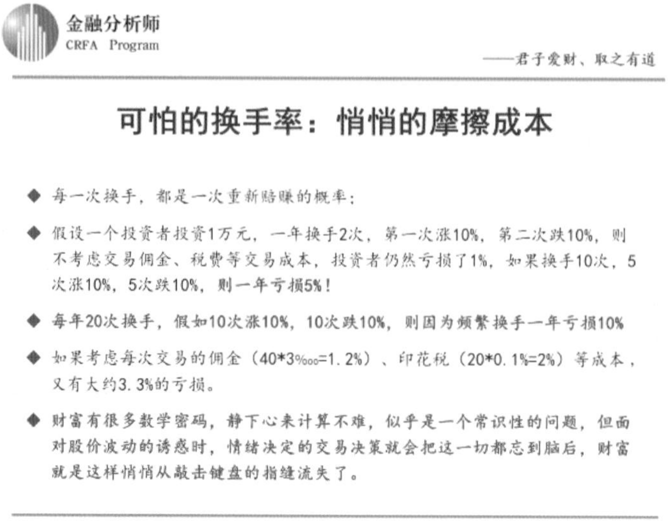

——君子爱财、取之有道

可怕的换手率：悄悄的摩擦成本

- 每一次换手，都是一次重新赔赚的概率；
- 假设一个投资者投资1万元，一年换手2次，第一次涨10%，第二次跌10%，则不考虑交易佣金、税费等交易成本，投资者仍然亏损了1%，如果换手10次，5次涨10%，5次跌10%，则一年亏损5%！
- 每年20次换手，假如10次涨10%，10次跌10%，则因为频繁换手一年亏损10%
- 如果考虑每次交易的佣金（40*3‱=1.2%）、印花税（20*0.1%=2%）等成本，又有大约3.3%的亏损。
- 财富有很多数学密码，静下心来计算不难，似乎是一个常识性的问题，但面对股价波动的诱惑时，情绪决定的交易决策就会把这一切都忘到脑后，财富就是这样悄悄从敲击键盘的指缝流失了。

图20-3　可怕的换手率：悄悄的摩擦成本

(二) 专业能力和信息的短板

散户赚钱难的原因是多方面的，除了频繁交易这一“元凶”之外，与专业的机构投资者相比，下面这些因素也都相当重要。

1. 没有时间关注

大多数散户投资股票，由于本身有其他专职工作和家庭、生活等事务缠身，并没有时间关注股票市场和所投资的公司，对股市和上市公司所发生的一些大的事情常常后知后觉，甚至不知不觉，但这些事情可能会对所投资股票的股价造成很大的影响。

2. 专业能力不足

根据我做大众投资者教育的经验，绝大多数个人投资者由于缺乏基本的经济、金融、管理和财务等方面的知识，无法辨识宏观经济部门、资本市场监管部门和上市公司所发布的正式、公开的重要信息。而市场上的机构投资者不但能够读懂这些信息，甚至由于专业能力的优势，还能够提前预见这些重要的变化，而提前采取行动。

由于专业能力不足，散户也无法建立股票分析、交易的科学决策依据，太多的个人投资者都是听消息、问朋友。甚至很多投资者对自己买入的公司是干什么的，靠什么赚钱的，哪些因素变化会对股价产生较大的影响等对投资来说无比重大的事情都不知情，也无法判断。

3. 信息不足

所有的投资决策，实际上都是投资者对信息的反应，信息的时效性、完整性和信息本身的质量直接影响到投资决策的成败。绝大多数个人投资者，除了不能领会市场上的公开信息之外，也很少能有机会对所投资的企业了解更多。绝大多数的专业机构投资者在投资决策之前，一般都要花费时间亲自到计划投资的企业现场、上下游产业链企业做调研分析，掌握公开信息之外的一手信息。而散户看到的专业机构的研究报告呈现的信息，都已经是经过专业机构筛选、加工之后的滞后信息了。

4. 情绪交易

今天的股票交易可以很方便地通过电脑、手机终端的软件“一键完成”，几秒内就搞定，这恰恰助长了散户情绪交易的坏习惯。每天总会有各种各样的信息在股市上兴风作浪，造成股价甚至大盘指数出现比较大的变化。股价的变化背后就是财富的浮光掠影。面对这些波动，散户投资者很难做到“坐怀不乱”，贪婪和恐惧的情绪随着股价变化而滋生膨胀，最后在情绪的驱使下，不断产生买卖的冲动，轻击键盘或者屏幕，交易瞬间完成。

5. 不会止损止盈，在我看来是最要命的问题

大多数散户也都买到过曾经上涨的“大牛股”，但由于不会止盈，绝大多数浅尝辄止，或者坐了过山车。当面对买入的股票股价下跌的时候，很多散户没有止损的纪律意识，总是抱着侥幸心理，或者和市场赌气，不愿意否定自己的投资决策，不能够止损纠错，结果越陷越深，深套其中，最后放弃挣扎，坐以待毙。绝大多数散户离开股市都是以“割肉”的形式壮烈离场的。

二、散户跑不赢大盘指数

根据平安证券投资者近两年的年度账单，2019年和2020年，A股基本是震荡向上的节奏，但投资者整体收益却一般。2019年沪深300指数涨36%，而同期全国投资者(抽样)平均收益率仅为7%；2020年沪深300指数涨27%，而同期全国投资者(抽样)平均收益率更低，只有3%。

也许在平安证券开户的投资者抽样数据具有一定的局限性，并不能代表全国大众投资者的普遍情况，我们下边将引用来自《上海证券交易所统计年鉴》的官方权威数据来揭示真相。由于从2018年以后，上海证券交易所的统计年鉴就不再公布各类型投资者的盈亏统计数据，我们能够采纳的最近的数据只有2016年和2017年的。

正好2016年和2017年上证指数分别呈现下跌和上涨的不同走势，我们可以看一下在“熊市”和“牛市”的不同市场环境下，散户的投资业绩表现。这些提取的数据足够让人印象深刻，也足以说明问题。

(一) 散户在“熊市”的业绩

2016年上证指数跌幅12.31%，沪深300指数跌幅11.28%，在大众投资者看来，这一年是一个典型的“熊市”表现。2016年上证指数和沪深300指数走势，如图20-4所示。

图20-4　2016年上证指数和沪深300指数走势

数据来源：上海证券交易所

《上海证券交易所统计年鉴》(2017卷)非常厚，一共有662页，我想基本上没有大众投资者来阅读这些“厚重”的年鉴报告。根据年鉴数据，我们首先来看一下2016年沪市不同类型投资者持有的筹码，这些数据可以揭示散户在市场上到底有多大的分量。2016年上海证券交易所各类投资者持股情况，如图20-5所示。

年末各类投资者持股情况
Share Hold of Investors by 2016

	持股市值(亿) Hold Value(100M)	占比(%) Ratio(%)	持股账户数(万户) Hold Account	占比(%) Ratio(%)
自然人投资者	56661.70	23.70	3740.53	99.79
其中：10万元以下	3628.12	1.52	2152.33	57.42
10-100万元	16058.11	6.72	1333.54	35.58
100-300万元	10023.92	4.19	181.38	4.84
300-1000万元	9087.50	3.80	56.90	1.52
1000万元以上	17864.06	7.47	16.38	0.44
一般法人	143428.58	60.00	3.47	0.09
沪股通	1711.23	0.72	0.0001	0.00
专业机构	37257.27	15.58	4.26	0.11
其中：投资基金	7201.30	3.01	0.24	0.01

图20-5　2016年上海证券交易所各类投资者持股情况

数据来源：《上海证券交易所统计年鉴》(2017卷)

从以上数据可以看到，自然人投资者(也就是所谓的散户)的持股市值占比23.7%，其中57.42%的个人投资者是持股市值10万元以下的“小散”，持股市值在10万～100万元的“中散”占个人投资者的比重大约为35.6%，持股市值300万元以上的“牛散”占个人投资者的比重大约为1.96%。

2016年虽然沪股通已经开通了，但是北上资金持股的筹码还比较少，大约只有0.72%。专业机构投资者的持股市值占比15.58%。这里的专业机构投资者包括券商自营、投资基金、社保基金、保险资金、资产管理及QFII(合格境外机构投资者)。

下边我们看一下上海证券交易所统计分析的各类型投资者的业绩表现，您会发现，散户在“熊市”的表现比市场更“熊”。2016年上海证券交易所各类投资者盈亏情况，如图20-6所示。

年度各类投资者盈利情况
Profits of Inverstors in 2016

投资者分类	盈利金额(亿元)
自然人投资者	-7090
一般法人	-9820
沪股通	33
专业机构	-3171
合计	-20049

图20-6　2016年上海证券交易所各类投资者盈亏情况

数据来源：《上海证券交易所统计年鉴》(2017卷)

从上海证券交易所统计年鉴的数据可以看到，2016年上海证券交易所所有投资者一共亏损20049亿元，其中自然人投资者亏损7090亿元，占沪市全部亏损的35.36%；专业机构投资者亏损3171亿元，占沪市全部亏损的15.82%。

2016年个人投资者持有的筹码占比23.7%，但亏损占比35.36%。很明显，在“熊市”的时候，散户的业绩大幅跑输大盘指数。或者说，在“熊市”的时候，散户除了承受“熊市”大盘的系统性调整风险之外，还要被割“韭菜”，补贴其他投资者。

专业机构投资者在“熊市”的时候业绩怎么样呢？他们持有的市值筹码占比15.58%，亏损占比15.82%。机构投资者的表现并不特别出色，但基本上和大盘的表现保持同步。

沪股通的表现是最出彩的，虽然说持有的筹码并不多，只有0.72%，但是在大盘普遍下跌的“熊市”竟然逆风飞扬，盈利33亿！难怪说北上资金是聪明的资金呢！

(二) 散户在“牛市”的业绩

否极泰来，2017年上证指数涨幅5.46%，沪深300指数涨幅更是达到了20.6%，这一年算是一个“牛市”表现。2017年上证指数和沪深300指数走势，如图20-7所示。

图20-7　2017年上证指数和沪深300指数走势

数据来源：上海证券交易所

2017年上海证券交易所投资者的数据可以从《上海证券交易所统计年鉴》(2018卷)查询到，这个统计年鉴也很厚，一共有569页。我们同样先看一下2017年沪市投资者持有的筹码分布情况。2017年上海证券交易所各类投资者持股情况，如图20-8所示。

年末各类投资者持股情况
Share Hold of Investors by 2017

	持股市值(亿) Hold Value(100M)	占比(%) Ratio(%)	持股账户数(万户) Hold Account (10 Thousand)	占比(%) Ratio(%)
自然人投资者	59445	21.17	3934.31	99.78
其中：10 万元以下	3449	1.23	2179.70	55.28
10-50 万元	9974	3.55	1187.07	30.11
50-100 万元	6545	2.33	285.11	7.23
100-300 万元	10141	3.61	200.33	5.08
300-1000 万元	9073	3.23	62.42	1.58
1000 万元以上	20263	7.21	19.67	0.50
一般法人	172801	61.53	3.85	0.10
沪股通	3322	1.18	0.00	0.00
专业机构	45294	16.13	4.86	0.12
其中：投资基金	9145	3.26	0.30	0.01

图20-8　2017年上海证券交易所各类投资者持股情况

数据来源：《上海证券交易所统计年鉴》(2018卷)

从统计年鉴的数据可以看到，2017年自然人投资者持有的市值占比21.17%。2017年关于个人投资者持股情况的分类比2016年的数据更加精细了一些，其中持仓10万元以下的散户数量占比55.28%，这和2016年基本相当；持仓10万～50万元的散户数量占比30.11%；持仓50万～100万元的散户数量占比7.23%。也就是说，2017年85.39%的散户投资者持股市值在50万元以下。

2017年北上资金通过沪股通的持股比例达到1.18%，比2016年有明显提高。专业机构持股比例达到16.13%，比2016年也有略微的提高。实际上，根据《上海证券交易所统计年鉴》(2021卷)的数据，2020年沪市沪股通持股比例已经达到3.34%，专业机构投资者持股比例17.77%，其中投资基金的持股比例达到6.1%。这些年，北上资金持续流入，专业机构投资者尤其是投资基金的发展非常迅速，持有的筹码占比持续提高，这些都说明沪市专业机构的影响力越来越大。

2017年是一个“牛市”，那么在牛市的时候，散户的投资业绩又会怎么样呢？下边我们看一下《上海证券交易所统计年鉴》(2018卷)关于各类型投资者业绩表现的数据。2017年上海证券交易所各类投资者盈亏情况，如图20-9所示。

年度各类投资者盈利情况
Profits of Inverstors in 2017

投资者分类	盈利金额(亿元)
自然人投资者	3108
一般法人	19237
沪股通	1034
专业机构	11156
合计	34535

图20-9　2017年上海证券交易所各类投资者盈亏情况

数据来源：《上海证券交易所统计年鉴》(2018卷)

2018年沪市按照大类划分的各类投资者整体上都是赚钱的，整个市场的投资者全年一共盈利34535亿元，不但弥补了2016年沪市投资者的全部亏损(20049亿元)，甚至多出了14486亿元。

其中，自然人投资者(散户)合计盈利3108亿元，在全部盈利中占比9%，这个盈利的占比远远小于自然人投资者持有筹码的比例(21.17%)。也就是说，当市场处于“牛市”，散户的投资业绩也是远远跑输大盘的，股票市场牛市创造的财富红利更多被其他投资者瓜分了。

2017年北上资金通过沪股通盈利1034亿元，占沪市全部投资者盈利的2.99%，远高于沪股通的持股比例(1.18%)。这再次证明北上资金虽然规模不大，但总是能够踏准节拍，引领价值发现。

2017年专业机构投资者盈利11156亿元，占沪市全部投资者盈利的32.3%，这个表现也远超机构投资者持有的筹码比例(16.13%)。很显然，机构投资者大幅度跑赢了大盘，展现了强大的专业能力优势。

(三) 散户穿越“牛熊”周期的业绩

以上我们通过上海证券交易所官方的权威统计数据揭示了以年度为周期，散户在“熊市”和“牛市”的业绩表现，很显然，散户都跑输了大盘。那么，在穿越“牛熊”的更长的周期里，散户的业绩表现又会怎么样呢？

通过此前的分析，我们知道2016年沪市是一个“熊市”，2017年沪市是一个“牛市”。我们索性利用这两年的数据做一个合并的分析，这样就可以看到在穿越“牛熊”的更长的两年周期里，散户投资者的业绩水平怎么样。

2016—2017年这两年，上证指数累计跌幅6.56%，上证50指数累计涨幅18.16%。从中可以看出，两年时间沪市呈现了结构性分化的行情，不能简单用“牛市”还是“熊市”一句话来表达。2016—2017年上证指数和上证50指数走势，如图20-10所示。

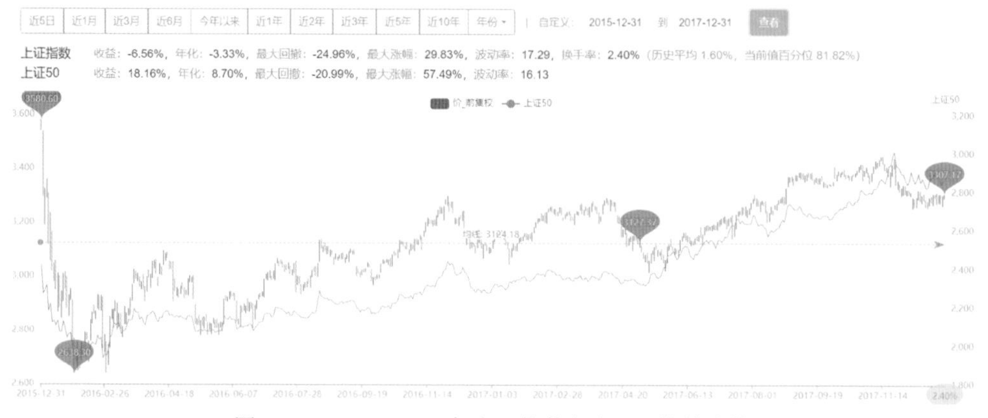

图20-10　2016—2017年上证指数和上证50指数走势

数据来源：上海证券交易所

在这个“牛熊”交织的两年结构性分化的市场中，根据此前所示的《上海证券交易所统计年鉴》2017卷、2018卷的统计数据，我们可以看到各类投资者在这两年合计的盈亏情况大致如下：

2016年、2017年沪市各类投资者分别合计亏损20049亿元、盈利34535亿元，两年累计盈利14486亿元。

其中，专业机构投资者2016年、2017年分别亏损3171亿元、盈利11156亿元，两年累计盈利7985亿元，占两年市场全部盈利的55.13%，这远远高于专业机构投资者的持股比例(16%左右)。在穿越“牛熊”的周期里，专业机构投资者俨然是大赢家。

沪股通这些“聪明的投资者”，2016年、2017年分别盈利33亿元、1034亿元，两年累计盈利1067亿元。在持股占比0.72%～1.12%的情况下，北上资金通过沪股通的盈利占到了沪市全部盈利的7.37%！

专业机构投资者和沪股通这两年累计盈利合计达到9052亿元，占沪市全部投资者盈利总和的比例达到62.49%，这是在这两类投资者合计持股比例不到17.5%的情况下实现的。

最后，让我们看一下散户的业绩表现，自然人投资者2016年、2017年分别亏损7090亿元、盈利3108亿元，两年累计亏损3982亿元。也就是说，在穿越“牛熊”的这两年周期里，散户累计下来是明显亏损的。

由于一般法人投资者主要是企业的控股股东等产业资本，一般很少交易，都是长期持股，所以我们没有对他们的表现进行单独分析。但以上数据已经揭示了在2016年、2017年的两年时间里，一般法人投资者也是盈利的。

也就是说，2016年、2017年这两年穿越“牛熊”的周期里，沪市各类投资者中，沪股通所代表的外资、机构投资者所代表的专业金融机构和一般法人投资者所代表的产业资本都是盈利的，只有散户是赔钱的！

通过以上分析我们可以看到，无论是在“熊市”还是在“牛市”，整体来看散户的投资业绩都是远远跑输整个市场指数的，在穿越“牛熊”的更长周期里，散户通过频繁交易增加博弈的次数，并不能提高投资者的业绩回报，甚至是亏损的主要陷阱。相比较而言，专业机构投资者表现出了很强的专业能力。

三、基金整体上跑赢大盘

由于在现实生活中，个别基金经理曾经出现过一些负面新闻，在大盘调整的时候，部分基金出现了比较大的回撤，甚至不乏一些明星基金经理管理的基金，这都导致部分个人家庭投资者对基金和基金经理不信任。

（一）基金短期经历至暗时刻

2022年年初至4月底，上证指数跌幅16.28%，深证成指跌幅25.82%，创业板指数跌幅30.2%，沪深300指数跌幅18.71%。

截至2022年4月30日，比较受投资者关注的普通股票型基金、被动型指数基金和偏股型混合基金“年初以来”“半年以来”和“近一年以来”业绩面临挑战。可以说，在大盘短期大幅调整的大背景下，基金船大难掉头，正在经历业绩表现的至暗时刻。

1. 普通股票型基金的至暗时刻

普通股票型基金是大众投资者接触比较多、关注比较多的公募基金。下面我们根据东方Choice数据看一下2022年年初截至2022年4月30日回撤幅度最大的100只普通股票型基金的表现。2022年年初以来回撤幅度最大的100只普通股票型基金，如表20-1所示。

表20-1　2022年年初以来回撤幅度最大的100只普通股票型基金

序号	代码	名称	最新净值	年初以来净值增长率(%)	近半年净值增长率(%)	近一年净值增长率
1	012930	中庚价值先锋股票	0.7294	-37.97	-29.00	—
2	003956	南方产业智选股票	1.5540	-36.17	-37.28	-18.52
3	012497	同泰行业优选股票C	0.5989	-35.39	-35.48	—
4	005802	汇添富智能制造股票A	1.3791	-35.34	-36.99	-16.85
5	012496	同泰行业优选股票A	0.6005	-35.30	-35.35	—
6	005763	中欧电子信息产业沪港深股票C	1.9598	-35.28	-26.68	-16.31
7	001167	金鹰科技创新股票	1.0160	-35.25	-22.32	-7.97
8	004616	中欧电子信息产业沪港深股票A	1.8991	-35.11	-26.38	-15.63
9	005496	创金合信科技成长股票C	1.3810	-35.08	-27.45	-25.66
10	005495	[illegible]	[illegible]	[illegible]	[illegible]	-25.29
⋮	⋮					⋮
95	010495	创金合信创新驱动股票A	0.7527	-30.40	-20.92	-21.42
96	005628	汇安趋势动力股票A	1.2832	-30.38	-30.32	-0.01
97	007853	华商计算机行业量化股票型发起	0.9161	-30.38	-26.89	-24.66
98	006924	前海开源沪港深非周期股票C	0.9846	-30.35	-29.28	-32.83
99	519673	银河康乐股票	2.3820	-30.33	-23.29	-30.61
100	006503	财通集成电路产业股票C	1.4616	-30.33	-27.76	-27.60

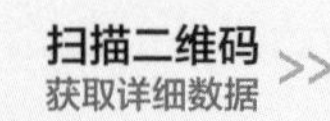

数据来源：东方Choice

根据东方Choice数据，2022年年初截至4月30日，普通股票型基金一共792只，只有3只基金实现低于5%的正收益，除53只基金募集时间还不到一个季度没有公布业绩外，其余736只基金全军覆没，均是负收益。其中，回撤幅度最大的100只基金2022年年初以来至4月30日跌幅均超过30%，半年以来的跌幅均超过20%，近一年的回报率几乎都是负的。可以说，普通股票型基金正处在至暗时刻。

2. 被动型指数基金的至暗时刻

指数基金是被动跟踪大盘或者行业、主题成分股构成的指数，如沪深300指数、创业板指数、新能源汽车行业指数、半导体行业指数、消费行业指数等。最近几年时间，指数基金由于主题鲜明、容易理解、容易销售逐渐受到越来越多的家庭的喜欢。

不过，当下被动型指数基金也在经历至暗时刻。我们看一下2022年年初至2022年4月30日回撤幅度最大的100只被动型指数基金的业绩表现，的确让投资者心碎不已。被动指数型基金2022年年初以来回撤幅度最大TOP100只，如表20-2所示。

表20-2　被动型指数基金2022年年初以来回撤幅度最大的100只

序号	代码	名称	最新净值	年初以来净值增长率(%)	近半年净值增长率(%)	近一年净值增长率
1	159786	银华中证虚拟现实主题ETF	0.6929	−39.32	−29.80	—
2	159732	华夏国证消费电子主题ETF	0.6729	−37.73	−29.39	—
3	515250	富国中证智能汽车主题ETF	0.7611	−37.14	−29.74	−18.09
4	159888	华夏中证智能汽车主题ETF	0.8476	−36.90	−29.04	—
5	159889	国泰中证智能汽车主题ETF	0.7466	−36.28	−28.58	—
6	516520	华泰柏瑞中证智能汽车主题ETF	0.8004	−36.10	−28.13	−14.51
7	512330	南方中证500信息技术ETF	0.7668	−36.00	−29.42	−20.70
8	167507	安信深圳科技指数(LOF)C	0.8992	−35.84	−33.18	−33.80
9	167506	安信深圳科技指数(LOF)A	0.9046	−35.79	−33.10	−33.64
10	159779	[illegible]	[illegible]	[illegible]	[illegible]	—
⋮	⋮					⋮
94	014130	[illegible](LOF)C	0.7578	−32.11	—	—
95	588050	工银瑞信上证科创板50成份ETF	0.9776	−32.09	−31.74	−27.74
96	588000	华夏上证科创板50成份ETF	0.9872	−32.07	−31.93	−27.62
97	012040	鹏华中证信息技术指数(LOF)C	0.7880	−32.07	−27.10	−24.38
98	165524	信诚中证智能家居指数(LOF)A	0.6794	−32.07	−25.97	−22.00
99	512810	华宝中证军工ETF	1.1011	−32.05	−23.39	2.93
100	159998	天弘中证计算机ETF	0.7440	−32.04	−29.57	−29.29

扫描二维码 >> 获取详细数据

数据来源：东方Choice

根据东方Choice数据，2022年年初截至2022年4月30日一共有1656只被动型指数基金，其中只有62只实现了正回报，除132只成立不足一个季度没有展示业绩外，其余1462只收益全部是负的。一共有852只跌幅超过20%，233只跌幅超过30%。跌幅前100位的被动型指数基金，2022年年初至4月30日跌幅都超过了32%。最近两年被追捧的指数基金，最近一年来也跌入了深渊。

3. 偏股型混合基金的至暗时刻

混合基金由于不受股债“80%”的监管限制，在股票和债券之间左右逢源。不过最近几年更受市场追捧的主要还是偏股型的混合基金，但从2022年年初至4月30

日，也跌得面目全非。2022年年初以来回撤幅度最大的100只偏股型混合基金，如表20-3所示。

表20-3　2022年年初以来回撤幅度最大的100只偏股型混合基金

序号	代码	名称	最新净值	年初以来净值增长率（%）	近半年净值增长率（%）	近一年净值增长率（%）
1	960011	中银持续增长混合H	0.3430	-43.16	-45.85	-34.54
2	506000	南方科创板3年定开混合	0.6700	-41.52	-40.34	-26.29
3	013028	恒越品质生活混合发起式	0.5064	-39.19	-43.43	—
4	398011	中海分红增利混合	0.7045	-38.85	-38.62	-34.51
5	011815	恒越优势精选混合	0.8029	-38.45	-41.87	-22.59
6	010926	兴银科技增长1个月滚动持有混合C	0.7361	-38.39	-40.15	-23.28
7	010925	兴银科技增长1个月滚动持有混合A	0.7406	-38.29	-40.00	-22.87
8	960012	中银收益混合H	1.4073	-38.14	-37.07	-24.11
9	011551	湘财创新成长一年持有期混合C	0.8075	-38.08	-34.68	-19.61
10	011550	[illegible]	[illegible]	[illegible]	[illegible]	-19.20
⋮	⋮					⋮

序号	代码	名称	最新净值	年初以来净值增长率（%）	近半年净值增长率（%）	近一年净值增长率（%）
95	005728	华宝绿色主题混合A	1.2915	-32.77	-40.87	-24.37
96	481015	工银主题策略混合A	3.4020	-32.77	-40.10	-19.71
97	011884	工银景气优选混合A	0.5969	-32.71	-39.64	—
98	257070	国联安优选行业混合	2.5741	-32.70	-37.01	-20.25
99	011372	华商远见价值C	0.6727	-32.70	-37.74	—
100	010238	安信创新先锋混合发起C	0.7160	-32.69	-35.23	-26.81

数据来源：东方Choice

根据东方Choice数据，截至2022年4月30日，一共有3174只偏股型混合基金，其中2022年年初至4月30日，只有13只实现盈利，除342只由于设立时间较短尚没有展示最新业绩外，其余2819只全部亏损。一共有1848只2022年年初至4月30日亏损幅度超过20%，其中267只亏损幅度超过30%。2022年年初至4月30日亏损排名前100位的偏股型混合基金，最近半年、最近一年业绩基本上也都是亏损的。很显然，面对这样的成绩，偏股型混合基金也表现得灰头土脸。

（二）基金长期整体跑赢大盘指数

也许您看完前边的数据会和大多数朋友一样对基金感到沮丧，不过这是在大盘调整的背景下基金的短期群像，而并不是基金的完整真相。基金投资需要有一个更长期的思维和视野，在一个较长的周期里，您会发现股票型基金和偏股型混合基金大多数情况下整体上是跑赢大盘指数的，日积月累的业绩更是大幅跑赢大盘指数的。

对于公募基金来说，除了指数基金是跟踪模拟指数的走势之外，股票型基金和混合型基金绝大部分追求的都是“相对回报”。所谓“相对回报”，主要是相对跑赢大盘指数，而业界一般参考的大盘指数就是“沪深300指数”。我们下边用2012—2021年的10年周期来观察普通股票型基金指数、偏股型混合基金指数和沪深300指数的年度、累计回报率的对比。为了更生动地说明问题，把上证指数、深证成指、创业板指数、恒生指数等的涨跌幅表现进行对比。2012—2021年股票基金和大盘指数回报率对比，如表20-4所示。

表20-4　2012—2021年股票基金和大盘指数回报率对比(%)

年份	上证指数涨跌幅	深证成指涨跌幅	创业板指数涨跌幅	沪深300指数涨跌幅	恒生指数涨跌幅	普通股票型基金指数涨跌幅	偏股混合基金指数涨跌幅
2021	4.8	2.67	12.02	−5.2	−15.23	9.68	7.53
2020	13.87	38.73	64.96	27.21	−2.54	54.08	56.87
2019	22.3	44.08	43.79	36.07	10.95	44.43	44.53
2018	−24.59	−34.42	−28.65	−25.31	−16.68	−22.67	−22.87
2017	6.56	8.48	−10.67	21.78	38.26	16.11	14.26
2016	−12.31	−19.64	−27.71	−11.28	−0.89	−8.53	−13.56
2015	9.41	14.98	84.41	5.58	−7.52	42.55	43.82
2014	52.87	35.62	12.83	51.66	0.2	22.28	23.12
2013	−6.75	−10.91	82.73	−7.65	4.74	15.99	15.36
2012	3.17	2.22	−2.14	7.55	22.24	6.02	5.53
累计涨幅	65.49	66.58	355.47	110.61	26.92	329.73	300.28

数据来源：东方Choice

根据东方Choice数据，2012—2021年的10年时间里，普通股票型基金指数有7年的表现跑赢沪深300指数，累计回报率329.73%更是远远跑赢了沪深300指数的110.61%。通过更多数据的对比参考，普通股票型基金指数的表现有9年跑赢了上证指数、9年跑赢了深证成指、6年跑赢了创业板指数、6年跑赢了恒生指数。10年的累计回报率更是远远跑赢了除创业板指数外的其他所有指数。

偏股型混合基金的业绩也很出色，在10年时间里，有6年跑赢了沪深300指数，10年的累计回报率300.28%也是远远跑赢了沪深300指数的110.61%。偏股型混合基金2012—2021年的表现中，有8年跑赢了上证指数、9年跑赢了深证成指、6年跑赢了创业板指数、6年跑赢了恒生指数。但对于10年长跑的累计回报率，偏股型混合基金跑赢了除创业板指数之外的其他几个重要指数。

根据《上海证券交易所统计年鉴》数据，我们发现绝大多数大众投资者直接进入股票市场是跑不赢大盘指数的，无论在熊市、牛市还是在牛熊交织的市场环境下，散户的业绩都明显逊色于专业机构投资者和北上资金的表现。其实这个结论和市场上广泛流行的“散户炒股七赔一赚二平”的说法大体上是对应的。根据东方Choice数据，我们发现在一个长达10年的周期里，普通股票型基金指数、偏股型混合基金指数都跑赢了沪深300指数，也跑赢了除创业板指数之外的其余主要市场基础指数。

综合以上研究，我们可以得出一个初步的结论：越来越多的中产家庭会倾向于投资基金而不是股票，这是理性权衡的最终路线。

21 知己知彼，总有一款基金适合您

流动性、安全性和成长性是中产家庭资产配置需要遵循的三个基本原则。房子、股票、储蓄等单一市场都无法同时满足这三方面的要求，但无论是保守的家庭还是激进的家庭，无论您更关注流动性还是成长性，原则上都能在基金市场一站式找到适合的选择，这正是基金与众不同的魅力。

这一篇内容，请您带着家庭资产配置的具体诉求，和我一起走近各类不同的基金，了解它们最重要的收益、风险特征，看看哪些基金适合您的需求。

一、基金市场概况

根据证监会的标准，按照风险从低到高，基金一般划分为货币型基金、债券型基金、混合型基金和股票型基金四种大的类型。截至2022年一季度末基金市场规模和结构，如图21-1所示。

一些明星基金经理影响力很大，他们中的多数通常都是股票型基金经理，不少朋友都会觉得股票型基金在基金市场应该是主流、是规模最大的，实际上恰好相反。截至2022年一季度末，股票型基金的资产净值20625.46亿元，市场占比只有8.21%，是四大类型中占比是最小的。如果进一步观察，您会发现普通股票型基金占比更是只有2.77%，而更大多数的股票型基金是指数基金，其中跟踪指数的被动指数基金占比达到了4.83%，几乎是普通型基金近两倍的规模。

混合型基金具有灵活性的优势，2022年一季度末混合型基金的资产净值53 217.07亿元，市场占比达到21.18%，是股票型基金的两倍以上。但在混合型基金中，偏股型混合基金资产净值规模近3万亿元，市场占比11.73%，比纯粹的股票型基金规模还要大50%以上。这说明大家日常所接触的“股票型基金”，更多可能是偏股型混合基金。

基金类型	数量合计(只)	数量占比(%)	份额合计(亿份)	份额占比(%)	资产净值合计(亿元)	净值占比(%)
股票型基金	**1,840.0000**	**19.10**	**17,664.48**	**7.36**	**20,625.46**	**8.21**
普通股票型基金	504.0000	5.23	4,306.86	1.79	6,971.20	2.77
被动指数型基金	1,160.0000	12.04	12,285.58	5.12	12,142.88	4.83
增强指数型基金	176.0000	1.83	1,072.04	0.45	1,511.38	0.60
混合型基金	**4,113.0000**	**42.69**	**41,850.03**	**17.43**	**53,217.07**	**21.18**
偏股混合型基金	1,869.0000	19.40	24,532.62	10.22	29,486.47	11.73
平衡混合型基金	33.0000	0.34	468.80	0.20	584.13	0.23
偏债混合型基金	695.0000	7.21	7,549.03	3.14	8,124.83	3.23
灵活配置型基金	1,515.0000	15.73	9,299.27	3.87	14,991.39	5.97
其他混合型基金	1.0000	0.01	0.30	0.00	30.24	0.01
债券型基金	**2,795.0000**	**29.01**	**65,431.79**	**27.25**	**71,278.26**	**28.36**
中长期纯债型基金	1,765.0000	18.32	45,589.47	18.99	47,577.66	18.93
短期纯债型基金	279.0000	2.90	5,761.83	2.40	6,124.17	2.44
混合债券型一级基金	123.0000	1.28	1,945.65	0.81	2,549.67	1.01
混合债券型二级基金	453.0000	4.70	8,473.31	3.53	11,002.21	4.38
被动指数型债券基金	174.0000	1.81	3,655.96	1.52	4,016.39	1.60
增强指数型债券基金	1.0000	0.01	5.56	0.00	8.16	0.00
货币市场型基金	**341.0000**	**3.54**	**109,790.68**	**45.72**	**100,945.20**	**40.17**
QDII基金	**201.0000**	**2.09**	**2,869.06**	**1.19**	**2,478.26**	**0.99**
QDII股票型基金	106.0000	1.10	2,424.74	1.01	1,876.39	0.75
QDII混合型基金	42.0000	0.44	301.04	0.13	466.96	0.19
QDII债券型基金	26.0000	0.27	61.38	0.03	62.58	0.02
QDII-FOF	10.0000	0.10	33.20	0.01	33.96	0.01
QDII-另类投资基金	17.0000	0.18	48.69	0.02	38.36	0.02
FOF	**284.0000**	**2.95**	**2,096.93**	**0.87**	**2,191.55**	**0.87**
股票型FOF	6.0000	0.06	14.71	0.01	13.59	0.01
混合型FOF	106.0000	1.10	1,093.96	0.46	1,093.41	0.44
债券型FOF	5.0000	0.05	34.15	0.01	34.08	0.01
养老目标日期FOF	74.0000	0.77	123.21	0.05	159.81	0.06
养老目标风险FOF	93.0000	0.97	830.90	0.35	890.66	0.35
另类投资基金	**60.0000**	**0.62**	**430.63**	**0.18**	**564.72**	**0.22**
商品型基金	35.0000	0.36	215.75	0.09	295.04	0.12
量化对冲基金	25.0000	0.26	214.88	0.09	269.68	0.11
合计	9,634.0000	100.00	240,133.58	100.00	251,300.52	100.00

图21-1　截至2022年一季度末基金市场规模和结构

数据来源：东方Choice

很多中产阶层的朋友对债券并不是很熟悉，认为这种产品有点“高不成、低不就”的特点。截至2022年一季度末，债券型基金的资产净值达到71278.26亿元，市场占比28.36%，大体接近股票型基金和混合型基金的总和。其中，中长期纯债型债券基金资产净值近4.76万亿元，占全市场的18.93%。这说明，债券型基金由于定位清晰还是很受欢迎的。

风险最低的当属货币市场型基金，简称“货币基金”或者“货基”。也许大多数读者朋友都知道“余额宝”，但未必知道“货币基金”，实际上余额宝就是典型的货币基金。2022年一季度末货币基金的市场净值超过10万亿元，市场占比达到了40.17%，是基金市场规模最大的基金类别。

此外，还有QDII基金、FOF基金和另类投资基金三类，但市场占比只有2%左右，目前尚不是市场的主流。

二、低风险、流动性强的货币型基金

货币型基金只投资于货币市场，如短期国债、回购、央行票据、银行存款等，产品的期限都在一年之内。由于货币型基金的资金需求方主要是商业银行、非银金融机构、政府和央行等信用高的主体，货币型基金的风险极低、流动性极好，每天计算资金收益，某种程度上类似于在银行的活期储蓄，又被称为“准储蓄产品”。

(一) 货币型基金的特点

所有的货币型基金都有一个共同的标志，即在名称中带“货币”二字，在基金市场中很好识别，而且在申购时一般没有门槛限制，少到几百元、几千元都可以。

货币型基金的购买渠道很多样，如可以从商业银行、基金公司、证券账户和第三方理财平台等购买。由于这些渠道都已经网络化了，不论选择的是哪一种渠道，都可以通过手机App直接远程操作，非常方便。

货币型基金有一个比较特殊的地方，即买入和卖出都是“0”手续费，但这并不等于说购买货币型基金没有成本。通常购买货币型基金至少要支付管理费和托管费，个别还有“服务费”，管理费的费率为每年0.15%～0.3%，托管费的费率一般为0.05%～0.1%，个别收取的服务费费率每年0.15%左右，这些费用都是按日提取，在基金公布的净值中都已经扣除。一般情况下，货币型基金买入后“T+1”开始计算收益，卖出后“T+1”到账，现在已经有部分货币型基金赎回可以实现当天到账。在这方面，货币型基金已经和储蓄非常类似了。

(二) 货币型基金的潜在收益和风险

为了清晰地展示货币型基金的收益和风险特征，我们来观察一下从2011年12月31日开始至2021年12月31日，中证指数有限公司发布的货币基金指数(指数代码：H11025)10年季度走势，如图21-2所示。

从2011年12月31日到2021年12月31日，货币基金指数从1166.05涨到了1619.16，10年累计涨幅38.86%，年化回报率3.34%。另外，从图21-1可以看到，把10年时间划分成40个季度，每一个季度货币型基金都取得了正收益。这从另一个角度告诉我们，货币型基金不像其他基金中途会由于市场环境变化有大幅回撤的表现，而是随着持有时间的增加，收益在不断增长，类似于在银行的储蓄，这就是低风险的特征。

图21-2　2011—2021年货币基金指数(H11025)10年季度走势

数据来源：东方Choice

随着货币政策的松紧度变化，货币型基金的收益率也会有所浮动。比如，2017—2018年是全社会“去杠杆”、治理整顿“影子银行”的时期，货币政策明显收紧，这种背景就会推高资金的借贷成本，2017年和2018年货币基金指数(H11025)的回报率分别达到了3.84%和3.75%，比最近10年的年化回报率还是明显高了一点；2019—2021年这3年时间，为了应对经济下行压力和新冠肺炎疫情的冲击，货币政策转向明显宽松，全社会的借贷资金成本也有所下降，货币基金指数的回报率也明显回落，2019—2021年这3年的涨幅分别为2.66%、2.13%和2.28%。这告诉我们，虽然持有货币型基金每增加一天，收益也会相应地增加，但货币型基金一个阶段的收益率水平和宏观上的货币政策环境密切相关，这也是货币型基金投资回报率的最重要关注点。

家庭哪些钱适合购买货币型基金呢？一般来说，对收益率要求不高，但对资金的安全性和流动性要求高的钱，可以购买货币型基金。比如，日常家庭每个月的“零花钱”；有重大事项用途的不可动用的资金，如准备给孩子上学的钱、出国的钱，准备给老人看病的钱；临时代亲朋好友保管的钱；准备还账的钱；等等。这些资金的特点要么是随时会用到，要么是安全性绝对放在第一位，不能有闪失。

也许有的朋友看了以上数据会有一个问题：和银行储蓄相比较，货币型基金有吸引力吗？要回答这个问题就有必要看一下最新的商业银行存款基准利率。我们以2022年5月6日建设银行官方网站所公布的“城乡居民存款挂牌利率表”(图21-3)为例，来做一个对比。

项目	年利率（%）
一、城乡居民存款	
（一）活期	0.30
（二）定期	
1.整存整取	
三个月	1.35
半年	1.55
一年	1.75
二年	2.25
三年	2.75
五年	2.75
2.零存整取、整存零取、存本取息	
一年	1.35
三年	1.55
五年	1.55
3.定活两便	按一年以内定期整存整取同档次利率打六折执行
二、通知存款	
一天	0.55
七天	1.10

图21-3　城乡居民存款挂牌利率表(2022/05)

数据来源：建设银行官方网站

从图21-3可以看到，2022年5月6日建设银行的活期存款利率是0.3%，一年期存款利率是1.75%，三年期以上定期存款利率是2.75%，五年期零存整取利率是1.55%。还有一个很重要的利率“个人住房公积金存款基准利率”是1.5%。通过对比可以发现，货币型基金的收益率不仅明显高于银行的活期储蓄，也高于零存整取、住房公积金存款和大多数定期存款的利率。但如果对比流动性的便利，货币型基金显然比定期存款要好得多。所以，相对于银行储蓄来说，货币型基金的收益率和流动性都要更出色。

三、流动性好、收益稳健的债券型基金

债券型基金主要投资国债、金融债、企业债等一年期以上固定收益类金融产品。按照证监会的管理要求，债券型基金资产中持有的债券比例不得低于总资产的80%。由于债券型基金主要资产是一揽子债券，每一个债券都有明确的还本付息的方案，所以整体上基金的收益也比较稳定，我们通常把债券型基金称为“固定收益基金”。

(一) 债券型基金的特点

债券型基金很好识别，所有的债券型基金的名称中都含有“债”或者“债券”。和货币型基金不同的地方在于，债券型基金主要购买的债券的期限普遍更长，另外购买的品种增加了企业债券。债券周期变长，意味着风险增加，再加上企业的风险一般比金融机构和政府部门更大，这决定了相比货币型基金，债券型基金的风险更大。高风险、高收益，债券型基金的收益率通常高于货币型基金，但波动率也比货币型基金大一些。

债券型基金和货币型基金购买的渠道一样，都可以通过商业银行、基金公司、证券账户和第三方理财平台以及它们的App购买，网上一键操作，非常方便。

债券型基金没有资金要求的门槛，丰俭由人，只是一般基金公司为了鼓励大家增加购买额度，都会收取差异化的申购费，购买金额越多，申购费越低。实际上，大家在购买债券型基金的时候，同样的基金，会经常看到“A”“C”等不同方案选择，其主要区别在于购买基金的付费方式不同。“A”类债券型基金，一般是购买的时候按照购买金额和申购费率支付“申购费”(通常低于0.1%)，申购费的支付和持有时间长短没有关系；“C”类债券型基金，一般是购买后在持有期间支付“服务费”(每年0.03%左右)，“服务费”按日计算。通常，如果您决定长期持有某一个债券，如3年以上，可以选择“A”方案一次性支付“申购费”；如果持有期比较短，可以选择“C”方案，按持有时长支付“服务费”。除了“申购费”或者“服务费”之外，一般债券型基金每年还有“管理费”(每年0.7%左右)和“托管费”(每年0.2%左右)。以上费用都是每日扣除，在我们日常看到的债券型基金披露的基金净值中，已经扣除了以上管理费、托管费和可能涉及的服务费。

一般情况下，债券型基金买入后“T+1”确认并开始计算收益卖出后“T+1”确认，但一般需要2～3天才能到账。相对货币型基金来说，债券型基金卖出变现到账的时间要多2～3天，您也可以简单理解为其流动性比货币型基金略微差一点。

(二) 债券型基金的潜在收益和风险

如果说货币型基金的收益大体相当于跑赢通货膨胀率CPI，那么债券型基金的收益大体相当于跑赢社会的平均融资成本。

我们下边观察一下从2011年12月31日至2021年12月31日债券型基金指数的走势，为了清楚地展示债券型基金的收益和风险特征，我们仍然采用季度走势图。这里采用的债券型基金指数也是由中证指数有限公司发布的，指数代码H11023，如图21-4所示。

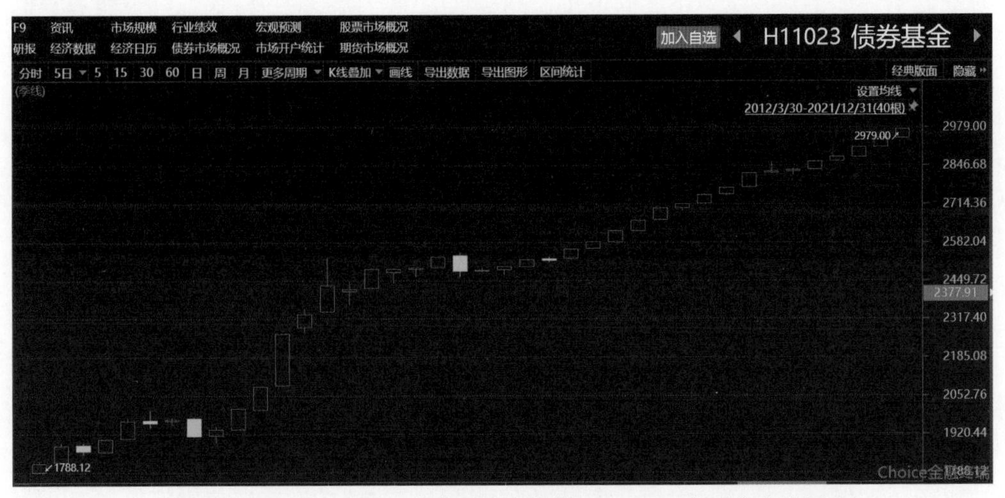

图21-4　2011—2021年债券型基金指数(H11023)10年季度走势图

数据来源：东方Choice

根据图21-4的数据，债券型基金指数(H11023)从2011年12月31日至2021年12月31日，从1790涨到了2979，10年累计涨幅66.42%，年化收益率5.23%，这个收益率水平和商业银行5年期的基准贷款利率相当，大体上反映了社会的平均融资成本。您也可以理解为，通过购买债券型基金，把钱直接借给了融资的企业，越过了商业银行这个中间人，您收取了借款的利率，所以比单纯储蓄的存款利率又高了2～3个百分点。

从图21-4可以看到，债券型基金在40个季度中有5个季度收益率竟然是负的，这一点和货币型基金相比是一个区别，因为后者每个季度的收益都是正的，这也说明债券型基金的风险比货币型基金略微大一点。债券型基金的收益虽然略有波动，但并没有大幅调整，也没有长期调整。整体来看，债券型基金的收益仍然和时间几乎正相关，毕竟在40个季度中只有5个季度收益是负的，绝大多数时期收益都是正的，持有的时间越长，收益越高，这一点和货币型基金是类似的。

什么因素影响债券型基金的收益呢？债券型基金的资产主要由一揽子债券构

成，除此之外，也会有一小部分股票等权益资产。明白了这个结构，就能够比较容易地理解债券型基金的风险和收益与哪些因素有关了。占比较大的债券资产，潜在的收益和风险与市场利率水平、企业资信情况等有关。比如，如果市场利率上升，此前购买的债券的市场交易价格就会下降，债券型基金因为持有这些债券，收益也会因此而下降；反之，如果市场利率下降，债券型基金的收益就会上升。再如，如果您的债券型基金在2020年购买了华夏幸福、恒大、泛海、融创等房地产企业的债券，当这些企业在2021年开始出现大面积债券违约的时候，基金的收益就会受到负面影响，如果这些企业最终破产了，购买这些企业债券的投资人最终可能本金也难以收回，出现亏损。由于债券型基金除了纯粹的债券之外，还有可转债、股票等资产，这些资产的价格波动比较大，尤其在牛市的时候，会给债券型基金的收益率带来较大的弹性。比如2002年以来，债券型基金收益率最高的4个年份分别是2006年、2007年、2014年、2015年，这几年也是股票市场历史上的大牛市。

家庭的哪些资金适合购买债券型基金呢？大体上来说，对收益有一定的要求，如跑赢通货膨胀、覆盖房贷按揭成本等，同时愿意适当承担一些风险的家庭比较适合。在现实生活中，我经常收到一些朋友们一个有代表性的问题：我当初购买房产，使用了银行的按揭贷款，相对于LPR利率(贷款市场报价利率)有15%的折扣，大约每年3.9%的利率，我现在手头有现金，是否需要提前还款？其实在我看来，为什么不用这部分资金购买债券型基金呢？一方面，总体上潜在风险不大，潜在收益可以覆盖按揭成本；另一方面，如果遇到特殊情况需要资金，还可以很快变现。如果提前还了银行的贷款，并没有带来实质上的好处，反而失去了随时获得廉价现金的选项。

当然，必须说明的是，虽然债券型基金指数跑赢了通货膨胀，整体来看，随着持有时间的增加，收益也是长期增长的，但这并不代表每一只债券型基金每年都是稳赚不赔的，债券型基金也是会有亏损的，只是亏损的基金占比比较小，亏损的幅度整体也比较小。2021年收益率较差的42只债券型基金，如图21-5所示。

我们以2021年为例，根据天天基金网公布的数据，包括当年发行上市的基金在内，市场上一共有3092只开放式债券型基金，其中有2998只是盈利的，占比96.96%，所有债券型基金的中位数(收益排名第1456、1457基金平均数)收益3.87%；有23只是“0”收益，基本都是2021年底刚发行还没有公布净值的新基金；有80只基金是亏损的，占比2.59%，其中62只债券型基金亏损幅度都在5%以内，只有9只债券型基金(占比0.29%)亏损幅度超过10%，都踩了雷，购买了较多陷入兑付危机的房地产债券。通过这个数据，您可能会对债券型基金有一个更生动的认知。

选择时间：2020-12-31 到 2021-12-31 查询 ☐隐藏区间内成立的基金 基金申购费率 / 折起 按基金公司筛选：输入基金公司名称筛选

全部(13705) 股票型(2552) 混合型(6499) 债券型(3120) 指数型(2152) QDII(376) ETF(578) LOF(393)

比较	序号	基金代码	基金简称	期间涨幅	期间分红（元/份）	分红次数	起始日期	单位净值	累计净值	终止日期	单位净值	累计净值	成立日期	手续费	○可购 ○全部
☐	3051	009408	格林泓远纯债C	-1.50%	---	0	2020-12-31	0.9729	0.9729	2021-12-31	0.9583	0.9583	2020-06-11	0.00%	购买
☐	3052	004782	泰信双债增利债券	-1.52%	---	0	2021-03-24	1.0000	1.0000	2021-12-31	0.9848	0.9848	2021-03-24	0.00%	购买
☐	3053	865040	光大阳光北斗星1	-1.55%	---	0	2021-08-30	1.6711	1.6711	2021-12-31	1.6452	1.6452	2021-08-30	0.04%	购买
☐	3054	050116	博时宏观回报债券	-1.57%	---	0	2020-12-31	1.4050	1.5550	2021-12-31	1.3830	1.5330	2010-07-27	0.00%	购买
☐	3055	050023	博时天颐债券A	-1.57%	---	0	2020-12-31	1.5290	1.7820	2021-12-31	1.5050	1.7580	2012-02-29	0.08%	购买
☐	3056	005513	南华瑞恒中短债债	-1.58%	---	0	2020-12-31	1.0471	1.0471	2021-12-31	1.0306	1.0306	2019-01-29	0.04%	购买
☐	3057	860051	光大阳光北斗星1	-1.65%	---	0	2021-08-30	1.6691	1.6691	2021-12-31	1.6416	1.6416	2021-08-30	0.00%	购买
☐	3058	009826	民生加银家盈6个	-1.76%	---	0	2020-12-31	1.0175	1.0175	2021-12-31	0.9996	0.9996	2020-08-04	0.08%	购买
☐	3059	005514	南华瑞恒中短债债	-1.86%	---	0	2020-12-31	1.0517	1.0517	2021-12-31	1.0321	1.0321	2019-01-29	0.00%	购买
☐	3060	050123	博时天颐债券C	-1.97%	---	0	2020-12-31	1.4730	1.7160	2021-12-31	1.4440	1.6870	2012-02-29	0.00%	购买
☐	3061	010103	西部利得鑫泓增强	-2.06%	---	0	2020-12-31	1.0114	1.0114	2021-12-31	0.9906	0.9906	2020-11-19	0.00%	购买
☐	3062	009827	民生加银家盈6个	-2.11%	---	0	2020-12-31	1.0160	1.0160	2021-12-31	0.9946	0.9946	2020-08-04	0.00%	购买
☐	3063	012626	申万菱信汇元宝债	-2.37%	---	0	2021-08-16	1.0000	1.0000	2021-12-31	0.9763	0.9763	2021-08-16	0.08%	购买
☐	3064	006416	方正富邦丰利债券	-2.83%	---	0	2020-12-31	1.1864	1.1864	2021-12-31	1.1528	1.1528	2018-12-07	0.08%	购买
☐	3065	000406	汇添富双利增强债	-3.03%	---	0	2020-12-31	1.2220	1.5550	2021-12-31	1.1850	1.5180	2013-12-03	0.10%	购买
☐	3066	004792	富荣富乾债券A	-3.08%	---	0	2020-12-31	0.9784	1.0280	2021-12-31	0.9483	0.9979	2018-02-07	0.08%	购买
☐	3067	012317	创金合信聚鑫债券	-3.10%	---	0	2021-08-12	1.0000	1.0000	2021-12-31	0.9690	0.9690	2021-08-12	0.08%	购买
☐	3068	006417	方正富邦丰利债券	-3.21%	---	0	2020-12-31	1.1750	1.1750	2021-12-31	1.1373	1.1373	2018-12-07	0.00%	购买
☐	3069	000407	汇添富双利增强债	-3.45%	---	0	2020-12-31	1.2170	1.5500	2021-12-31	1.1750	1.5080	2013-12-03	0.00%	购买
☐	3070	010918	德邦锐祥债券C	-3.48%	---	0	2021-04-14	1.0000	1.0000	2021-12-31	0.9652	0.9652	2021-04-14	0.00%	购买
☐	3071	000463	华商双债丰利债券	-3.61%	---	0	2020-12-31	0.6370	1.0520	2021-12-31	0.6140	1.0290	2014-01-28	0.08%	购买
☐	3072	000481	华商双债丰利债券	-4.15%	---	0	2020-12-31	0.6270	1.0120	2021-12-31	0.6010	0.9860	2014-01-28	0.00%	购买
☐	3073	012318	创金合信聚鑫债券	-4.57%	---	0	2021-08-12	1.0000	1.0000	2021-12-31	0.9543	0.9543	2021-08-12	0.00%	购买
☐	3074	004793	富荣富乾债券C	-4.70%	---	0	2020-12-31	0.9346	0.9841	2021-12-31	0.8907	0.9402	2018-02-07	0.00%	购买
☐	3075	690006	民生加银信用双利	-5.38%	---	0	2020-12-31	1.7460	1.7760	2021-12-31	1.6520	1.6820	2012-04-25	0.08%	购买
☐	3076	009745	鹏华中债1-3隐	-5.73%	0.0128	4	2020-12-31	1.0529	1.0529	2021-12-31	0.9804	0.9932	2020-09-23	---	购买
☐	3077	009746	鹏华中债1-3隐	-5.84%	0.0142	4	2020-12-31	1.0573	1.0573	2021-12-31	0.9821	0.9963	2020-09-23	---	购买
☐	3078	166008	中欧增强回报债券	-5.92%	0.0113	1	2020-12-31	1.0688	1.5985	2021-12-31	0.9949	1.5359	2010-12-02	0.08%	购买
☐	3079	001889	中欧增强回报债券	-5.96%	0.0113	1	2020-12-31	1.0640	1.6000	2021-12-31	0.9900	1.5373	2015-10-08	0.08%	购买
☐	3080	007446	中欧增强回报债券	-6.31%	0.0113	1	2020-12-31	1.0661	1.1257	2021-12-31	0.9883	1.0592	2019-05-20	0.00%	购买
☐	3081	002381	东海祥瑞A	-6.47%	---	0	2020-12-31	1.1629	1.1629	2021-12-31	1.0877	1.0877	2016-03-24	0.08%	购买
☐	3082	002382	东海祥瑞C	-6.78%	---	0	2020-12-31	1.1388	1.1388	2021-12-31	1.0616	1.0616	2016-03-24	0.00%	购买
☐	3083	690206	民生加银信用双利	-7.00%	---	0	2020-12-31	1.6860	1.7160	2021-12-31	1.5680	1.5980	2012-04-25	0.00%	购买
☐	3084	005892	先锋汇盈纯债A	-10.55%	---	0	2020-12-31	1.1838	1.1838	2021-12-31	1.0589	1.0589	2018-09-06	0.06%	购买
☐	3085	005893	先锋汇盈纯债C	-10.91%	---	0	2020-12-31	1.1348	1.1348	2021-12-31	1.0110	1.0110	2018-09-06	0.00%	购买
☐	3086	012623	金鹰添盈纯债债券	-10.99%	---	0	2021-06-08	1.0304	1.0304	2021-12-31	0.9172	0.9172	2021-06-08	0.00%	购买
☐	3087	003384	金鹰添盈纯债债券	-12.56%	---	0	2020-12-31	1.0480	1.1650	2021-12-31	0.9164	1.0334	2017-01-11	0.08%	购买
☐	3088	005890	先锋博盈纯债A	-14.78%	---	0	2020-12-31	1.0885	1.0885	2021-12-31	0.9276	0.9276	2019-08-14	0.06%	购买
☐	3089	005891	先锋博盈纯债C	-15.13%	---	0	2020-12-31	1.0820	1.0820	2021-12-31	0.9183	0.9183	2019-08-14	0.00%	购买
☐	3090	003382	民生加银鑫享债券	-24.62%	---	0	2020-12-31	1.2099	1.2179	2021-12-31	0.9120	0.9200	2016-10-31	0.08%	购买
☐	3091	007955	民生加银鑫享债券	-24.91%	---	0	2020-12-31	1.0464	1.0464	2021-12-31	0.7857	0.7857	2019-10-30	0.00%	购买
☐	3092	003383	民生加银鑫享债券	-24.92%	---	0	2020-12-31	1.1975	1.2055	2021-12-31	0.8991	0.9071	2016-10-31	0.00%	购买

图21-5　2021年收益率较差的42只债券型基金

数据来源：天天基金网

四、灵活多变的混合型基金

不同于债券型基金必须把80%以上的资产配置债券，也不同于股票型基金必须把80%以上的资产配置股票的监管规定，混合型基金让投资者可以实现在“债券”这种固定收益产品和“股票”这种高风险、高收益产品之间自由组合，实现了一站式不同风险资产的混搭。

从投资管理的角度讲，混合型基金也为基金经理提供了更丰富的对冲市场风险的策略选择。比如，在市场进入漫漫熊市的阶段，混合型基金经理就可以把绝大部分资产配置债券，而躲过市场的调整；在股票市场进入牛市的时候，混合型基金经理就可以把大部分筹码配置成股票，分享股市的高成长。在跨市场组合方面，这些都是债券型基金和股票型基金经理无法做到的。

(一) 混合型基金的特点

混合型基金根据配置资产的结构分为偏股型(股票资产占比60%～90%)、偏债型(债券资产占比60%～90%)、平衡型(股票占比40%～60%)和灵活型(没有确定的比例区间)。从前边的图表结构可以看到，截至2022年一季度末，偏股型混合基金是占比最高的，超过五成；其次是灵活型；最后是债券型。混合型基金资产配置的结构不同，基金净值的走势波动率和收益率也呈现较大的分化。可以说，混合型基金是连通低风险“固定收益”债券型基金和高风险股票型基金的桥梁，您可以根据自己的风险承受能力，选择站在桥梁靠近债券的相对安全的位置，或者靠近股票的相对刺激的位置。

混合型基金的购买渠道和此前的债券型基金、货币型基金都是一样的，都可以方便地通过商业银行、基金公司、券商账户和第三方平台购买，目前的基金购买基本都实现了App一键操作。混合型基金的“买入”“卖出”都是“T+1”账户确认，但卖出的资金一般要在卖出确认后1～2天才能到账。

债券型基金申购和赎回都有相应的成本，一般申购的费率根据申购金额有所不同。基金公司为了鼓励您购买更多，申购费率会随着金额增加而降低，如果是超过500万元的申购，也就只需要缴纳象征性的一两千元申购费；为了鼓励您长期持有，随着持有时间的增加，赎回费率也会降低，通常持有两年以上时间，赎回时就没有赎回费了。官方的申购和赎回最高费率都在1.2%～1.5%范围内，通常都有折扣。根据我的经验，一般第三方平台，如天天基金网等会比银行购买基金费率更低。

除了申购和赎回的成本之外，所有的混合型基金也都有“管理费”和“托管费”，前者主要是基金公司的专业管理成本，后者是资金在银行的托管成本。混合型基金的管理费通常每年在1.5%左右，托管费通常每年在0.25%左右。投资者所看到的基金净值数据，都已经扣除了各种持有期间的成本，“管理费”和“托管费”都会在每天公布基金净值时扣除。

(二) 混合型基金的潜在收益和风险

由于混合型基金的资产结构中股票等高风险资产的比重增加，所以混合型基金的整体风险要高于债券型基金，当然更高于货币型基金，这种风险主要表现为混合型基金净值的大幅波动。随着基金中股票资产比重的增加，偏股混合型基金指数的走势和股票市场大盘指数的走势逐渐接近；反之，偏债混合型基金的净值走势波动性则大幅下降，主要表现为长期的成长性，回报率也相应地有所回落。正所谓高收益、高风险。

为了了解不同类型混合型基金的风险和收益特征，我们分别观察偏股混合型基金、平衡混合型基金和偏债混合型基金的指数走势，并把这种走势与股票市场的沪深300指数做一个对比。为了避免短期随机因素的影响，并放大过程中波动的细节，我们选择10年期的季度走势图做对比观察。2011—2021年偏股混合型基金指数(809002)和沪深300指数季度走势图对比，如图21-6所示。

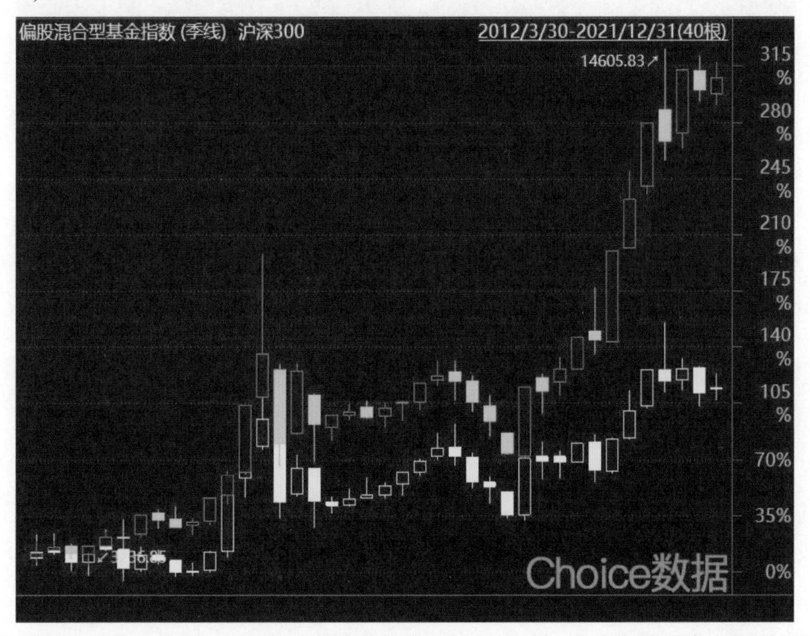

图21-6 2011—2021年偏股混合型基金指数(809002)和沪深300指数季度走势图对比

数据来源：东方Choice

根据东方Choice发布的偏股混合型基金指数(809002)的走势，2011/12/31—2021/12/31，偏股混合型基金指数从3488.61涨到13964.22，10年累计涨幅300.28%，其中季线图中有25个季度上涨、15个季度下跌，单纯从季度涨跌的数据看，波动也是比较频繁的。在此期间，沪深300指数累计涨幅107.05%，其中有22个季度上涨、18个季度下跌。虽然从10年累计涨幅来看，偏股混合型基金的涨幅远高于沪深300指数的涨幅，但实际上也只是从2020年、2021年这两年涨幅拉开了差距，在此之前的8年时间涨幅非常接近。另外，仔细观察您还会发现，在沪深300大盘指数上涨的季度，绝大多数偏股混合型基金指数也是上涨的；反之，在下跌的季度，偏股混合型基金指数极大的概率也是下跌的，只是最近两年涨跌幅度的差别有所拉大。

与偏股混合型基金的激进风格相比，平衡混合型基金的股票资产配置通常更看重“价值蓝筹”概念的核心资产。下面我们看一下平衡混合型基金指数(809003)和沪深300指数的走势对比，如图21-7所示。

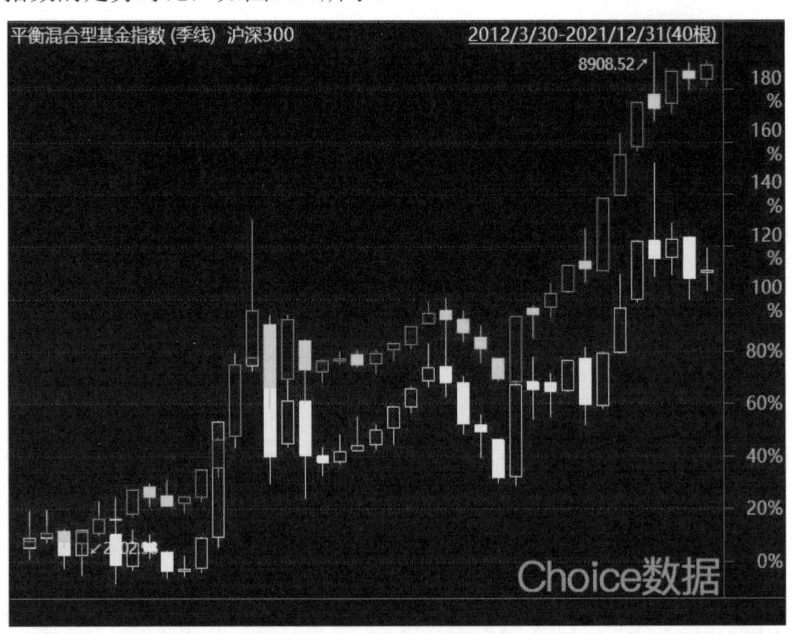

图21-7　2011—2021年平衡混合型基金指数(809003)和沪深300指数季度走势图对比

数据来源：东方Choice

2011—2021年这10年时间，平衡混合型基金指数(809003)累计上涨185.14%，比沪深300指数的累计涨幅107.05%高了不少。但是，从图21-7可以非常清晰地看到，平衡混合型基金的走势和沪深300指数的走势非常接近，无论是波动频率还是涨跌幅的波动幅度，都呈现出更加惊人的相关性。

偏债混合型基金的资产更多是固定收益的债券和可转债等资产，整体来说，表现更加稳健，波动性明显减小，但长期收益也会有所降低。我们下边看一下东方Choice富偏债混合型基金指数的走势和沪深300指数的对比，如图21-8所示。

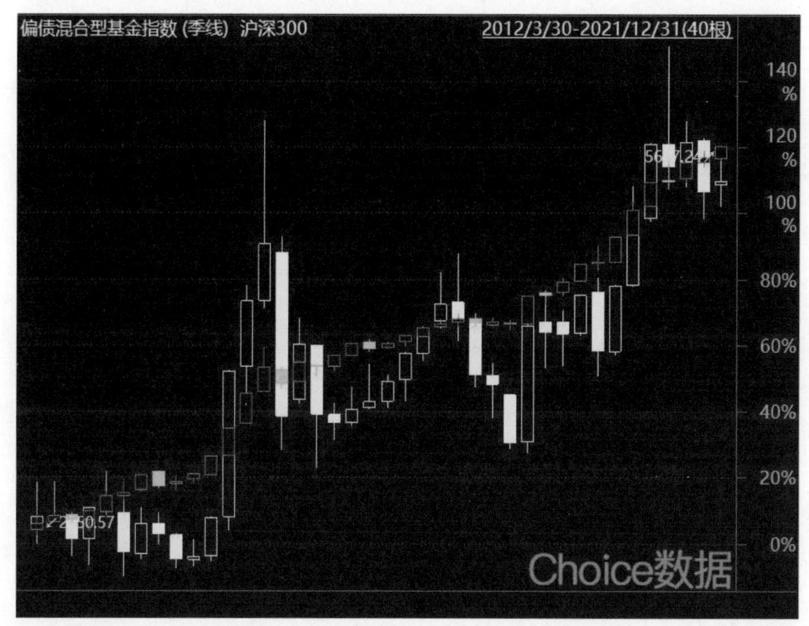

图21-8　2011—2021年偏债混合型基金指数(809004)和沪深300指数季度走势图对比

数据来源：东方Choice

根据东方Choice发布的偏债混合型基金指数的走势，2011—2021年，偏债混合型基金累计涨幅119.16%，虽然涨幅和沪深300指数的107.05%似乎更加接近，但从具体走势来看，其和沪深300指数的走势相去更远，形态相似度远不及平衡混合型基金和偏股混合型基金与沪深300指数的相似度。在40个季度中，偏债混合型基金指数有32个季度是上涨的，只有8个季度是下跌的，这方面的表现和债券型基金更加相似(同期，沪深300指数有22个季度上涨、18个季度下跌)。

通过以上三类混合型基金的对比，我们可以看到：①偏债混合型基金风险相对最小，虽然股票市场波动很大，但偏债混合型基金大多数时间是上涨的，类似于债券型基金，但长周期的收益却明显跑赢了债券型基金，这是偏债混合型基金的一个突出优点。如果不满足于债券型基金的收益，而且愿意承担稍微高一点的风险，就可以选择偏债混合型基金。②平衡混合型基金的长期回报率比偏债混合型基金更高一点，但波动频率、幅度也更大一点，平衡混合型基金的走势和沪深300大盘指数的走势非常类似，但长期的回报率似乎高于沪深300指数。如果对股票市场前景有信心，能够承受更高的风险，想获得超越股票大盘指数的回报，可以尝试平衡混合型基金。③偏股混合型基金的波动性相比沪深300大盘指数来说更大，这部分基金适合部分激进的投资者，通常要有思想准备承担一个阶段或者一年有最多30%的跌幅，但是一旦股票市场大盘指数处于历史底部区域，偏股混合型基金是短期反弹收益更大的基金，也是中长线值得重点关注的资产。

五、走近股票型基金

证监会对于股票型基金资产的构成有严格的红线：股票资产的占比在80%以上。这就决定了股票型基金的走势和股票市场的大盘走势密切相关。

股票型基金根据投资的策略分为普通股票型基金和指数型基金，前者股票资产的组合依赖基金经理对市场和公司的理解自由配置，后者股票资产的配置主要跟踪模拟市场基础性指数或者行业指数。由于基金经理对市场和公司的理解通常差异较大，普通股票型基金的业绩也会呈现极大的差异，但指数型基金所投资的股票标的和权重是比较具体的，所以基金业绩和对应指数的涨跌幅相差不大。由于指数型基金的投资逻辑更加清晰，基本不受基金公司和基金经理人为因素的影响，最近几年发展很快，截至2022年一季度末其规模大体上是普通股票型基金的两倍。

普通股票型基金，根据投资的风格又分为稳健型、成长型和平衡型。稳健型股票型基金通常更多关注价值蓝筹的投资机会，成长型股票型基金会更加聚焦科技成长概念的股票，平衡型股票型基金则是在二者之间找到一个均衡。

普通股票型基金对基金经理的能力更加依赖，所以投资成本也要比指数型基金高一些。比如，2022年5月，大多数普通股票型基金需要支付申购费0.15%左右，管理费每年1.5%，托管费每年0.25%；大多数指数型基金没有申购费，管理费每年0.5%～1%，托管费每年0.1%～0.22%。所有的股票型基金赎回的时候都需要根据持有时间的长短支付不同的赎回费，一般超过两年时间都会豁免。

股票型基金的购买渠道、申购流程、交易成本、管理费、托管费、资金到账等特征和混合型基金基本类似，这一节就不做单独介绍了。

（一）股票型基金的收益和风险

在所有的大类基金中，股票型基金的风险仅次于股票，几乎是风险最高的基金，这是由股票这类资产的高风险特征决定的。

风险和收益常常如影随形。当股票市场处于熊市的时候，股票型基金常常大多数都表现不佳，如2018年所有的股票型基金都是亏损的；但是股票市场处于牛市的时候，股票型基金的收益率通常会明显领先其他类基金。

我们先根据中证指数有限公司的数据，看一下股票型基金指数(H11021)和沪深300指数2011—2021年这10年的季度走势图对比，如图21-9所示。

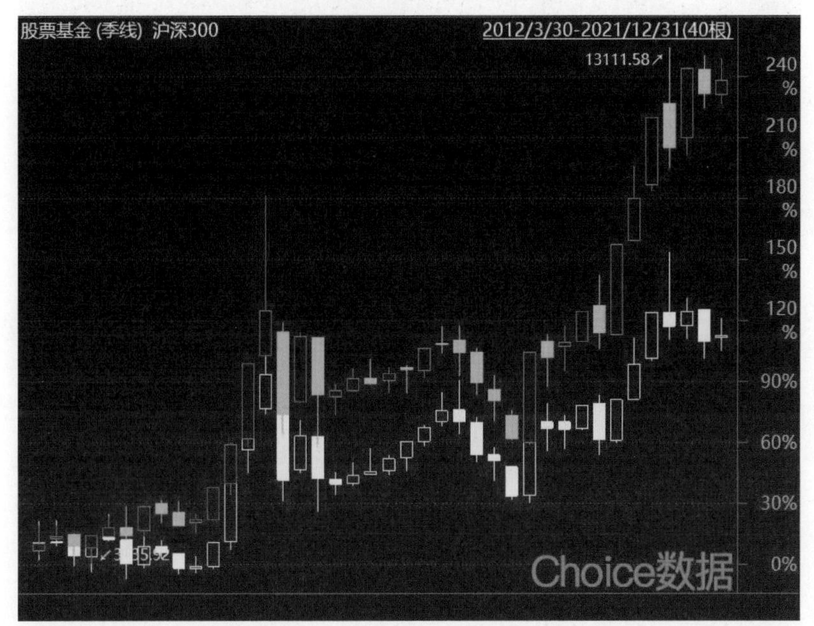

图21-9　2011—2021年股票型基金指数(H11021)和沪深300指数季度走势图对比

数据来源：东方Choice

股票型基金指数包含了普通股票型基金和指数型基金两类成分。根据中证指数有限公司发布的股票型基金指数(H11021)的走势，2011—2021年这10年时间，股票型基金指数从3770.85涨到了12501.24，累计回报率231.52%，远远超过了沪深300指数107.05%的水平。但从具体走势和波动规律来看，股票型基金指数和沪深300指数非常类似，在10年40个季度中，股票型基金指数有23个季度上涨、17个季度下跌；沪深300指数有22个季度上涨、18个季度下跌。最主要的是当沪深300指数上涨或者下跌的时候，股票型基金指数基本上呈现类似的方向变化。

东方Choice提供了专门针对普通股票型基金指数(809001)的数据，也就意味着这个指数的成本不包括指数型股票型基金。我们下边来看一下普通股票型基金指数(809001)和沪深300指数的对比，从中我们会发现在主动型的普通股票型基金中，基金经理专业能力为投资者带来了额外回报。2011—2021年普通股票型基金指数(809001)和沪深300指数季度走势图对比，如图21-10所示。

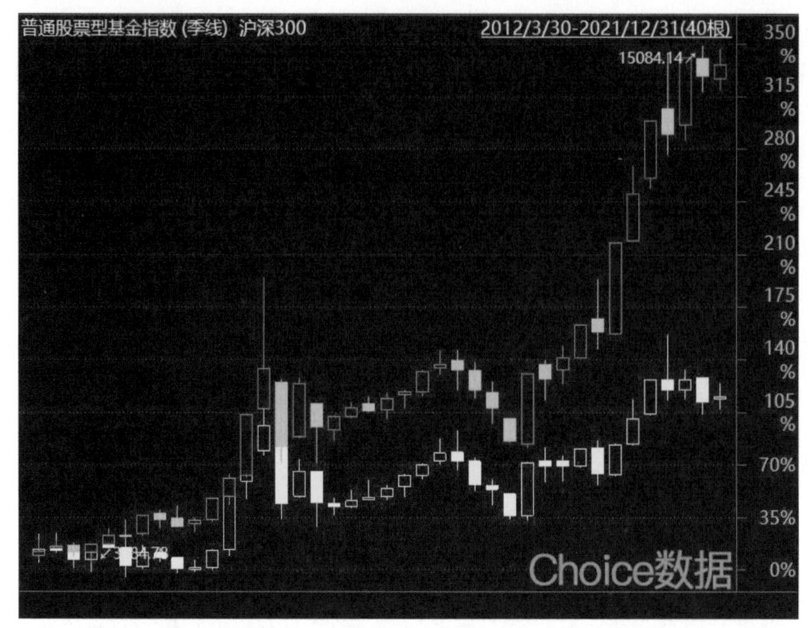

图21-10　2011—2021年普通股票型基金指数(809001)和沪深300指数季度走势图对比

数据来源：东方Choice

同样在2011—2021年这10年间，普通股票型基金指数(809001)虽然在走势的波动频率上和股票型基金指数(H11021)、沪深300指数都基本一样，但是在牛市的时候，表现出了更好的成长性。普通股票型基金指数在2011—2021年累计回报率329.73%，明显跑赢了股票型基金指数(H11021)的231.5%和沪深300指数的107.05%。这背后的逻辑是基金经理的主动管理创造了额外的价值，也就是我们通常所说的专业能力的力量。

(二) 股票型基金的适合对象

哪些人适合购买股票型基金呢？大体上说，如果您对资本市场或者某一个行业未来的前景看好，对当前的时机也看好，但是您没有太多的专业知识和时间去筛选基金，您就比较适合购买指数型股票型基金，长期收获市场平均红利。如果您对股票型基金的筛选比较专业，或者您能够辨别好的基金经理，想追求更高的潜在收益，同时自己也没有时间日常打理股票资产，您就适合购买主动型的普通股票型基金。

哪些资金适合购买股票型基金呢？一般来说，由于股票型基金的风险比较大，投资股票型基金的资金要有接受较大阶段性亏损的思想准备，如一年30%的亏损并不会带来额外的债务风险，也不会影响到家庭的生活水平，这就意味着对安全性要求高的资金、短期有明确支出计划的资金要慎重购买股票型基金。特别需要提醒的是，一定不可以看到股市调整了或股市大涨了而动“卖房炒股”的念头，也不可以借钱炒股，这些都是无数家庭悲剧的源头。

通过以上基于数据的分析，您也许已经发现，基金投资需要知己知彼，如此才能百战不殆。第一步是做到“知己”，首先明白这部分资金未来的用途是什么，您能承受的风险有多大，您追求的收益目标有多高。这些问题弄明白之后，就可以把目光转向基金市场了。

在基金市场，除了保险之外，几乎可以一站式解决家庭金融资产配置的其他问题。随时可能会需要的资金，如日常的零花钱可以购买货币型基金，通常比我们放做现金或者活期储蓄要好得多；一些有明确支出计划的大额资金，如计划买房的资金、若干年后用于养老的资金，如果希望能够跑赢通货膨胀，可以考虑购买债券型基金；如果您能够而且也愿意承担更高的风险，如每年20%的亏损，但追求潜在40%以上的回报，可以考虑混合型基金；如果您无论意愿还是能力都可以承受更高的风险，如每年亏损30%以上，但追求50%以上的潜在高回报，则可以选择股票型基金。在混合型基金和股票型基金中，根据投资资产的风险差异，还有更细的分类。总之，对于绝大多数中产家庭来说，只要明白了需求，您会发现总有一款基金适合您！

22 优化指数基金，跑赢股票和基金

指数基金整体来说是一种被动投资策略，收获的是市场或者行业的平均收益。最近几年指数基金越来越受到投资者的追捧，截至2022年一季度末，指数基金的市场净值规模(13653亿元)已经是普通股票型基金(6971亿元)的两倍。

选择指数基金的根本逻辑是您相信市场未来会更好，相信行业未来会有成长性，甚至跑赢大盘，但您可能厌倦了基金经理的追涨杀跌和业绩的大幅波动。简单地说，您更相信市场，而不是基金经理的专业操守和能力。

指数基金对应的指数由一揽子成分股构成，这些成分股要么反映大盘走势，要么反映某种市场风格，要么反映某个行业或者主题概念走势，似乎很好理解。但实际上，指数基金差异也非常大，选择指数基金也需要动脑筋、做功课，甚至需要在策略方面精心设计。

一、A股市场基准指数

讨论指数和指数基金，首先需要了解A股市场的基准指数，这是反映市场走势的基准和标杆。大家熟悉的基准指数包括上证指数、深证成指、沪深300指数、创业板指数等。基准指数反映了整个股票市场或者某一类风格股票的整体走势，既是表达走势的指标，也是指数基金所跟踪的重点标的。今天，股票市场有哪些基准指数呢？我们下边来看一下截至2022年5月沪深市场基准指数及阶段涨跌幅，如表22-1所示。

表22-1 沪深市场基准指数及阶段涨跌幅

序号	证券代码	证券名称	区间涨跌幅 [起始交易日期]2016-12-31 [截止交易日期]2021-12-31 [单位]%	区间涨跌幅 [起始交易日期]2011-12-31 [截止交易日期]2021-12-31 [单位]%
1	000001.SH	上证指数	17.2745	65.4882
2	000002.SH	A股指数	17.3777	65.5427
3	000003.SH	B股指数	-16.3663	32.7950
4	000010.SH	上证180	40.2219	102.2339
5	000016.SH	上证50	43.1774	102.4168
6	000017.SH	新综指	17.4028	65.2761
7	000300.SH	沪深300	49.2524	110.6103
8	000688.SH	科创50	39.8194	39.8194
9	000903.SH	中证100	52.9110	114.0162
10	000905.SH	中证500	17.4943	125.2807
11	399001.SZ	深证成指	45.9875	66.5843
12	399004.SZ	深证100R	103.4301	185.6741
13	399005.SZ	中小100	54.2859	132.4501
14	399006.SZ	创业板指	69.3463	355.4699
15	399008.SZ	中小300	32.9024	137.0330
16	399100.SZ	新指数	35.1078	193.9937
17	399101.SZ	中小综指	26.5304	195.2807
18	399102.SZ	创业板综	41.0733	405.5289
19	399106.SZ	深证综指	28.4913	191.9445
20	399107.SZ	深证A指	28.5334	191.9436
21	399108.SZ	深证B指	4.0877	107.0077
22	399293.SZ	创业大盘	110.9050	110.9050
23	399314.SZ	巨潮大盘	59.0806	130.5854
24	399315.SZ	巨潮中盘	24.8405	101.2296
25	399316.SZ	巨潮小盘	8.9830	130.5761
26	399344.SZ	深证300R	67.3199	165.4855
27	399372.SZ	大盘成长	87.5482	172.3317
28	399373.SZ	大盘价值	26.6318	124.8022
29	399374.SZ	中盘成长	47.5563	113.5980
30	399375.SZ	中盘价值	3.4001	89.0476
31	399376.SZ	小盘成长	9.6621	137.5473
32	399377.SZ	小盘价值	15.1817	121.9628
33	800000.EI	东方财富全A(沪深)	41.2772	149.6490
34	800001.EI	东方财富全A(非金融石油石化)	45.5478	185.4345

(续表)

序号	证券代码	证券名称	区间涨跌幅 [起始交易日期]2016-12-31 [截止交易日期]2021-12-31 [单位]%	区间涨跌幅 [起始交易日期]2011-12-31 [截止交易日期]2021-12-31 [单位]%
35	801001.SWI	申万50	91.4246	146.8831
36	801002.SWI	申万中小	17.7129	172.1113
37	801003.SWI	申万A指	27.4655	140.8513
38	801005.SWI	申万创业	37.7927	408.0686
39	801300.SWI	申万300	58.4138	114.4055
40	910073.EI	创新层做市	40.0231	206.4763
41	910074.EI	基础层做市	−41.2768	−18.7176
42	910075.EI	创新层竞价	123.4577	668.1395
43	910076.EI	创新层	79.9874	359.1720
44	CN2293.SZ	创业大盘全收益	104.1544	104.1544

数据来源：东方Choice

截至2022年5月，市场上跟踪上证指数的基金共有5只，跟踪深证成指的基金共有8只，跟踪上证50指数的基金共有30只，跟踪中证500指数的基金共有125只，跟踪沪深300指数的基金共有164只，跟踪创业板指数的基金共有近40只。从指数的回报率、稳定性、基金追捧程度考虑，我们重点关注沪深300指数和创业板指数这两类指数基金。

二、沪深300指数和创业板指数

沪深300指数由深圳证券交易所和上海证券交易所上市的300只成分股构成，代表了市场上“价值蓝筹”的优质核心资产。创业板指数由创业板上市的100只成分股构成，代表了股票市场“科技成长”的优质核心资产。

(一) 沪深300指数

选样方法：计算沪深股票最近一年的日均总市值、日均流通市值、日均流通股份数、日均成交金额和日均成交股份数五个指标，再将上述指标的比重按2∶2∶2∶2∶1进行加权平均，然后将计算结果从高到低排序，选取排名前300位的股票。由于个股的股价每天都在波动，所以个股和行业的权重每天也是动态的。截至2022年5月13日收盘沪深300指数行业权重的最新分布，如表22-2所示。

表22-2 沪深300指数行业权重分布

行业代码	行业名称	成分个数	总市值(亿元)	自由流通市值(亿元)	权重(%)	近1年涨跌幅(%)
801120.SWI	食品饮料(申万)	16	48,658.72	23,100.31	13.42	-20.04
801780.SWI	银行(申万)	22	94,007.42	22,614.28	13.29	-17.81
801790.SWI	非银金融(申万)	31	43,913.92	17,904.40	9.88	-22.46
801730.SWI	电力设备(申万)	17	30,369.10	18,076.18	9.40	10.50
801150.SWI	医药生物(申万)	37	30,146.14	15,914.47	8.70	-28.01
801080.SWI	电子(申万)	21	17,503.72	10,170.03	5.47	-17.09
801050.SWI	有色金属(申万)	10	10,990.66	6,022.48	3.36	-1.42
801110.SWI	家用电器(申万)	6	10,010.03	5,963.79	3.16	-27.15
801750.SWI	计算机(申万)	13	9,426.42	5,220.85	3.05	-22.89
801880.SWI	汽车(申万)	11	18,604.36	6,143.20	3.04	-4.08
801160.SWI	公用事业(申万)	8	13,424.22	5,183.16	2.88	5.74
801170.SWI	交通运输(申万)	11	14,324.31	5,002.10	2.81	-3.59
801180.SWI	房地产(申万)	8	7,751.19	3,942.33	2.34	-11.40
801720.SWI	建筑装饰(申万)	7	9,808.95	3,793.91	2.22	11.44
801890.SWI	机械设备(申万)	8	6,352.32	3,773.48	2.07	-13.37
801010.SWI	农林牧渔(申万)	6	7,997.39	3,208.35	1.95	-16.73
801030.SWI	基础化工(申万)	9	6,908.00	3,094.76	1.66	3.25
Others	其他	12	10,634.06	3,257.47	1.65	
801710.SWI	建筑材料(申万)	5	4,572.17	2,502.30	1.42	-18.07
801960.SWI	石油石化(申万)	7	19,328.92	2,464.92	1.33	-4.24
801740.SWI	国防军工(申万)	8	6,008.60	2,501.56	1.29	-1.01
801200.SWI	商业贸易(申万)	4	4,427.06	2,108.57	1.22	-15.22
801950.SWI	煤炭(申万)	3	8,996.06	1,841.39	1.06	29.19
801770.SWI	通信(申万)	4	6,377.84	1,837.74	1.05	-4.98
801760.SWI	传媒(申万)	5	2,577.48	1,498.30	0.81	-24.61
801040.SWI	钢铁(申万)	3	3,069.69	1,137.27	0.65	-20.75
801210.SWI	社会服务(申万)	3	1,089.53	519.25	0.29	-32.28
801140.SWI	轻工制造(申万)	3	2,048.17	511.68	0.28	-20.21
801980.SWI	美容护理(申万)	2	1,260.73	455.09	0.27	-37.14

数据来源：东方Choice

从表22-2可以看到，截止到2022年5月13日收盘，按照申万行业划分，沪深300指数一共涉及29个一级行业，其中权重最大的前10大行业分别是：食品饮料13.42%、银行13.29%、非银金融9.88%、电力设备9.40%、医药生物8.70%、电子5.47%、有色金属3.36%、家用电器3.16%、计算机3.05%和汽车3.04%。

在资本市场，大家比较熟悉的贵州茅台等白酒企业属于食品饮料，证券保险都属于非银金融，光伏、风电、锂电池等新能源行业都属于电力设备，疫苗、药物、医疗设备等都属于医药生物，半导体和苹果产业链的供应商都属于电子，金、铜、铝、镍、钴、锂、稀土等都属于有色金属，白色家电、黑色家电、厨房小家电、扫地机器人等都属于家用电器，服务器、电脑、软件、操作系统、语音识别、视频识别等都属于计算机，整车制造、发动机、轮胎、玻璃、自动驾驶等都属于汽车。这些行业也都是近几年“概念”较多、在资本市场比较受关注的热点行业。

截止到2022年5月13日收盘，沪深300指数排名前20的权重成分股大多都是资本市场机构和个人投资者关注的热点。需要再次说明的是由于股价的波动，成分股的市值、权重等都会波动，所以这个数据每天都会有所不同，但大体保持稳定，如表22-3所示。

表22-3　沪深300指数权重成分股前20

排序	证券代码	证券简称	权重(%)	总市值(亿元)	自由流通市值(亿元)	申万一级行业	纳入日期
1	600519.SH	贵州茅台	6.52	22,338.21	11,169.11	食品饮料	2005-04-08
2	300750.SZ	宁德时代	3.07	9,668.37	5,801.02	电力设备	2021-12-13
3	600036.SH	招商银行	2.78	9,369.17	4,598.19	银行	2005-04-08
4	601318.SH	中国平安	2.68	8,035.99	4,762.04	非银金融	2007-03-15
5	000858.SZ	五粮液	1.82	6,091.80	3,045.90	食品饮料	2005-04-08
6	601166.SH	兴业银行	1.73	4,102.90	2,872.03	银行	2007-02-26
7	601012.SH	隆基股份	1.58	3,776.08	3,020.86	电力设备	2017-12-11
8	600900.SH	长江电力	1.48	5,282.93	2,641.47	公用事业	2005-04-08
9	000333.SZ	美的集团	1.47	3,989.02	2,786.89	家用电器	2013-09-18
10	300059.SZ	东方财富	1.26	2,977.15	2,381.72	非银金融	2015-06-15
11	603259.SH	药明康德	1.20	2,982.22	2,069.05	医药生物	2018-12-17
12	002594.SZ	比亚迪	1.19	7,862.41	2,448.47	汽车	2012-01-04
13	600887.SH	伊利股份	1.10	2,460.85	1,968.68	食品饮料	2011-01-04
14	002415.SZ	海康威视	1.08	3,026.17	1,497.46	计算机	2011-01-04
15	600030.SH	中信证券	1.04	2,858.88	1,889.76	非银金融	2005-04-08
16	601888.SH	中国中免	1.00	3,377.78	1,688.89	商贸零售	2010-07-01
17	601398.SH	工商银行	0.95	16,751.09	1,647.33	银行	2006-11-10
18	000568.SZ	泸州老窖	0.89	3,010.19	1,498.08	食品饮料	2005-04-08
19	601899.SH	紫金矿业	0.88	2,509.18	1,373.77	有色金属	2009-01-05
20	300760.SZ	迈瑞医疗	0.88	3,704.01	1,485.57	医药生物	2021-12-13

数据来源：东方Choice

截止到2022年5月13日收盘，沪深300指数前10大权重股合计权重占比24%，前5大权重股合计权重占比16.34%，其中贵州茅台一家公司的权重占比6.52%。在前

20大权重成分股中，有3家创业板上市公司，即宁德时代、东方财富、迈瑞医疗，这也反映了沪深300指数逐渐开始吸纳科技成长的龙头企业，以此提高指数的活力。对于大多数散户投资者来说，在做个股选择的时候，也可以关注沪深300指数的权重股，一般来说它们都是所在行业比较稳健的优质核心资产。

沪深300指数依据样本稳定性和动态跟踪相结合的原则，每半年审核调整一次成分股。中证指数专家委员会一般在每年的6月及12月的中上旬审核沪深300指数，定期调整指数样本。每次调整比例一般不超过10%，也就是不超过30只股票。沪深300指数最近两年成分股调整，如图22-1所示。

日期	数量	总市值(亿元)	纳入/剔除
2021-12-13	28	11,328.58	剔除
2021-12-13	28	56,109.40	纳入
2021-06-15	25	20,486.57	纳入
2021-06-15	25	7,005.91	剔除
2020-12-14	26	20,133.80	纳入
2020-12-14	26	8,243.75	剔除
2020-06-15	21	4,713.99	剔除
2020-06-15	21	20,050.21	纳入
2019-12-16	16	3,747.77	剔除
2019-12-16	16	8,879.40	纳入

图22-1　沪深300指数最近两年成分股调整

数据来源：东方Choice

从图22-1可以看到，沪深300指数为了保持指数的生命力，成分股的调整频率和幅度还是蛮大的，2019年以来，每次剔除和纳入的成分股数量不断增加。当前的第2大权重成分股宁德时代、第20大权重成分股迈瑞医疗都是2021年12月新纳入的。在5年前，金融地产类的股票曾经一度占沪深300指数权重的35%以上。

(二) 创业板指数

选样方法：创业板指数从创业板股票中选取100只成分股，以反映创业板市场的运行情况。具体参考创业板股票最近半年时间日均流通市值和平均成交金额占全部创业板股票的比重，再将这个比重按照流通市值和成交额2∶1的权重加权平均，最后排序选出。截至2022年5月13日收盘创业板指数行业权重分布，如图22-2所示。

序号	行业代码	行业名称	成分个数	总市值(亿元)	自由流通市值(亿元)	权重(%)	近1年涨跌幅(%)
1	801730.SWI	电力设备(申万)	16	17,469.27	10,392.48	31.95	12.44
2	801150.SWI	医药生物(申万)	26	14,037.64	7,380.78	24.41	-28.69
3	801080.SWI	电子(申万)	14	4,528.12	2,726.60	9.06	-16.19
4	801790.SWI	非银金融(申万)	2	3,130.35	2,458.32	8.88	-21.91
5	801890.SWI	机械设备(申万)	5	2,154.47	1,365.52	4.65	-12.69
6	801750.SWI	计算机(申万)	10	2,235.02	1,339.20	4.42	-22.31
7	801010.SWI	农林牧渔(申万)	2	3,510.15	979.43	4.26	-15.29
8	801980.SWI	美容护理(申万)	3	2,048.63	565.40	2.23	-37.28
9	801760.SWI	传媒(申万)	4	1,176.25	626.21	1.92	-24.18
10	801210.SWI	社会服务(申万)	2	660.67	533.36	1.80	-30.94
11	801770.SWI	通信(申万)	3	1,051.04	549.16	1.78	-4.89
12	801740.SWI	国防军工(申万)	4	969.18	504.98	1.47	-1.05
13	801030.SWI	基础化工(申万)	2	477.38	299.35	1.01	5.10
14	801120.SWI	食品饮料(申万)	3	548.82	232.39	0.82	-20.11
15	801050.SWI	有色金属(申万)	2	398.23	214.33	0.77	3.12
16	801970.SWI	环保(申万)	1	174.32	104.88	0.33	-7.95
17	801130.SWI	纺织服饰(申万)	1	888.55	62.20	0.22	-15.76

图22-2　创业板指数行业权重分布

数据来源：东方Choice

通过对比可以发现，由于创业板的“高科技、高成长”特征，再加上成分股的数量只有100只，创业板指数的成分股只涉及17个行业，这和沪深300指数涉及29个行业相比，更加聚焦了。截至2022年5月13日，权重明显更大的前4个行业分别是：电力设备(31.95%)、医药生物(24.41%)、电子(9.06%)和非银金融(8.88%)。这4个行业权重占比74.3%，意味着这4个行业指数的上涨和下跌会较大程度地影响到创业板指数的走势。另外，截至2022年5月13日，创业板指数涉及的17个行业中，最近一年行业指数上涨的只有3个行业，分别是电力设备、基础化工和有色金属。

从沪深300指数和创业板指数行业权重分布可以发现，当前电力设备、医药生物和电子这3个行业都是这两个指数的权重行业，这意味着分析市场下一步的走势时一定要明白这3个行业的大致方向，因为它们直接影响沪深300指数和创业板指数的下一步走势、影响着相关联指数基金未来的收益，而这些指数基金的规模超过2500亿元。

除了行业分布之外，也许您更关心创业板指数到底由哪些权重成分股构成。同样，由于股价的波动，和沪深300指数一样，创业板指数成分股的权重比例也是动态的。我们来看一下截至2022年5月13日创业板指数前20大权重股及其行业划分，如图22-3所示。

创业板指数权重相比沪深300指数明显更加集中，截至2022年5月13日，宁德时代和东方财富两家公司占了全部成分股权重的25%以上，其中宁德时代的权重更是占比17.29%。前10大权重成分股占全部权重的51.48%，前20大权重成分股占创业板全部权重的64.76%，排名靠前的成分股主要分布在电力设备、医药生物和电子这3个行业领域，其中电力设备行业的成分股主要是新能源概念的龙头企业。这些成分股和行业赛道如此集中，也反映了当下中国在科技创新领域最繁荣、最成熟的三大领域。

排序	证券代码	证券简称	收盘价	权重(%)	总市值(亿元)	自由流通市值(亿元)	申万一级行业	纳入日期
1	300750.SZ	宁德时代	414.80	17.29	9,668.37	5,801.02	电力设备	2018-10-08
2	300059.SZ	东方财富	22.53	8.62	2,977.15	2,381.72	非银金融	2010-06-01
3	300760.SZ	迈瑞医疗	305.50	4.78	3,704.01	1,485.57	医药生物	2019-01-02
4	300124.SZ	汇川技术	56.50	3.65	1,489.50	1,038.48	机械设备	2011-04-01
5	300498.SZ	温氏股份	17.74	3.27	1,126.81	788.77	农林牧渔	2015-11-23
6	300142.SZ	沃森生物	51.44	3.11	823.85	805.65	医药生物	2011-04-01
7	300015.SZ	爱尔眼科	35.45	3.01	1,921.98	958.23	医药生物	2010-06-01
8	300014.SZ	亿纬锂能	73.70	3.00	1,399.41	835.08	电力设备	2016-07-01
9	300122.SZ	智飞生物	98.75	2.52	1,580.00	790.00	医药生物	2011-04-01
10	300274.SZ	阳光电源	71.50	2.23	1,061.93	743.35	电力设备	2012-04-05
11	300347.SZ	泰格医药	88.40	1.72	771.24	463.69	医药生物	2013-10-08
12	300450.SZ	先导智能	47.23	1.61	738.57	517.45	电力设备	2017-04-05
13	300896.SZ	爱美客	469.00	1.55	1,014.73	405.89	美容护理	2021-06-15
14	300661.SZ	圣邦股份	288.11	1.45	682.13	476.00	电子	2019-12-16
15	300782.SZ	卓胜微	192.60	1.39	642.50	449.71	电子	2020-06-15
16	300408.SZ	三环集团	28.42	1.19	544.67	326.80	电子	2015-07-01
17	300012.SZ	华测检测	20.66	1.13	347.16	345.26	社会服务	2019-01-02
18	300759.SZ	康龙化成	114.62	1.10	910.29	302.67	医药生物	2019-12-16
19	300316.SZ	晶盛机电	52.30	1.09	672.83	336.17	电力设备	2017-10-09
20	300496.SZ	中科创达	102.03	1.05	433.69	346.94	计算机	2016-07-01

图22-3　创业板指数权重成分股前20

数据来源：东方Choice

创业板指数每半年调整一次，通常在每年6月、12月中旬公布调整结果。每次成分股调整数量不超过样本总数的10%，即不超过10只股票。创业板指数2019年四季度以来的调整记录，如图22-4所示。

日期	数量	总市值(亿元)	纳入/剔除
2021-12-13	10	1,308.15	剔除
2021-12-13	10	5,663.91	纳入
2021-06-15	10	981.13	剔除
2021-06-15	10	5,073.38	纳入
2020-12-14	6	5,631.64	纳入
2020-12-14	6	680.78	剔除
2020-06-15	6	1,917.36	纳入
2020-06-15	6	462.84	剔除
2019-12-16	10	760.81	剔除
2019-12-16	10	2,034.88	纳入

图22-4　创业板指数2019年四季度以来的成分股调整

数据来源：东方Choice

三、优化指数基金，跑赢股票业绩

进入资本市场的朋友，面对几千只股票，如果不认真做功课，是不知道如何下手的。根据此前的内容，读者朋友们已经知道，长周期看，散户的投资业绩普遍是跑输市场的。有没有一种方法能够帮助大部分没有经济、金融学知识背景，没有时间精力研究的散户朋友在市场中找到一种胜率更高的投资办法呢？

答案是肯定的，选择指数基金，并且增加一些简单的策略后，您大概率可以长周期轻松跑赢70%的股票业绩，跑赢绝大多数散户股票投资者，甚至跑赢一半左右的基金经理！

(一) 沪深300指数和创业板指数的业绩表现

投资指数基金和股票的一个不同点在于前者通常是中长期投资的策略，尤其适合定投；而后者一般是遵守及时“止损止盈”的策略。由于短期个股和市场波动都比较大，我们比较指数基金和股票的业绩不能只看一个月、三个月或者半年的短期表现，这样看到的很多都是杂音，而是要看更长的周期，如3年、5年，甚至10年。随着时间的拉长，权益投资的时间复利才会愈加明显。

购买指数基金的业绩和指数的走势是拟合的，所以我们这里就直接对比沪深300指数、创业板指数在不同的周期里和沪深全部A股个股的涨跌幅情况，以直观地反映购买沪深300指数和创业板指数基金能跑赢多少个股的表现。这一系列数据非常有趣，对我们的投资策略也非常有启发意义。

1. 3年周期：多少个股跑赢沪深300指数和创业板指数

首先，我们来看一下2019—2021年这3年时间沪深300指数和创业板指数的走势。这3年时间伴随着中国资本市场的一系列大刀阔斧的改革，其中包括2019年科创板成立、证券法修改。2020年新的证券法开始实施、创业板全面注册制改革，2021年北交所成立。除此之外，这3年时间，我国的国际、国内发展环境发生了翻天覆地的变化。2019—2021年沪深300指数和创业板指数走势，如图22-5所示。

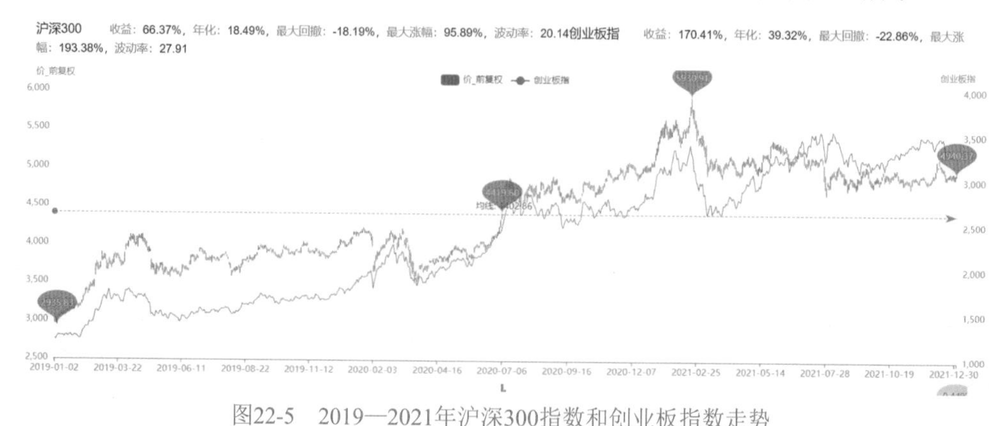

图22-5　2019—2021年沪深300指数和创业板指数走势

数据来源：Wind、乌龟量化

2019—2021年这3年时间，沪深300指数(红线)累计涨幅66.37%，创业板指数(蓝线)累计涨幅170.41%。整体来看，这3年沪深300指数和创业板指数所代表的沪深A股的表现在全球主流资本市场中都是出色的，其中创业板指数更是领涨全球主要股市指数。

当然，指数上涨的背后一定是个股上涨的推动，那么这3年时间，又有多少沪深A股能够跑赢沪深300指数和创业板指数的表现呢？通过Wind、东方Choice和同花顺数据库都可以查到具体的数据。我们这里仍然参考东方Choice的数据，2019—2021年沪深A股涨幅跑赢沪深300指数数量，如图22-6所示；2019—2021年沪深A股涨幅跑赢创业板指数数量，如图22-7所示。

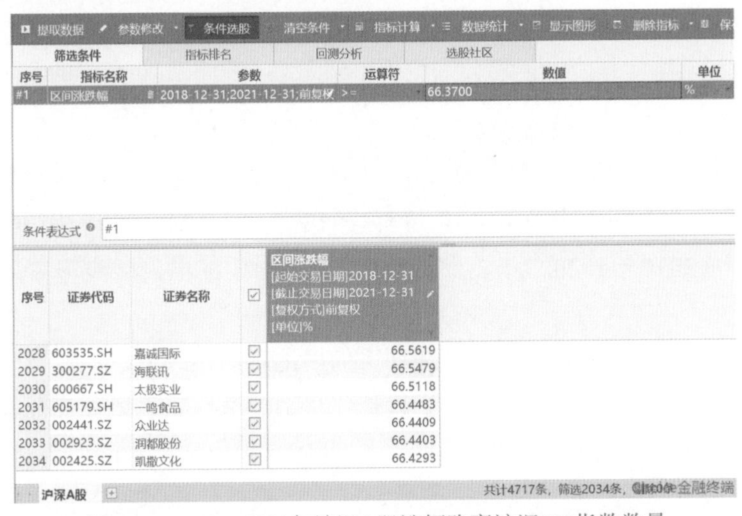

序号	证券代码	证券名称	区间涨跌幅 [起始交易日期]2018-12-31 [截止交易日期]2021-12-31 [复权方式]前复权 [单位]%
2028	603535.SH	嘉诚国际	66.5619
2029	300277.SZ	海联讯	66.5479
2030	600667.SH	太极实业	66.5118
2031	605179.SH	一鸣食品	66.4483
2032	002441.SZ	众业达	66.4409
2033	002923.SZ	润都股份	66.4403
2034	002425.SZ	凯撒文化	66.4293

图22-6　2019—2021年沪深A股涨幅跑赢沪深300指数数量

数据来源：东方Choice

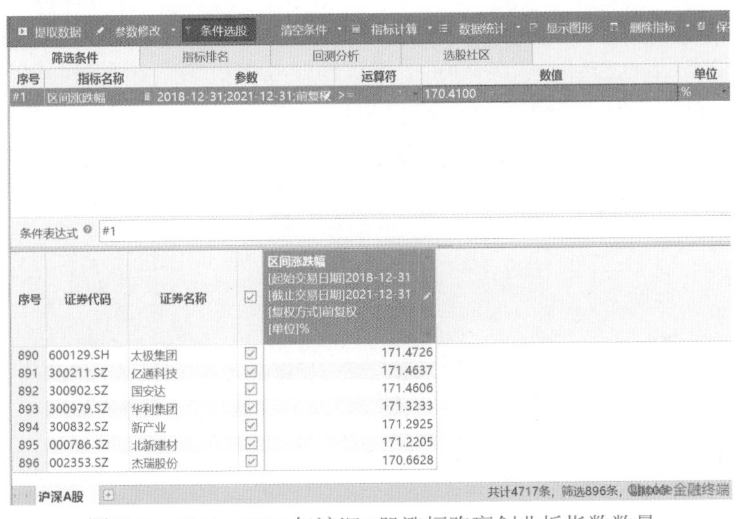

序号	证券代码	证券名称	区间涨跌幅 [起始交易日期]2018-12-31 [截止交易日期]2021-12-31 [复权方式]前复权 [单位]%
890	600129.SH	太极集团	171.4726
891	300211.SZ	亿通科技	171.4637
892	300902.SZ	国安达	171.4606
893	300979.SZ	华利集团	171.3233
894	300832.SZ	新产业	171.2925
895	000786.SZ	北新建材	171.2205
896	002353.SZ	杰瑞股份	170.6628

图22-7　2019—2021年沪深A股涨幅跑赢创业板指数数量

数据来源：东方Choice

从东方Choice数据可以看到，在2018年12月31日—2021年12月31日这3年时间，沪深全部A股一共有4600家上市公司(从2021年12月31日到2022年5月13日又有117家公司上市，但不纳入统计)，其中2034家上市公司股票的涨幅跑赢沪深300指数，896家上市公司的股票涨幅跑赢创业板指数，分别占比44.22%和19.48%。这组实证统计数据意味着在2019—2021年这3年时间，沪深300指数和创业板指数跑赢了55.78%和80.52%的个股的表现。

以上实证分析意味着，如果选择沪深300指数或者创业板指数的基金，在3年时间里，您就会告别每天盯盘、频繁交易和大幅波动的焦虑，您也不需要研究那些晦涩难懂的公司基本面报告，但您分别跑赢了55.78%、80.52%的个股的表现！

2. 5年周期：多少个股跑赢沪深300指数和创业板指数

也许有的朋友会问，是不是因为这3年时间正逢股市的牛市行情，所以购买沪深300指数基金和创业板指数基金业绩才更加出色呢？我们下边看一下在更长的5年周期里，从2017年到2021年，沪深300指数和创业板指数又能跑赢多少个股的表现。

2017年4月我国开始实施历史上最严厉的房地产调控政策，一线城市房价先后回落；7月五年一度的全国金融工作会议把“房地产泡沫”“债务杠杆率”和“影子银行”作为重点治理的三只“灰犀牛”，开始收紧信贷；从2018年3月开始中美贸易摩擦愈演愈烈，一年三度加征关税，同时在高科技领域，中兴、华为等科技龙头企业被纷纷纳入美国制裁的实体清单，这给国内高科技企业带来了持续压力。2017年的股票市场是一个分化的市场，2018年大盘主要指数的跌幅创造了2012年以来的10年纪录，意味着2018年成了2012—2021年这10年的最大熊市。下边我们看一下在2017—2021年这5年时间沪深300指数和创业板指数的累计业绩。2017—2021年沪深300指数和创业板指数走势，如图22-8所示。

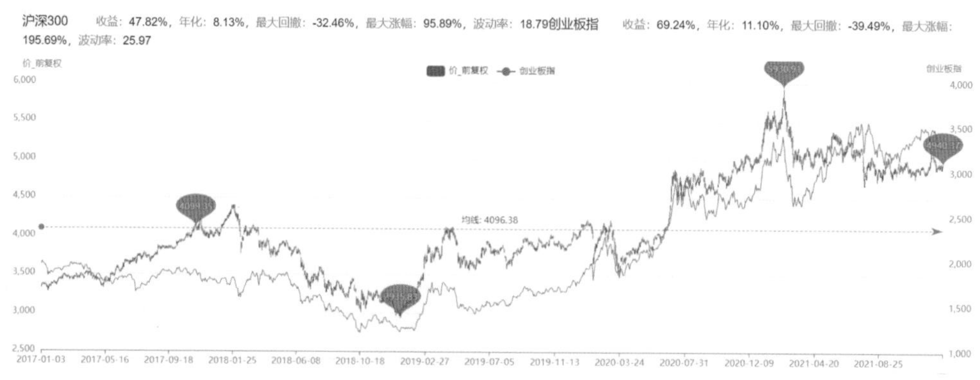

图22-8　2017—2021年沪深300指数和创业板指数走势

数据来源：Wind、乌龟量化

从图22-8可以看到，2017—2021年这5年时间，沪深300指数(红线)和创业板指数(蓝线)分别累计上涨47.82%和69.24%，由于2017年的市场分化和2018年的大熊市，最近5年的累计涨幅甚至还不及2019—2021年这3年的涨幅，这也反映了股市的高波动性风险。

通过东方Choice数据，我们可以查阅2017—2021年这5年周期里A股市场有多少股票能够跑赢沪深300指数和创业板指数。2017—2021年沪深A股涨幅跑赢沪深300指数数量，如图22-9所示；2017—2021年沪深A股涨幅跑赢创业板指数数量，如图22-10所示。

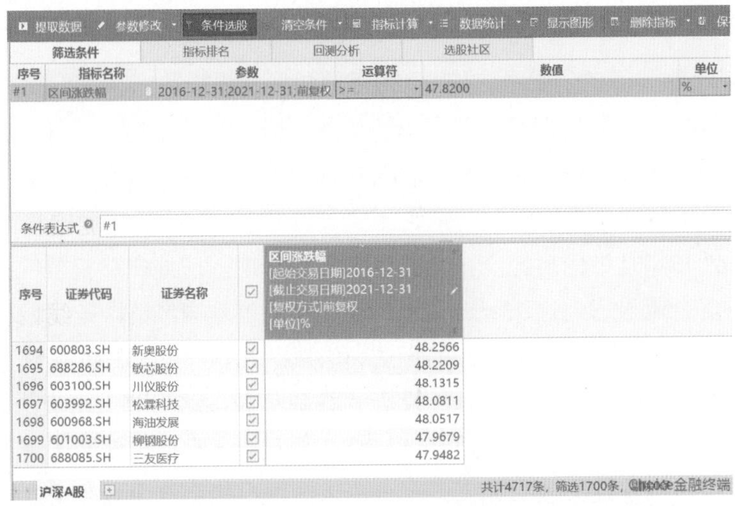

图22-9 2017—2021年沪深A股涨幅跑赢沪深300指数数量

数据来源：东方Choice

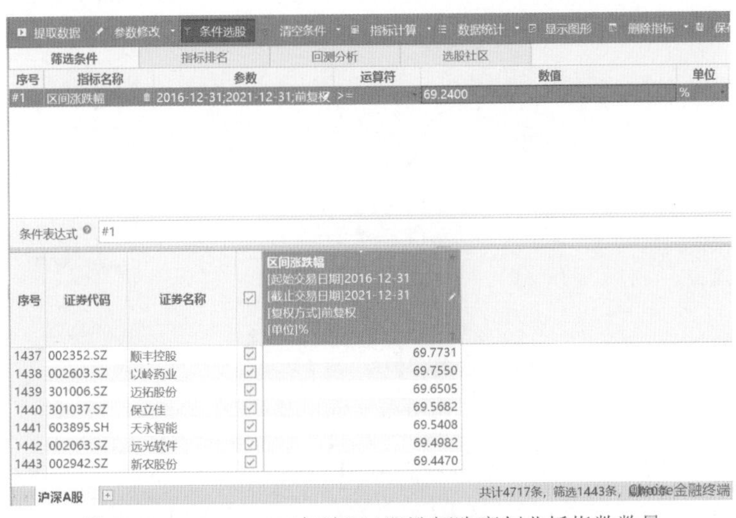

图22-10 2017—2021年沪深A股涨幅跑赢创业板指数数量

数据来源：东方Choice

根据东方Choice数据，2017—2021年这5年时间，沪深A股一共有4600家上市公司，其中有1700家公司的股价跑赢沪深300指数，1443家公司的股价跑赢创业板指数，分别占全部沪深A股上市公司总数的36.96%和31.37%。反过来，可以看出在这5年周期里，沪深300指数和创业板指数分别跑赢了63.07%和68.63%的上市公司的股价的表现。

用5年时间来看A股市场走势，无论个股还是大盘指数，波动都是波澜壮阔，对于个人投资者来说几乎无法在这种市场行情中驾驭个股赚钱，但即使面对如此过山车式的行情，如果购买沪深300指数或者创业板指数的基金，您仍然可以不动声色地跑赢60%～70%的个股的表现。

3. 10年周期：多少个股跑赢沪深300指数和创业板指数

也许在3年、5年的周期里，某一年的特殊行情或者新股集中发行都会给实证分析的结果带来干扰，我们接着看在更长的10年周期里大盘指数和个股之间的关系，这背后所反映的规律也有更深刻的意义。

2012—2017年是中国房地产市场如日中天的时期，房地产财富效应持续发酵，社会上大量资金流入房地产领域。其中，2015年为了刺激经济，购房门槛降低、房贷利率下降，国家重新鼓励房地产的投资和消费；2014年和2016年，沪港通和深港通分别把内地A股市场和香港的海外投资者联系起来，这为北上资金进入A股市场提供了便捷的通道。2014年四季度到2015年二季度，A股市场创造了最近10年最大的牛市，上证指数曾经突破5100点，至今仍未能再次接近这个水平。2012—2021年沪深300指数和创业板指数走势，如图22-11所示。

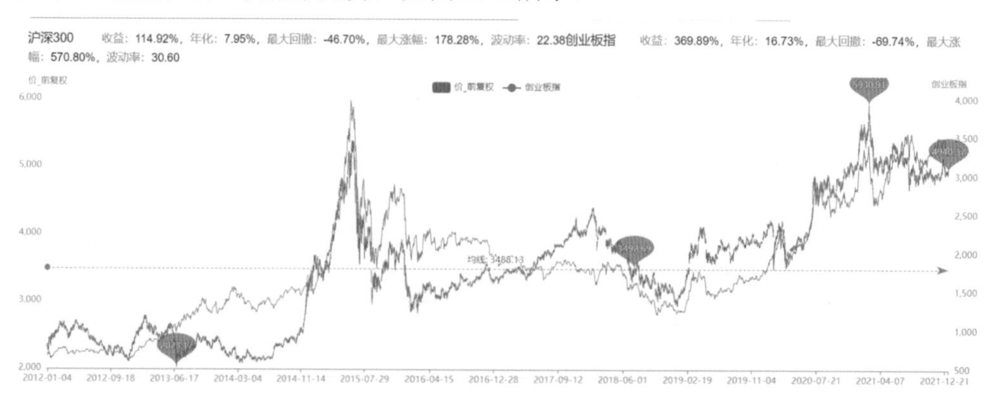

图22-11 2012—2021年沪深300指数和创业板指数走势

数据来源：Wind、乌龟量化

在2012—2021年的10年周期里，沪深300指数(红线)累计涨幅114.92%，创业板指数(蓝线)累计涨幅369.89%。沪深300指数和创业板指数的涨幅如果折算成年化涨幅，则分别达到7.95%和16.73%，这个涨幅放在全球市场对比也是出色的。在10年的长周期里，A股市场又有多少公司的股价涨幅能够跑赢沪深300指数和创业板指数呢？2012—2021年沪深A股涨幅跑赢沪深300指数数量，如图22-12所示；2012—2021年沪深A股涨幅跑赢创业板指数数量，如图22-13所示。

图22-12　2012—2021年沪深A股涨幅跑赢沪深300指数数量

数据来源：东方Choice

图22-13　2012—2021年沪深A股涨幅跑赢创业板指数数量

数据来源：东方Choice

根据东方Choice数据，2012—2021年沪深A股一共有4600家上市公司，其中2128家上市公司前复权股价累计涨幅跑赢沪深300指数的114.92%，735家上市公司的前复权股价累计涨幅跑赢创业板指数的369.89%，占全部上市公司数量的比例分别为46.26%和15.98%。这意味着在10年周期里，经历了各种经济、政策、产业、企业等周期的风火考验，沪深300指数和创业板指数的累计涨幅分别跑赢了53.74%和84.02%的个股的表现。

影响资本市场走势的短期因素太多了，再加上黑天鹅事件频频来袭，市场的短期波动非常大。但在一个更长的周期里，可以更清楚地看到资本市场所创造的时间复利还是很明显的，我们不要轻易用短期的波动来否定资本市场创造财富的能力。但对于大量中产家庭来说，类似于沪深300指数和创业板指数的指数基金也许是更轻松、更智慧的选择。

4. 每年观察：沪深300指数和创业板指数常常更出色

实际上，沪深300指数和创业板指数在以上3年、5年和10年的周期里均表现为跑赢大多数个股的表现并非偶然事件，因为在以年度为周期的统计中，多数年份沪深300指数和创业板指数都能够跑赢大多数股票的表现。

我们先介绍一个新的指标：“欧奈尔信号”。它又称“股价相对强度指标”，通常用“RPS”表示，指在一段时间内，个股涨幅在全部股票涨幅排名中的位次值，用百分位表示。如果RPS=80，意味着观察样本在这一段时间跑赢了80%的股票的涨幅；如果RPS=100，则意味着在确定的时间内观察样本跑赢了所有股票的涨幅。下面我们看一下沪深300指数和创业板指数在最近10年内每年各自的RPS值是多少。2012—2021年沪深300指数和创业板指数的年度表现，如图22-14所示。

区间	收益		RPS		波动率	
	沪深300指数(%)	创业板指数(%)	沪深300指数	创业板指数	沪深300指数	创业板指数
2022	-19.27	-29.03	57.83	32.60	24.03	33.07
2021	-5.20	+12.02	32.06	55.29	18.26	27.26
2020	+27.21	+64.96	71.60	86.11	22.44	30.82
2019	+36.07	+43.79	70.08	75.11	19.42	25.56
2018	-25.31	-28.65	67.90	60.92	21.04	27.45
2017	+21.78	-10.67	79.65	55.94	9.95	16.27
2016	-11.28	-27.71	52.39	20.68	22.05	33.65
2015	+5.58	+84.41	12.13	62.49	39.02	49.92
2014	+51.66	+12.83	63.13	20.02	18.80	24.70
2013	-7.65	+82.73	23.24	89.34	21.81	31.07
2012	+7.55	-2.14	67.13	50.65	19.93	27.62

图22-14　2012—2021年沪深300指数和创业板指数的年度表现

数据来源：Wind、乌龟量化

从以上2012—2021年的年度RPS指标可以看出，沪深300指数分别在2012年、2014年、2016年、2017年、2018年、2019年、2020年跑赢多数沪深股票的股价表现，创业板指数分别在2012年、2013年、2015年、2017年、2018年、2019年、2020年、2021年跑赢多数沪深股票的股价表现。在10年时间内，沪深300指数和创业板指数分别有7个年度、8个年度跑赢多数个股的年度涨幅，从这个数据来看，其跑赢大多数个股的表现是一个大概率事件。

(二) 优化指数策略，跑赢大多数股票和基金

通过以上实证分析，也许您现在已经决定拥抱沪深300指数和创业板指数的基金了，但最终决策的时候，到底买哪个指数的基金呢？

沪深300指数代表的是“价值蓝筹”股，创业板指数代表的是“科技成长”股，从以上年度的表现您也会发现，并非每一个年度这两个指数的表现都同步跑赢大多数股票，甚至有时候更像是互补。这意味着如果您选择了沪深300指数或者创业板指数基金，有可能某一年的市场风格切换比较突兀，则您选择的指数基金是有可能跑输多数个股的。投资的最好策略并不是每一轮都赚得最多，而是首先要提高每一轮都能跑赢的概率，确定性对中产群体家庭更重要。

由于沪深300指数和创业板指数在风格上有互补的地方，在年度的业绩表现上也有一定的互补表现，对于大多数中产群体来说，更稳健的方案是这两个指数基金各买入一半，这样既提高了跑赢大多数股票的稳定性，又确保了回报率保持在相对较高的水平。我们下边来看一下模拟的效果到底怎么样。

1. 优化策略：3年业绩惊艳

根据此前的数据，在2019—2021年，沪深300指数累计涨幅66.37%，创业板指数累计涨幅170.41%。如果盯住沪深300指数和创业板指数的基金各买入资金额度的50%，则意味着3年的合计收益是118.39%。2019—2021年沪深A股涨幅跑赢沪深300指数和创业板指数组合策略数量，如图22-15所示。

从图22-15可以看到，在2019—2021年4600家沪深A股上市公司中，只有1317家公司个股的涨幅跑赢了沪深300指数和创业板指数的优化组合，占比28.62%，意味着沪深300指数和创业板指数基金的组合策略跑赢了71.38%的个股的表现。

提取数据　参数修改　条件选股　清空条件　指标计算　数据统计　显示图形　删除指标　保存

筛选条件　指标排名　回测分析　选股社区

序号	指标名称	参数	运算符	数值	单位
#1	区间涨跌幅	2018-12-31;2021-12-31;前复权	>=	118.3900	%

条件表达式　#1

序号	证券代码	证券名称	☑	区间涨跌幅 [起始交易日期]2018-12-31 [截止交易日期]2021-12-31 [复权方式]前复权 [单位]%
1311	688560.SH	明冠新材	☑	119.3366
1312	300828.SZ	锐新科技	☑	119.1012
1313	301068.SZ	大地海洋	☑	119.0987
1314	300567.SZ	精测电子	☑	118.9442
1315	600521.SH	华海药业	☑	118.9062
1316	600038.SH	中直股份	☑	118.9040
1317	300032.SZ	金龙机电	☑	118.6851

沪深A股　共计4717条，筛选1317条，Choice金融终端

图22-15　2019—2021年沪深A股涨幅跑赢沪深300指数和创业板指数组合策略数量

数据来源：东方Choice

根据天天基金网的数据，2018年12月31日到2021年12月31日，一共有2551只股票型基金、6497只混合型基金。沪深300指数和创业板指数的组合策略获得了118.39%的收益，跑赢了2098只股票型基金的业绩、跑赢了5203只混合型基金的业绩。如果折算成百分位会更容易理解，这意味着沪深300指数和创业板指数的组合指数基金跑赢了82.24%的同期公募股票型基金的业绩、跑赢了80.08%的混合型基金的业绩！这恐怕出乎了太多人的预料。

2. 优化策略：5年业绩出色

在2017—2021年的5年周期里，沪深300指数和创业板指数分别累计上涨47.82%和69.24%，如果盯住沪深300指数和创业板指数的指数基金各买入50%，则意味着组合策略5年的合计收益是58.53%。这个收益率能跑赢同期多少个股的表现呢？2017—2021年沪深A股涨幅跑赢沪深300指数和创业板指数组合策略数量，如图22-16所示。

在2017—2021年沪深A股共有4600家上市公司，根据东方Choice数据，其中能够跑赢沪深300指数和创业板指数组合策略业绩58.53%的共有1545只股票，占比33.59%。也就是说，沪深300指数和创业板指数的组合策略跑赢了66.41%的股票的表现。

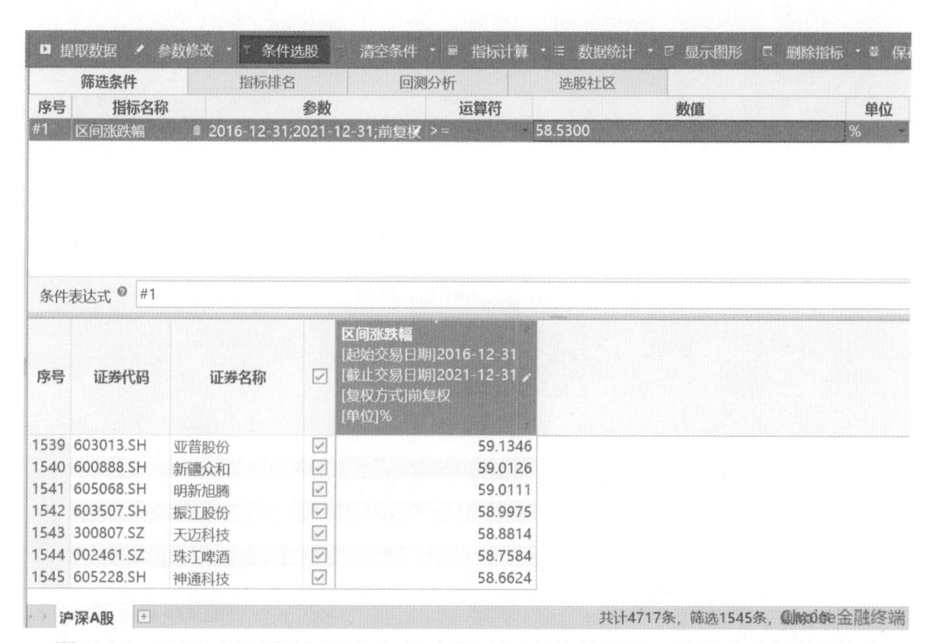

图22-16　2017—2021年沪深A股涨幅跑赢沪深300指数和创业板指数组合策略数量

数据来源：东方Choice

根据天天基金网的数据，从2016年12月31日到2021年12月31日，一共有2547只股票型公募基金、6444只混合型基金。沪深300指数和创业板指数组合策略58.53%的收益跑赢了1756只股票型基金的业绩、跑赢了4402只混合型基金的业绩，表现依然抢眼。这意味着您通过选择沪深300指数和创业板指数基金的优化组合策略，从容地战胜了同期68.94%的公募股票型基金经理和68.31%的混合型基金经理的业绩！

3. 优化策略：10年业绩领跑

在2012—2021年的10年周期里，沪深300指数累计涨幅114.92%，创业板指数累计涨幅369.89%。根据前边确定的优化组合策略，跟踪沪深300指数和创业板指数的指数基金各买入一半，则组合策略10年的收益是242.4%。

我们看一下在这个10年的长周期里，沪深300指数和创业板指数基金的优化组合策略能跑赢同期多少沪深两市个股的表现。2017—2021年沪深A股涨幅跑赢沪深300指数和创业板指数组合策略数量，如图22-17所示。

根据东方Choice数据，在2012—2021年10年间，沪深两市一共有1184只股票跑赢了242.4%的沪深300指数和创业板指数组合策略的收益，大约占其间上市公司数量(4600家)的25.74%。这意味您通过沪深300指数和创业板指数的优化组合策略，在这10年时间跑赢了74.26%的个股的表现。

图22-17　2012—2021年沪深A股涨幅跑赢沪深300指数和创业板指数组合策略数量

数据来源：东方Choice

同样，根据天天基金网的数据，在2011年12月31日—2021年12月31日期间，一共有2550只股票型基金、6478只混合型基金。沪深300指数和创业板指数组合策略的242.4%的收益跑赢了2462只股票型基金、跑赢了5973只混合型基金。这意味着通过沪深300指数和创业板指数的策略组合，在2012—2021年这10年间，跑赢了96.55%的股票型基金、跑赢了92.2%的混合型基金，业绩惊人！

4. 指数基金优化组合的奥妙

看似简单的各买入50%跟踪沪深300指数和创业板指数的指数基金组合策略，却取得了稳健、惊艳的业绩表现，在3年、5年和10年的周期里，不但稳定地跑赢了70%左右个股的表现，更是跑赢了大多数股票型基金和混合型基金经理的表现，这又是为什么呢？

其实，策略背后是对沪深300指数和创业板指数的成分股筛选、行业分布、成分股构成和成分股调整机理的深刻理解。我们知道，任何行业、任何公司的发展和经营都是有生命周期的，尤其是随着科技革命的加速、劳动生产率的快速提高，产品和企业的生命周期大幅缩短，大众投资者如果长期持有任何一只个股股票，最终都可能面对“过山车”，甚至是“扎猛子”的行情走势。但沪深300指数和创业板指数会根据流通市值和交易额的排名变化，每年两次不断更新成分股的构成，这样选择的权重成分股总体上始终交投活跃，保持在繁荣的周期里，这样构成的指数总是保持活力和成长性。所以，在一个长周期里，大多数个股由于生命周期的原因，很难跑赢沪深300指数和创业板指数基金的组合策略。

在具体操作的时候，还有进一步优化的空间，主要是通过有浮动的定投明显进一步提高长期的投资业绩。简要的方法是，当沪深300指数或者创业板指数的10年市盈率估值百分位低于30%的时候，每月在定投的基础上加倍，直到走出30%的估值百分位区间，恢复正常的定投；当沪深300指数或者创业板指数的10年市盈率估值百分位超过90%的时候，每月减仓10%，直到估值区间重新回落到90%以下，恢复正常的定投。

四、基金名录

为了方便读者参考，附上截至2022年5月13日，跟踪沪深300指数(表22-4)和创业板指数(表22-4)的指数基金名录，根据基金规模排名，正在筹备或者计划发行的“基金规模”一栏数据是“0”或者空白。

表22-4　跟踪沪深300指数的164只指数基金名录(根据基金规模排序)

序号	基金代码	基金名称	基金规模(亿元)	净值	管理费(%)	基金类型
1	510300.SH	华泰柏瑞沪深300ETF	447.38	3.9873	0.50	被动指数型
2	510330.SH	华夏沪深300ETF	227.83	3.9833	0.50	被动指数型
3	159919.SZ	嘉实沪深300ETF	176.13	3.9898	0.50	被动指数型
4	510310.SH	易方达沪深300发起式ETF	99.34	1.8584	0.15	被动指数型
5	160706.SZ	嘉实沪深300ETF联接(LOF)A	99.24	0.9869	0.50	被动指数型
6	515330.SH	天弘沪深300ETF	61.48	1.0475	0.50	被动指数型
7	100038.OF	富国沪深300指数增强A	58.08	1.7530	1.00	增强指数型
8	010854.OF	汇添富沪深300基本面增强指数A	53.71	0.6817	1.50	增强指数型
9	000311.OF	景顺长城沪深300指数增强A	46.85	2.2260	1.00	增强指数型
10	050002.OF	博时沪深300指数A	44.59	1.5728	0.98	被动指数型
11	005918.OF	天弘沪深300ETF联接C	41.75	1.1402	0.50	被动指数型
12	163407.SZ	兴全沪深300指数(LOF)A	40.07	2.1492	0.80	增强指数型
13	515380.SH	泰康沪深300ETF	39.76	4.1549	0.40	被动指数型
14	510350.SH	工银瑞信沪深300ETF	31.94	4.0934	0.45	被动指数型
15	000613.OF	国寿安保沪深300ETF联接	25.40	1.0758	0.50	被动指数型
16	000176.OF	嘉实沪深300指数研究增强	24.79	1.5292	1.00	增强指数型
17	510380.SH	国寿安保沪深300ETF	24.78	1.0751	0.50	被动指数型
18	000961.OF	天弘沪深300ETF联接A	24.61	1.2927	0.50	被动指数型
19	006131.OF	华泰柏瑞沪深300ETF联接C	20.72	0.9220	0.50	被动指数型
20	159925.SZ	南方沪深300ETF	17.21	1.9204	0.50	被动指数型

(续表)

序号	基金代码	基金名称	基金规模(亿元)	净值	管理费(%)	基金类型
21	160615.SZ	鹏华沪深300指数(LOF)A	17.16	1.6390	0.75	被动指数型
22	010736.OF	易方达沪深300指数增强A	15.83	0.7385	1.20	增强指数型
23	561300.SH	国泰沪深300增强策略ETF	15.78	0.7852	1.00	增强指数型
24	481009.OF	工银沪深300指数A	14.77	0.9766	0.50	被动指数型
25	001015.OF	华夏沪深300指数增强A	14.26	1.7520	1.00	增强指数型
26	510360.SH	广发沪深300ETF	14.16	1.3911	0.50	被动指数型
27	008592.OF	天弘沪深300指数增强A	12.32	1.1997	0.60	增强指数型
28	519300.OF	大成沪深300指数A	12.03	0.9644	0.75	被动指数型
29	007339.OF	易方达沪深300发起式ETF联接C	11.59	1.4620	0.15	被动指数型
30	110030.OF	易方达沪深300量化增强	11.11	2.6136	0.80	增强指数型
31	020011.OF	国泰沪深300指数A	10.73	0.8532	0.50	被动指数型
32	270010.OF	广发沪深300ETF联接A	10.59	1.9681	0.50	被动指数型
33	515390.SH	华安沪深300ETF	9.87	1.0569	0.15	被动指数型
34	006020.OF	广发沪深300指数增强A	9.57	1.4508	1.00	增强指数型
35	004788.OF	富荣沪深300指数增强A	9.39	1.7755	0.60	增强指数型
36	004789.OF	富荣沪深300指数增强C	9.37	1.7673	0.60	增强指数型
37	002385.OF	博时沪深300指数C	9.03	1.5534	0.98	被动指数型
38	519116.OF	浦银安盛沪深300指数增强	8.00	1.1920	1.00	增强指数型
39	000312.OF	华安沪深300增强A	7.92	2.0555	1.00	增强指数型
40	002670.OF	万家沪深300指数增强A	7.66	1.3304	1.00	增强指数型
41	510390.SH	平安沪深300ETF	7.39	4.0261	0.50	被动指数型
42	310318.OF	申万菱信沪深300指数增强A	6.73	3.0744	1.00	增强指数型
43	008593.OF	天弘沪深300指数增强C	6.62	1.1912	0.60	增强指数型
44	000313.OF	华安沪深300增强C	6.26	1.9571	1.00	增强指数型
45	200002.OF	长城久泰沪深300指数A	6.01	2.0177	0.98	增强指数型
46	515660.SH	国联安沪深300ETF	5.84	4.4220	0.30	被动指数型
47	006912.OF	长城久泰沪深300指数C	5.48	1.2815	0.98	增强指数型
48	007538.OF	永赢沪深300A	5.47	1.2632	0.15	被动指数型
49	005658.OF	华夏沪深300ETF联接C	5.44	1.3606	0.50	被动指数型
50	003876.OF	华宝沪深300增强A	5.11	1.6931	1.00	增强指数型
51	673100.OF	西部利得沪深300指数增强A	5.05	1.6559	0.80	增强指数型
52	007143.OF	国投瑞银沪深300指数量化增强A	5.02	1.3365	1.00	增强指数型
53	561990.SH	招商沪深300增强策略ETF	4.99	0.7991	0.50	增强指数型
54	162213.OF	泰达宏利沪深300指数增强A	4.75	1.9055	0.65	增强指数型
55	005103.OF	工银沪深300ETF联接C	4.63	0.8307	0.45	被动指数型
56	460300.OF	华泰柏瑞沪深300ETF联接A	4.56	0.9322	0.50	被动指数型
57	660008.OF	农银沪深300指数A	4.44	1.4447	0.60	被动指数型

(续表)

序号	基金代码	基金名称	基金规模(亿元)	净值	管理费(%)	基金类型
58	165309.SZ	建信沪深300指数(LOF)	4.26	1.5017	0.75	被动指数型
59	166802.SZ	浙商沪深300指数增强(LOF)A	4.25	1.7427	0.50	增强指数型
60	008390.OF	国联安沪深300ETF联接A	4.25	1.0969	0.20	被动指数型
61	001016.OF	华夏沪深300指数增强C	4.19	1.6890	1.00	增强指数型
62	006600.OF	人保沪深300指数	4.16	1.2908	0.45	被动指数型
63	010737.OF	易方达沪深300指数增强C	4.01	0.7354	1.20	增强指数型
64	450008.OF	国富沪深300指数增强	3.97	1.4580	0.85	增强指数型
65	005530.OF	汇添富沪深300指数增强A	3.97	1.4484	0.80	增强指数型
66	673101.OF	西部利得沪深300指数增强C	3.62	1.6379	0.80	增强指数型
67	005870.OF	鹏华沪深300指数增强	3.53	1.2844	1.00	增强指数型
68	005640.OF	平安300ETF联接C	3.40	1.1253	0.50	被动指数型
69	004190.OF	招商沪深300指数A	3.21	1.4499	1.20	增强指数型
70	006021.OF	广发沪深300指数增强C	3.19	1.4303	1.00	增强指数型
71	010855.OF	汇添富沪深300基本面增强指数C	3.17	0.6746	1.50	增强指数型
72	007144.OF	国投瑞银沪深300指数量化增强C	3.17	1.3207	1.00	增强指数型
73	013291.OF	富国沪深300指数增强C	3.14	1.7510	1.00	增强指数型
74	501043.SH	汇添富沪深300指数(LOF)A	2.86	1.2617	0.50	被动指数型
75	005113.OF	平安沪深300指数量化增强A	2.83	1.2249	1.00	增强指数型
76	000656.OF	前海开源沪深300指数A	2.74	1.6215	0.50	被动指数型
77	165310.SZ	建信沪深300指数增强(LOF)A	2.68	1.1697	1.00	增强指数型
78	015387.OF	中欧沪深300指数增强A	2.67	0.9593	1.00	增强指数型
79	004513.OF	海富通沪深300指数增强A	2.61	1.0558	0.80	增强指数型
80	002987.OF	广发沪深300ETF联接C	2.59	1.9397	0.50	被动指数型
81	160724.OF	嘉实沪深300ETF联接(LOF)C	2.56	0.9128	0.50	被动指数型
82	007448.OF	长信沪深300指数增强C	2.48	1.0936	1.00	增强指数型
83	002315.OF	创金合信沪深300指数增强C	2.29	1.3505	0.80	增强指数型
84	015388.OF	中欧沪深300指数增强C	1.91	0.9585	1.00	增强指数型
85	003885.OF	汇安沪深300指数增强C	1.73	1.3662	1.00	增强指数型
86	160807.SZ	长盛沪深300指数(LOF)	1.72	1.4250	0.75	被动指数型
87	003015.OF	中金沪深300A	1.69	1.5547	0.50	增强指数型
88	165515.SZ	信诚沪深300指数(LOF)A	1.65	1.0447	1.00	被动指数型
89	009059.OF	南方沪深300增强A	1.65	1.1861	0.50	增强指数型
90	006937.OF	工银沪深300指数C	1.64	0.9679	0.50	被动指数型
91	007044.OF	博道沪深300指数增强A	1.61	1.3137	0.75	增强指数型
92	008239.OF	中泰沪深300指数增强C	1.59	1.2896	0.80	增强指数型
93	000512.OF	国泰沪深300指数增强A	1.58	1.1739	0.90	增强指数型
94	002671.OF	万家沪深300指数增强C	1.57	1.6667	1.00	增强指数型

(续表)

序号	基金代码	基金名称	基金规模(亿元)	净值	管理费(%)	基金类型
95	007276.OF	银河沪深300指数增强C	1.55	1.3220	1.00	增强指数型
96	515360.SH	方正富邦沪深300ETF	1.54	4.9790	0.50	被动指数型
97	004191.OF	招商沪深300指数C	1.52	1.4236	1.20	增强指数型
98	515350.SH	民生加银沪深300ETF	1.51	4.8061	0.15	被动指数型
99	005137.OF	长信沪深300指数增强A	1.46	1.1086	1.00	增强指数型
100	003884.OF	汇安沪深300指数增强A	1.45	1.4836	1.00	增强指数型
101	002310.OF	创金合信沪深300指数增强A	1.42	1.3527	0.80	增强指数型
102	010909.OF	大成沪深300增强发起式C	1.41	0.7867	0.80	增强指数型
103	007230.OF	兴全沪深300指数(LOF)C	1.38	2.1289	0.80	增强指数型
104	008184.OF	新华沪深300指数增强C	1.35	1.1835	1.00	增强指数型
105	005639.OF	平安300ETF联接A	1.28	1.1440	0.50	被动指数型
106	004342.OF	南方沪深300ETF联接C	1.28	1.6554	0.50	被动指数型
107	320014.OF	诺安沪深300指数增强A	1.26	1.4190	1.00	增强指数型
108	003957.OF	安信量化精选沪深300指数增强A	1.22	1.4830	0.80	增强指数型
109	515930.SH	永赢沪深300ETF	1.15	4.9292	0.15	被动指数型
110	004512.OF	海富通沪深300指数增强C	1.13	1.1035	0.80	增强指数型
111	011545.OF	长江沪深300指数增强发起式A	1.10	0.7938	1.00	增强指数型
112	007045.OF	博道沪深300指数增强C	1.04	1.2978	0.75	增强指数型
113	003958.OF	安信量化精选沪深300指数增强C	1.02	1.4621	0.80	增强指数型
114	161811.SZ	银华沪深300指数(LOF)	0.97	0.8515	1.00	被动指数型
115	005248.OF	新华沪深300指数增强A	0.91	1.1920	1.00	增强指数型
116	007804.OF	申万菱信沪深300指数增强C	0.87	1.3183	1.00	增强指数型
117	007096.OF	大成沪深300指数C	0.85	0.9608	0.75	被动指数型
118	010908.OF	大成沪深300增强发起式A	0.81	0.7905	0.80	增强指数型
119	010352.OF	诺安沪深300指数增强C	0.79	1.4116	1.00	增强指数型
120	012911.OF	同泰沪深300量化增强A	0.75	0.8110	1.00	增强指数型
121	005114.OF	平安沪深300指数量化增强C	0.70	1.1931	1.00	增强指数型
122	007539.OF	永赢沪深300C	0.69	1.2595	0.15	被动指数型
123	501045.SH	汇添富沪深300指数(LOF)C	0.64	1.2512	0.50	被动指数型
124	012206.OF	中泰沪深300量化优选增强A	0.62	0.8225	1.00	增强指数型
125	007275.OF	银河沪深300指数增强A	0.62	1.3404	1.00	增强指数型
126	008238.OF	中泰沪深300指数增强A	0.54	1.3005	0.80	增强指数型
127	007404.OF	华宝沪深300增强C	0.53	1.6738	1.00	增强指数型
128	003579.OF	中金沪深300C	0.49	1.5773	0.50	增强指数型
129	515130.SH	博时沪深300ETF	0.47	1.1854	0.15	被动指数型
130	013120.OF	信诚沪深300指数(LOF)C	0.45	1.0417	1.00	被动指数型
131	012207.OF	中泰沪深300量化优选增强C	0.42	0.8197	1.00	增强指数型

（续表）

序号	基金代码	基金名称	基金规模(亿元)	净值	管理费(%)	基金类型
132	009060.OF	南方沪深300增强C	0.39	1.1764	0.50	增强指数型
133	006939.OF	鹏华沪深300指数(LOF)C	0.39	1.3480	0.75	被动指数型
134	008776.OF	华安沪深300ETF联接A	0.37	0.8984	0.15	被动指数型
135	167601.OF	国金沪深300指数增强	0.36	0.9442	1.00	增强指数型
136	008291.OF	民生加银沪深300ETF联接A	0.35	1.1437	0.50	被动指数型
137	005102.OF	工银沪深300ETF联接A	0.34	0.8244	0.45	被动指数型
138	009208.OF	建信沪深300指数增强(LOF)C	0.30	1.1605	1.00	增强指数型
139	515310.SH	添富沪深300ETF	0.28	1.0955	0.15	被动指数型
140	008926.OF	泰康沪深300ETF联接A	0.28	0.9249	0.40	被动指数型
141	011546.OF	长江沪深300指数增强发起式C	0.27	0.7908	1.00	增强指数型
142	003548.OF	泰达宏利沪深300指数增强C	0.27	1.8993	0.65	增强指数型
143	008777.OF	华安沪深300ETF联接C	0.25	0.8952	0.15	被动指数型
144	008927.OF	泰康沪深300ETF联接C	0.18	0.9180	0.40	被动指数型
145	015278.OF	东财沪深300指数发起式A	0.17	0.9895	0.50	被动指数型
146	010872.OF	博时沪深300指数增强A	0.15	0.7266	0.80	增强指数型
147	012912.OF	同泰沪深300量化增强C	0.13	0.8092	1.00	增强指数型
148	510370.SH	兴业沪深300ETF	0.11	0.8389	0.50	被动指数型
149	010556.OF	汇添富沪深300指数增强C	0.11	1.4401	0.80	增强指数型
150	005867.OF	国泰沪深300指数C	0.11	0.9692	0.50	被动指数型
151	007039.OF	前海联合沪深300指数C	0.10	1.3289	0.65	被动指数型
152	165806.OF	东吴沪深300指数A	0.08	1.2407	0.50	被动指数型
153	015279.OF	东财沪深300指数发起式C	0.07	0.9889	0.50	被动指数型
154	010873.OF	博时沪深300指数增强C	0.07	0.7236	0.80	增强指数型
155	003475.OF	前海联合沪深300指数A	0.07	1.3455	0.65	被动指数型
156	005152.OF	农银沪深300指数C	0.06	1.4236	0.60	被动指数型
157	002063.OF	国泰沪深300指数增强C	0.05	1.1511	0.90	增强指数型
158	008391.OF	国联安沪深300ETF联接C	0.02	1.0934	0.20	被动指数型
159	008292.OF	民生加银沪深300ETF联接C	0.02	1.1383	0.50	被动指数型
160	960022.OF	博时沪深300指数R	0.00	1.0163	0.98	被动指数型
161	165810.OF	东吴沪深300指数C	0.00	1.2407	0.50	被动指数型
162	014372.OF	浙商沪深300指数增强(LOF)C	0.00	1.7399	0.50	增强指数型
163	015679.OF	景顺长城沪深300指数增强C		2.2260	1.00	增强指数型
164	015671.OF	前海开源沪深300指数C		1.6216	0.50	被动指数型

数据来源：东方Choice

表22-5　跟踪创业板指数的56只指数基金名录(根据基金规模排序)

序号	基金代码	基金名称	基金规模(亿元)	净值	管理费(%)	基金类型
1	159915.SZ	易方达创业板ETF	170.74	2.2847	0.50	被动指数型
2	159977.SZ	天弘创业板ETF	53.38	2.3837	0.50	被动指数型
3	001593.OF	天弘创业板ETF联接基金C	46.53	0.9260	0.50	被动指数型
4	110026.OF	易方达创业板ETF联接A	37.22	2.3914	0.50	被动指数型
5	159948.SZ	南方创业板ETF	22.15	2.5109	0.15	被动指数型
6	159952.SZ	广发创业板ETF	18.37	1.3839	0.15	被动指数型
7	002656.OF	南方创业板ETF联接A	14.00	1.1708	0.15	被动指数型
8	161022.SZ	富国创业板指数(LOF)A	10.18	0.9920	1.00	被动指数型
9	004744.OF	易方达创业板ETF联接C	9.89	2.3634	0.50	被动指数型
10	001592.OF	天弘创业板ETF联接基金A	8.45	0.9425	0.50	被动指数型
11	004343.OF	南方创业板ETF联接C	7.80	1.1705	0.15	被动指数型
12	003766.OF	广发创业板ETF联接C	7.30	1.2698	0.15	被动指数型
13	159908.SZ	博时创业板ETF	6.69	2.1249	0.50	被动指数型
14	006928.OF	长城创业板指数增强发起式C	6.48	1.9414	1.00	增强指数型
15	001879.OF	长城创业板指数增强发起式A	6.43	1.9716	1.00	增强指数型
16	003765.OF	广发创业板ETF联接A	4.67	1.2751	0.15	被动指数型
17	161613.OF	融通创业板指数A	4.46	0.8590	1.00	增强指数型
18	159964.SZ	平安创业板ETF	3.82	1.4669	0.15	被动指数型
19	050021.OF	博时创业板ETF联接A	3.51	1.9975	0.50	被动指数型
20	159957.SZ	华夏创业板ETF	3.36	1.4867	0.50	被动指数型
21	006733.OF	博时创业板ETF联接C	3.14	1.9958	0.50	被动指数型
22	159958.SZ	工银瑞信创业板ETF	2.19	1.3698	0.50	被动指数型
23	006248.OF	华夏创业板ETF联接A	1.59	1.6806	0.50	被动指数型
24	006249.OF	华夏创业板ETF联接C	1.54	1.6619	0.50	被动指数型
25	160223.SZ	国泰创业板指数(LOF)	1.49	1.2019	0.50	被动指数型
26	009046.OF	东财创业板A	1.45	1.3458	0.50	被动指数型
27	160637.SZ	鹏华创业板指数(LOF)A	1.37	1.0600	1.00	被动指数型
28	163209.SZ	诺安创业板指数增强(LOF)A	1.25	1.6560	1.00	增强指数型
29	010356.OF	诺安创业板指数增强(LOF)C	1.15	1.6456	1.00	增强指数型
30	005391.OF	工银创业板ETF联接C	1.14	1.2608	0.50	被动指数型
31	007665.OF	永赢创业板C	1.11	1.5109	0.15	被动指数型
32	009981.OF	万家创业板指数增强A	1.09	0.8370	1.20	增强指数型
33	007664.OF	永赢创业板A	0.99	1.5147	0.15	被动指数型
34	159810.SZ	浦银安盛创业板ETF	0.94	0.9332	0.15	被动指数型
35	159956.SZ	建信创业板ETF	0.92	1.4170	0.50	被动指数型
36	012179.OF	浦银安盛创业板ETF联接A	0.65	0.7656	0.15	被动指数型
37	009047.OF	东财创业板C	0.65	1.3385	0.50	被动指数型

(续表)

序号	基金代码	基金名称	基金规模(亿元)	净值	管理费(%)	基金类型
38	013277.OF	富国创业板指数(LOF)C	0.60	0.9920	1.00	被动指数型
39	005873.OF	建信创业板ETF联接A	0.60	1.5215	0.50	被动指数型
40	004870.OF	融通创业板指数C	0.57	0.8100	1.00	增强指数型
41	159821.SZ	中银证券创业板ETF	0.50	0.8709	0.15	被动指数型
42	009982.OF	万家创业板指数增强C	0.49	0.8327	1.20	增强指数型
43	005874.OF	建信创业板ETF联接C	0.26	1.5055	0.50	被动指数型
44	005390.OF	工银创业板ETF联接A	0.26	1.2860	0.50	被动指数型
45	010183.OF	南方创业板ETF联接E	0.20	1.1633	0.15	被动指数型
46	159955.SZ	嘉实创业板ETF	0.17	1.2675	0.50	被动指数型
47	012901.OF	招商创业板指数增强C	0.14	0.6912	1.20	增强指数型
48	010749.OF	浙商创业板指数增强A	0.13	0.8815	0.80	增强指数型
49	012180.OF	浦银安盛创业板ETF联接C	0.11	0.7648	0.15	被动指数型
50	012116.OF	中银证券创业板ETF发起式联接A	0.10	0.8049	0.15	被动指数型
51	012900.OF	招商创业板指数增强A	0.08	0.6925	1.20	增强指数型
52	013443.OF	建信创业板ETF联接E	0.03	1.5058	0.50	被动指数型
53	012117.OF	中银证券创业板ETF发起式联接C	0.03	0.8029	0.15	被动指数型
54	010750.OF	浙商创业板指数增强C	0.02	0.8765	0.80	增强指数型
55	015673.OF	鹏华创业板指数(LOF)C		1.0340	1.00	被动指数型
56	015600.OF	国泰创业板指数(LOF)C			0.50	被动指数型

数据来源：东方Choice

后记 珍惜比钱财更重要的东西

在熙熙攘攘的现代社会，中产群体靠自己的勤劳和智慧在追逐财富的路上披星戴月，一路奔波，没有尽头……很多人筋疲力尽，甚至遍体鳞伤。其实，在我们的生活中，还有很多东西比钱财更重要，需要我们倍加珍惜！

人生就像一张资产负债表。在这张表格里，属于您的资产远非金钱和物质这么单调，还有很多更重要的东西。在长期物质匮乏的生活里，人们深深埋下了对贫穷的恐惧，所以太多的朋友即使今天已经进入中产的小康甚至富裕阶段，仍然过于看重物质财富，而忽视了更有价值的选项，甚至不惜为了获得更多物质资产而承担更昂贵的负债。幸福充盈的人生离不开一定的物质基础，但物质财富只能给您提供有限的支撑，生机盎然、满园春色的人生需要我们用全新的眼光来阅读这张资产负债表。

首先，在“资产”里有一项是“父母”。父母是上天给我们安排的原始资产，我们呱呱坠地的时候，是他们给了我们生命；我们蹒跚学步的时候，是他们扶我们前行；我们叛逆闯祸的时候，是他们给我们庇护；我们读书成家的时候，是他们拿出毕生积蓄；我们顶天立地的时候，是他们在远方茕茕孑立、形影相吊，梦中也在为我们祈祷！朋友们，别忘了，在您的资产负债表里对应的还有一项“负债”，是对父母的“赡养”！这个负债不可以延期，否则无论您的资产多么庞大，您都会失去人生的信用，您会后悔终生……

还有一项“资产”是“兄弟姐妹”。20世纪80年代后，这项资产逐渐成了稀缺品，越来越多的朋友已经找不到了。兄弟姐妹是这个世界上少数几个和您流淌着一样血液的队友，也许在成长的阶段，你们曾经争宠斗嘴，曾经你追我赶，曾经委屈包容，最终你们落脚在五湖四海。但一定要记住：血浓于水！在最困难的时候，在最危险的时候，在最孤立的时候，您会收到兄弟姐妹的问候和援手，你们的手，本来就是真正的同胞的手！在您的“负债”栏目里，对应有一项“照顾”，无论您是长兄，还是小妹，您此生都有照顾对方的义务，这是亲情，也是伦理。

有一项“资产”常常萦绕身边，那就是“朋友”。一个篱笆三个桩，一个好汉三个帮，朋友多了路好走。朋友是您闲暇时的一杯茶，是您苦闷时的一支烟，是您欢笑时的一杯酒，是您跌倒时扶起的一只手。朋友是您学业上的同窗，是您打拼时的同乡，是您事业上的同行，是您互相倾诉的知己。离开朋友的营养，即使强壮的树木也常常会枯萎。与“朋友”这项资产对应的“负债”是“忠诚”，要对朋友心存善念，要能够雪中送炭，而不是投机钻营，更不可以出卖背叛。一个人的口碑，很大程度上与其怎么处理这项“负债”有关。

也许您忙于事业，忙于应酬，但您终究会意识到，您最重要的“资产”是“爱人”。百年修得同船渡，千年修得共枕眠。为了获得“爱人”这项资产，你们在茫茫人海中进行了一次极小概率的两个家族的“合并重组”，你们不但互相增加了岳父岳母、公公婆婆这些厚重的连带受益资产，你们的人生还增加了激情、亲密、快乐、和谐和安全感这些无价的无形资产。当然，您也要承担陪伴、委屈、包容、妥协、惦记，甚至照料、搀扶这些负债，不过这项资产生成的最大的负债是“忠贞”，当您无法兑付这项负债，您蓬勃的资产大树甚至人生坦途都将坍塌！人生旅途，是一个分段式的方程式，自从遇到“爱人”之后，您会发现无论今后是贫穷还是富有，无论环球旅行还是孤独宅家，无论健康还是疾病，只有爱人会终生守护在您的身边，请您一定要珍惜！

有一项“资产”让您终生牵肠挂肚，那就是“子女”。对于天下父母来说，“子女”与其说是资产，不如说是“负债”，是命运安排的“终生债务”。因为几乎所有的父母，自从获得“子女”这项资产之后，除了含辛茹苦地抚养、不计成本地付出、辗转难眠地牵挂，很少奢望从子女那里获得什么回报，真是可怜天下父母心！是的，因为子女，您觉得人生有希望；因为子女，您生活过得充实；因为子女，您多了很多泪水和欢笑。“子不教，父之过”，“子女”这项资产对应的债务不仅有“抚养”，还有“教育”，这是做父母不可推卸的责任。有的事情就不能太奢望，如您年迈卧床不起时，不要苛求子女一定能够在病榻前赡养。有些事情是命中注定，不可以太执着，放下了，反而安心了。

以上这些“资产”，实际上都很容易看见，但需要您把他们和对他们的“负债”都装到心里，化到手上，只有这样，您才有顶天立地、取信于人的一生。

当然，还有些资产，真的看不到，是无形资产，但也很重要。比如，学识和阅历，这些“资产”能够丰富您的人生，也能够丰富您周围的世界。但为了获得这些资产，您需要承担读万卷书、行万里路、孤独漂泊的“负债”。

荣誉和口碑，也是您的重要“资产”。无论能力大小、地位高低、资产多寡，每个人都有自己的荣誉和口碑。也许对于大多数人来说，这种荣誉和口碑只囿于您的家庭，或者您的工作单位，或者一个熟人的圈子；对于一小部分人来说，这种荣誉和口碑可能已经溢出到了公共空间，甚至整个社会。为了获得“荣誉和口碑”这种资产，所有的人都要为之艰辛地付出和不懈地奋斗，要爬坡过坎，要承受压力，要遭受挫折，甚至要经历毁誉，这些都是您必须承担的“负债”。除此之外，如果您享受了巨大的“荣誉和口碑”，则意味着您要承担更多的社会责任，要接受大众的质疑、审视、批评和更高的要求，这些是少数成功者的“额外负债”。穷则独善其身，达则兼济天下。

命运和机遇，是每个人都拥有的重要无形资产。虽然对于每个个体来说，这项资产足以改变一生的轨迹，极其重要，但上天非常淘气，用随机的方式举重若轻地对每个人的分配却有着天壤之别。烧香和祈祷增加不了这项资产，“机遇”永远偏爱有准备的人。也许起点不同，也许际遇弄人，但每个人都有努力经营自己的人生、改变自己命运的机会，这个经历的过程体验是人生最根本的不同，因为所有人的终点都是一样的。

健康，虽然写在了最后，但却是您最重要的无形资产。资产负债表是平衡的，为了获得以上的所有资产，您都可能要付出健康的代价，但坚持积极的心态、高尚的情操、健康的习惯、持之以恒的运动，您的“健康”资产将会获得不断增值。

朋友们，以上这些是比钱财更珍贵的东西，每个人都拥有这些丰盈的财富。您一定要懂得享受家庭生活，一定要感恩这个社会，要努力回报所有您爱的和爱您的人，保持积极、宽容、善良、努力、健康的人生态度和习惯，这样您就已经是独一无二的人生赢家！